普通高校应用型人才培养试用教材

线性代数

Linear Algebra

主　编　管典安　倪臣敏
副主编　王　平　卞洪亚
　　　　何友谊　程素丽
主　审　谢志春

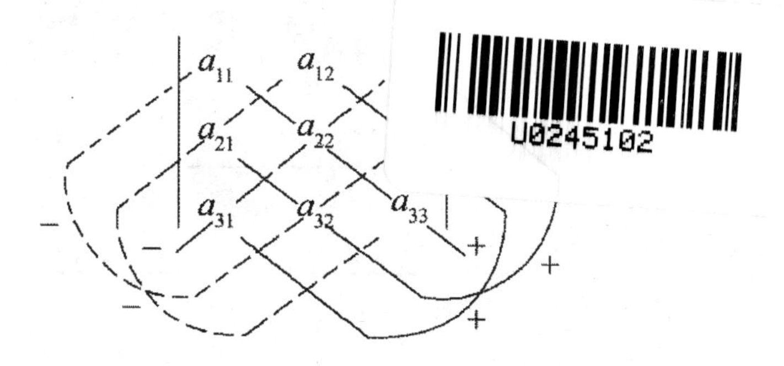

大连理工大学出版社

图书在版编目(CIP)数据

线性代数 / 管典安，倪臣敏主编. -- 大连 : 大连理工大学出版社，2019.1(2022.9 重印)
普通高校应用型人才培养试用教材
ISBN 978-7-5685-1893-2

Ⅰ. ①线… Ⅱ. ①管… ②倪… Ⅲ. ①线性代数－高等学校－教材 Ⅳ. ①O151.2

中国版本图书馆 CIP 数据核字(2019)第 018301 号

大连理工大学出版社出版
地址:大连市软件园路 80 号　邮政编码:116023
发行:0411-84708842　邮购:0411-84708943　传真:0411-84701466
E-mail:dutp@dutp.cn　URL:http://dutp.dlut.edu.cn
大连雪莲彩印有限公司印刷　　大连理工大学出版社发行

幅面尺寸:185mm×260mm　印张:10　字数:231 千字
2019 年 1 月第 1 版　　2022 年 9 月第 5 次印刷

责任编辑:王晓历　　责任校对:王晓彤
封面设计:张　莹

ISBN 978-7-5685-1893-2　　定　价:28.00 元

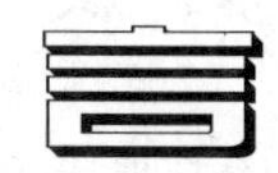

前言

本教材的编写参照工科类、经济管理类本科数学基础课程教学基本要求，适当降低理论推导的要求，注重基本方法的训练和在实际问题中的应用，以适应培养应用型院校学生开设线性代数课程的需要。

为了满足各种不同专业、不同学时的要求，本教材主要有以下几个特点：

1. 内容分级，层次清晰

本教材按照教学要求和学时的不同将内容分为三个级别。第一个级别以第 1～3 章为主要内容，可选讲其他章节，总学时少，内容简单，适合要求低者选用；第二个级别以第 1～5 章为主要内容，可选讲其他章节，内容难度适中，适合要求一般者选用；第三个级别以第 1～7 章为主要内容，可选讲第 8 章，总学时多，内容难度大，适合要求高者选用。

2. 结构独特，便于理解

本教材的内容具有相互独立又相互依赖的关系。例如，向量的相关性较为抽象，为了降低这部分内容在教学上的难度，利用线性方程组来讨论向量相关性的问题。教材结构较传统教材相比，新颖、独特、便于理解。

3. 化抽象为具体

线性代数的概念比较抽象，传统教材所讲述的方法大多是先引入定义或定理再举例，本教材的内容，编者通过先举例再归纳为定义或定理的方法，从实际应用入手解决相关的抽象问题。

本教材共 8 章，具体内容及建议学时如下：

第 1 章，行列式与克拉默法则。本章从具有唯一解的线性方程组的讨论入手，引入行列式与克拉默法则，重点是行列式的概念与计算。（建议 6 学时左右）

第 2 章，矩阵的初等变换与线性方程组的解法。本章从具有无穷多解或者无解的线性方程组的讨论入手，通过消元法解线性方程组引入矩阵的初等变换和增广矩阵的初等行变换，重点是矩阵的初等行变换和线性方程组的解法。（建议 6 学时左右）

第 3 章，矩阵及其运算。本章进一步引入一般矩阵、矩阵的

运算、逆矩阵、初等矩阵，利用矩阵的运算法则将线性方程组及其解表示为矩阵的线性运算的形式，重点是矩阵的运算和逆矩阵的求法及应用。(建议8学时左右)

第4章，向量组的线性相关性。本章主要讨论线性方程组的解的结构，再利用线性方程组的解法介绍向量组的线性组合、线性表示、线性相关性、秩以及向量空间等问题，重点是向量组的线性相关性和秩的概念。(建议8学时左右)

第5章，线性方程组的解的结构。本章主要通过秩的概念讨论线性方程组解的结构，进而讨论齐次线性方程组的基础解系和非齐次线性方程组的通解，重点是线性方程组解的结构。(建议6学时左右)

第6章，方阵的特征值和特征向量。本章主要讲解方阵的特征值和特征向量，包括向量的内积、相似矩阵、合同矩阵、正交矩阵等概念，重点是特征值和特征向量的求法以及实对称矩阵的对角化。(建议8学时左右)

第7章，二次型。本章主要介绍通过实对称矩阵的对角化进行二次型的标准化，同时介绍了配方法和初等变换法的相关知识，最后引入二次型及其矩阵的正定性和惯性定律，重点是化二次型为标准形并判别其正定性。(建议6学时左右)

第8章，线性代数的应用。本章主要介绍利用二次型的标准化实现二次曲面方程的标准化、利用线性方程组讨论投入产出数学模型、利用二次型的正定性判别多元函数的极值等三方面问题，重点引导学生能够运用数学方法解决实际问题。(建议6学时左右)

本教材由厦门工学院管典安，浙江越秀外国语学院倪臣敏任主编；厦门工学院王平、卞洪亚，湖南文理学院何友谊，厦门工学院程素丽任副主编。具体编写分工如下：绪论由管典安编写，第1章至第3章由倪臣敏、王平编写，第4章、第5章由管典安、卞洪亚编写，第6章至第8章由何友谊、程素丽编写。厦门工学院谢志春仔细地审阅了书稿。全书由管典安、倪臣敏统稿并定稿。

在编写本教材的过程中，编者参考、引用和改编了国内外出版物中的相关资料以及网络资源，在此表示深深的谢意！相关著作权人看到本教材后，请与出版社联系，出版社将按照相关法律的规定支付稿酬。

限于水平，书中仍有疏漏和不妥之处，敬请专家和读者批评指正，以使教材日臻完善。

编　者

2019年1月

所有意见和建议请发往：dutpbk@163.com
欢迎访问高教数字化服务平台：http://hep.dutpbook.com
联系电话：0411-84708462　84708445

目录

绪 论

“今有鸡翁一,值钱五;鸡母一,值钱三;鸡雏三,值钱一.凡百钱买鸡百只,问鸡翁、母、雏各几何?答曰:鸡翁四,值钱二十;鸡母十八,值钱五十四;鸡雏七十八,值钱二十六.又答:鸡翁八,值钱四十;鸡母十一,值钱三十三,鸡雏八十一,值钱二十七.又答:鸡翁十二,值钱六十;鸡母四,值钱十二;鸡雏八十四,值钱二十八.”

本问题记载于中国古代南北朝约5～6世纪成书的《张邱建算经》中,是原书卷下第38题,也是全书的最后一题.称为**百鸡百钱问题**.

解法 设鸡翁 x 只,鸡母 y 只,鸡雏 z 只,则有**线性方程组**(见第1章)

$$\begin{cases} x+y+z=100 \\ 5x+3y+\frac{1}{3}z=100 \end{cases} \tag{1}$$

这是一个**不定方程组**,有无穷多组解,其**通解**为

$$\begin{cases} x=4t \\ y=25-7t;\ t \text{ 为任意常数} \\ z=75+3t \end{cases} \tag{2}$$

在空间解析几何中,这个**通解**(2)可看作方程组(1)所确定的空间直线的参数方程.

求解**不定方程**或**不定方程组**的正整数解的问题被称为**丢番图问题**.显然,在通解(2)中分别令 $t=1,2,3$,就得到《张邱建算经》中的三组答案

$$\begin{cases} x=4 \\ y=18 \\ z=78 \end{cases};\begin{cases} x=8 \\ y=11 \\ z=81 \end{cases};\begin{cases} x=12 \\ y=4 \\ z=84 \end{cases}.$$

下面提出一个**百人百砖**问题作为练习,题目是:

“一百块砖,一百人搬,男搬四女搬三,两个小孩抬一块砖,问男、女、小孩各搬几何?”

求解线性方程组的问题是线性代数的核心问题之一.作为研究线性方程组的工具,还需要学习几个重要的概念和方法.例如,把方程组(1)的系数排成一个数表

$$\begin{pmatrix} 1 & 1 & 1 \\ 5 & 3 & \frac{1}{3} \end{pmatrix}$$

称为**系数矩阵**(见第2章),又把数表

$$\begin{pmatrix} 1 & 1 & 1 & 100 \\ 5 & 3 & \frac{1}{3} & 100 \end{pmatrix}$$

称为**增广矩阵**(见第2章),将**矩阵**中的一行如

$$\begin{pmatrix} 5 & 3 & \frac{1}{3} & 100 \end{pmatrix}$$

称为**行向量**(见第 4 章),类似地可定义**列向量**.

研究**矩阵**、**向量**的重要工具之一就是**行列式**(见第 1 章).

从而**行列式**、**线性方程组**、**矩阵**、**向量**是线性代数的四个重要的研究对象.利用它们可进一步研究**特征值和特征向量**(见第 6 章)、**二次型**(见第 7 章)及其应用问题.

第 1 章 行列式与克拉默法则

行列式起源于解线性方程组,是线性代数中的一个重要研究对象,它是学习矩阵、线性方程组等时要用到的一个有力工具.行列式在数学、物理、力学以及其他学科中有着广泛的应用.克拉默法则是一类线性方程组的一个重要解法.

本文主要介绍行列式的定义、性质和计算,以及它在解线性方程组中的应用——克拉默法则.

§1.1 二阶和三阶行列式以及克拉默法则

1.1.1 二阶和三阶行列式

在中学阶段曾学过解两个方程两个未知数的线性方程组

$$\begin{cases} a_{11}x_1+a_{12}x_2=b_1 \\ a_{21}x_1+a_{22}x_2=b_2 \end{cases} \tag{1}$$

用消元法求解时,第一个等式两边同乘以 a_{22},第二个等式两边同乘以 a_{12},然后两式相减消去 x_2 得$(a_{11}a_{22}-a_{12}a_{21})x_1=b_1a_{22}-b_2a_{12}$;类似地,消去 x_1 得

$$(a_{11}a_{22}-a_{12}a_{21})x_2=b_2a_{11}-b_1a_{21}.$$

当 $a_{11}a_{22}-a_{12}a_{21}\neq 0$ 时,求得方程组(1)的解为

$$x_1=\frac{b_1a_{22}-b_2a_{12}}{a_{11}a_{22}-a_{12}a_{21}},\quad x_2=\frac{b_2a_{11}-b_1a_{21}}{a_{11}a_{22}-a_{12}a_{21}}. \tag{2}$$

注意到式(2)中的分子和分母都是由四个数分两对相乘再相减而得.

为了便于记忆这些解的公式,我们把表达式 $a_{11}a_{22}-a_{12}a_{21}$ 记为

$$\begin{vmatrix} a_{11} & a_{12} \\ a_{21} & a_{22} \end{vmatrix} \tag{3}$$

并把式(3)称为**二阶行列式**,称 $a_{11}a_{22}-a_{12}a_{21}$ 为式(3)的**行列式展开式**,即

$$\begin{vmatrix} a_{11} & a_{12} \\ a_{21} & a_{22} \end{vmatrix}=a_{11}a_{22}-a_{12}a_{21}.$$

二阶行列式含有两行两列(横排叫**行**,竖排叫**列**),称 a_{ij} $(i=1,2;j=1,2)$ 为行列式的**元素**或**元**,a_{ij} 的两个下标表示其在行列式中的位置,第一个下标 i 称为**行标**,表示元素 a_{ij}

所在的行;第二个下标 j 称为**列标**,表示元素 a_{ij} 所在的列.

容易看出,二阶行列式表示一个数,它等于(如图 1-1)实连线(**主对角线**)两数之积**减去**虚连线(**次对角线**)两数之积.

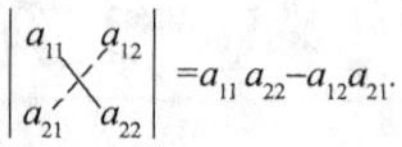

$$\begin{vmatrix} a_{11} & a_{12} \\ a_{21} & a_{22} \end{vmatrix} = a_{11}a_{22} - a_{12}a_{21}.$$

图 1-1

根据二阶行列式的定义,式(2)的分子也可以写成行列式

$$b_1a_{22} - b_2a_{12} = \begin{vmatrix} b_1 & a_{12} \\ b_2 & a_{22} \end{vmatrix}, \quad b_2a_{11} - b_1a_{21} = \begin{vmatrix} a_{11} & b_1 \\ a_{21} & b_2 \end{vmatrix}.$$

从而式(2)可写成

$$x_1 = \frac{\begin{vmatrix} b_1 & a_{12} \\ b_2 & a_{22} \end{vmatrix}}{\begin{vmatrix} a_{11} & a_{12} \\ a_{21} & a_{22} \end{vmatrix}}, \quad x_2 = \frac{\begin{vmatrix} a_{11} & b_1 \\ a_{21} & b_2 \end{vmatrix}}{\begin{vmatrix} a_{11} & a_{12} \\ a_{21} & a_{22} \end{vmatrix}}. \tag{4}$$

若记

$$D = \begin{vmatrix} a_{11} & a_{12} \\ a_{21} & a_{22} \end{vmatrix}, \quad D_1 = \begin{vmatrix} b_1 & a_{12} \\ b_2 & a_{22} \end{vmatrix}, \quad D_2 = \begin{vmatrix} a_{11} & b_1 \\ a_{21} & b_2 \end{vmatrix}.$$

则二元线性方程组(1)的解是两个二阶行列式的除法

$$x_1 = \frac{D_1}{D}, \quad x_2 = \frac{D_2}{D}. \tag{5}$$

注意到,解式(4)、式(5)的分母行列式 D 由未知数 x_1 和 x_2 前系数按照原来的位置排列而成,称 D 为二元线性方程组(1)的**系数行列式**,b_i 称为第 i 个方程的常数项($i=1,2$).解 x_1 对应的分子 D_1,由 b_1,b_2 按照方程中位置排为一列替换掉 D 的第一列而得,解 x_2 对应的分子 D_2,由其替换掉 D 的第二列而得.

进一步考察三元线性方程组

$$\begin{cases} a_{11}x_1 + a_{12}x_2 + a_{13}x_3 = b_1, \\ a_{21}x_1 + a_{22}x_2 + a_{23}x_3 = b_2, \\ a_{31}x_1 + a_{32}x_2 + a_{33}x_3 = b_3. \end{cases} \tag{6}$$

类似前面的讨论,先分别通过前两式和后两式消去一个未知数 x_3,得到含 x_1 和 x_2 的两个二元线性方程组,再从此二元线性方程组中消去 x_2,最终可得到下面一元线性方程

$$(a_{11}a_{22}a_{33} + a_{12}a_{23}a_{31} + a_{13}a_{21}a_{32} - a_{11}a_{23}a_{32} - a_{12}a_{21}a_{33} - a_{13}a_{22}a_{31})x_1$$
$$= b_1a_{22}a_{33} + b_3a_{12}a_{23} + b_2a_{13}a_{32} - b_1a_{23}a_{32} - b_2a_{12}a_{33} - b_3a_{13}a_{22}.$$

若对 x_i 前面系数引入下面记号

$$D = \begin{vmatrix} a_{11} & a_{12} & a_{13} \\ a_{21} & a_{22} & a_{23} \\ a_{31} & a_{32} & a_{33} \end{vmatrix}$$
$$= a_{11}a_{22}a_{33} + a_{12}a_{23}a_{31} + a_{13}a_{21}a_{32} - a_{11}a_{23}a_{32} - a_{12}a_{21}a_{33} - a_{13}a_{22}a_{31}. \tag{7}$$

称式(7)表示的数为**三阶行列式**,并称 D 为三元线性方程组(6)的系数行列式. 同理式(3)为二元线性方程组(1)的系数行列式.

三阶行列式由三行三列共 9 个元素组成,它的展开式(式(7)右端)可按下面**对角线法则**给出(如图 1-2):

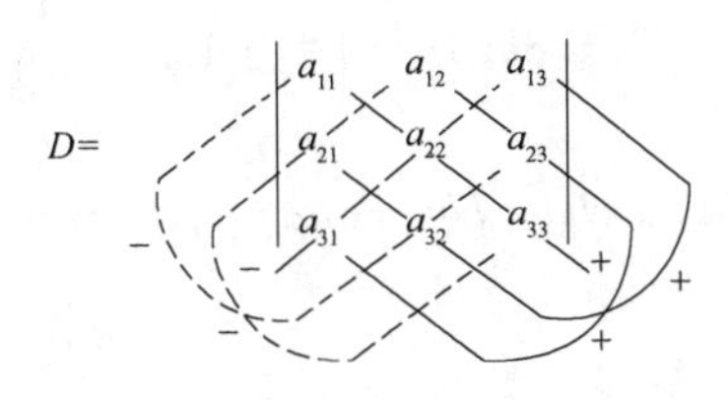

图 1-2

由三阶行列式的对角线法则得

$$D_1=\begin{vmatrix} b_1 & a_{12} & a_{13} \\ b_2 & a_{22} & a_{23} \\ b_3 & a_{32} & a_{33} \end{vmatrix}$$
$$=b_1a_{22}a_{33}+b_3a_{12}a_{23}+b_2a_{13}a_{32}-b_1a_{23}a_{32}-b_2a_{12}a_{33}-b_3a_{13}a_{22}.$$

于是,当 $D\neq0$ 时,x_1 可表示为 $x_1=\dfrac{D_1}{D}$.

同理可得

$$x_2=\frac{D_2}{D},\quad x_3=\frac{D_3}{D}.$$

其中

$$D_2=\begin{vmatrix} a_{11} & b_1 & a_{13} \\ a_{21} & b_2 & a_{23} \\ a_{31} & b_3 & a_{33} \end{vmatrix},\quad D_3=\begin{vmatrix} a_{11} & a_{12} & b_1 \\ a_{21} & a_{22} & b_2 \\ a_{31} & a_{32} & b_2 \end{vmatrix}.$$

容易看出,当系数行列式 $D\neq0$ 时,三元线性方程组(6)有唯一解.

$$x_1=\frac{D_1}{D},\quad x_2=\frac{D_2}{D},\quad x_3=\frac{D_3}{D}. \tag{8}$$

注意到式(8)中 $x_j(j=1,2,3)$ 的分母是三元线性方程组(6)的系数行列式,$D_j(j=1,2,3)$ 分别是在系数行列式 D 中把第 j 列元素换成右端常数项 b_1,b_2,b_3 而得到. 这和二元线性方程组的解式(4)、式(5)有同样的规律性,像式(5)、式(8)这样求解线性方程组的方法称为**克拉默法则**.

【例 1】 计算下列行列式

(1) $\begin{vmatrix} 1 & 2 \\ -5 & 0 \end{vmatrix}$; (2) $\begin{vmatrix} 2 & 0 & 1 \\ 1 & -4 & -1 \\ -1 & 8 & 3 \end{vmatrix}$; (3) $\begin{vmatrix} a & b & c \\ b & c & a \\ c & a & b \end{vmatrix}$.

解 (1) $\begin{vmatrix} 1 & 2 \\ -5 & 0 \end{vmatrix}=1\times0-2\times(-5)=10$

(2) $\begin{vmatrix} 2 & 0 & 1 \\ 1 & -4 & -1 \\ -1 & 8 & 3 \end{vmatrix} = 2\times(-4)\times3+0\times(-1)\times(-1)+1\times1\times8-0\times1\times3-$

$2\times(-1)\times8-1\times(-4)\times(-1)$

$=-24+8+16-4=-4.$

(3) $\begin{vmatrix} a & b & c \\ b & c & a \\ c & a & b \end{vmatrix} = acb+bac+cba-bbb-aaa-ccc=3abc-a^3-b^3-c^3.$

1.1.2 克拉默法则

定理 1(克拉默法则) 对含有 n 个未知数 $x_1,x_2,\cdots,x_n$ 和 n 个线性方程的如下方程组(注意方程的个数要等于未知数的个数)

$$\begin{cases} a_{11}x_1+a_{12}x_2+\cdots+a_{1n}x_n=b_1 \\ a_{21}x_1+a_{22}x_2+\cdots+a_{2n}x_n=b_2 \\ \qquad\vdots \\ a_{n1}x_1+a_{n2}x_2+\cdots+a_{nn}x_n=b_n. \end{cases} \tag{9}$$

若其系数行列式不等于 0,即

$$D=\begin{vmatrix} a_{11} & a_{12} & \cdots & a_{1n} \\ a_{21} & a_{22} & \cdots & a_{2n} \\ \vdots & \vdots & & \vdots \\ a_{n1} & a_{n2} & \cdots & a_{nn} \end{vmatrix} \neq 0$$

则 n 元线性方程组(9)有唯一解:

$$x_1=\frac{D_1}{D},x_2=\frac{D_2}{D},\cdots,x_n=\frac{D_n}{D}.$$

其中 D_j 是将系数行列式 D 中第 j 列的元素用方程组右端的常数项 $b_1,b_2,\cdots,b_n$ 代替后所得到的行列式,即

$$D_j=\begin{vmatrix} a_{11} & \cdots & a_{1,j-1} & b_1 & a_{1,j+1} & \cdots & a_{1n} \\ a_{21} & \cdots & a_{2,j-1} & b_2 & a_{2,j+1} & \cdots & a_{2n} \\ \vdots & & \vdots & \vdots & \vdots & & \vdots \\ a_{n1} & \cdots & a_{n,j-1} & b_n & a_{n,j+1} & \cdots & a_{nn} \end{vmatrix} \quad (j=1,2,\cdots n).$$

形如定理 1 中 D 和 D_j 由 n 行 n 列元素排成的行列式,称为 n **阶行列式**.

注意:关于 n 个线性方程的方程组的系数行列式的定义在本章 1.3 节给出.

【例 2】 解下列方程组

$$\begin{cases} x_1+2x_2+3x_3=1, \\ -2x_1-x_2+x_3=0, \\ x_1+x_3=2. \end{cases}$$

解法 1 可以用消元法求解(略).

解法2 利用克拉默法则求解

由于系数行列式

$$D=\begin{vmatrix}1 & 2 & 3\\ -2 & -1 & 1\\ 1 & 0 & 1\end{vmatrix}=-1+2+0-(-3)-(-4)-0=8\neq 0.$$

$$D_1=\begin{vmatrix}1 & 2 & 3\\ 0 & -1 & 1\\ 2 & 0 & 1\end{vmatrix}=9,D_2=\begin{vmatrix}1 & 1 & 3\\ -2 & 0 & 1\\ 1 & 2 & 1\end{vmatrix}=-11,D_3=\begin{vmatrix}1 & 2 & 1\\ -2 & -1 & 0\\ 1 & 0 & 2\end{vmatrix}=7.$$

由克拉默法则得原方程组有唯一解

$$x_1=\frac{D_1}{D}=\frac{9}{8},\quad x_2=\frac{D_2}{D}=-\frac{11}{8},\quad x_3=\frac{D_3}{D}=\frac{7}{8}.$$

注意：只有当 $D\neq 0$ 时，才能用克拉默法则求出唯一解，且克拉默法则只适用于方程个数与未知量个数相等的情形. 若 $D=0$ 或者方程个数与未知量个数不相等，则方程组可能无解或者有多于一个解.

【例3】 当 λ 取何值时，线性方程组 $\begin{cases}(5-\lambda)x_1+2x_2+2x_3=0,\\ 2x_1+(6-\lambda)x_2=0,\\ 2x_1+(4-\lambda)x_3=0.\end{cases}$ 有唯一解？

解 由克拉默法则可知，当系数行列式不等于零时，原线性方程组有唯一解. 由

$$D=\begin{vmatrix}5-\lambda & 2 & 2\\ 2 & 6-\lambda & 0\\ 2 & 0 & 4-\lambda\end{vmatrix}=(5-\lambda)(6-\lambda)(4-\lambda)-4(4-\lambda)-4(6-\lambda).$$

$$=(5-\lambda)(2-\lambda)(8-\lambda).$$

令 $D=0$ 解得 $\lambda=5$ 或 $\lambda=2$ 或 $\lambda=8$.

故当 $\lambda\neq 5,\lambda\neq 2$ 且 $\lambda\neq 8$ 时，原线性方程组有唯一解.

习题 1-1

A 组

1. 求下列二、三阶行列式的值.

(1) $\begin{vmatrix}1 & 2\\ 3 & 4\end{vmatrix}$； (2) $\begin{vmatrix}a^2 & -ab\\ ab & -b^2\end{vmatrix}$； (3) $\begin{vmatrix}2 & 0 & 1\\ 1 & -4 & -1\\ -1 & 8 & 3\end{vmatrix}$； (4) $\begin{vmatrix}0 & 1 & 1\\ 1 & 0 & 1\\ 1 & 1 & 0\end{vmatrix}$；

(5) $\begin{vmatrix}2 & 0 & 0\\ 1 & -4 & 0\\ -1 & 8 & 3\end{vmatrix}$.

2. 用克拉默法则求解下列方程组.

(1) $\begin{cases} x_1+x_2-2x_3=-2 \\ x_2+2x_3=1 \\ x_1-x_2=2 \end{cases}$;　(2) $\begin{cases} x_1+2x_2+2x_3=0, \\ 2x_1+x_2=1, \\ 2x_1+5x_3=0. \end{cases}$

B 组

1. 当 λ,μ 取何值时，线性方程组 $\begin{cases} \lambda x_1+x_2+x_3=0 \\ x_1+\mu x_2+x_3=0 \\ x_1+2\mu x_2+x_3=0 \end{cases}$ 只有唯一解?

2. 求三阶行列式 $\begin{vmatrix} 1 & 1 & 1 \\ x_1 & x_2 & x_3 \\ x_1^2 & x_2^2 & x_3^2 \end{vmatrix}$ 的值.

§1.2　排列和逆序数

为了引入 n 阶行列式的定义，在本节中介绍排列和逆序数的概念及其简单性质.

在中学阶段，我们学习了排列的概念，把 $n(n\geqslant 2)$ 个不同的元素按一定顺序排成一行，称为这 n 个元素的一个**排列**. 下面只讨论由前 n 个自然数 $1,2,\cdots,n$ 构成的排列.

定义 1　由 $1,2,\cdots,n$ 这 n 个数排成的有序数组称为一个 n 阶排列. 称 $123\cdots n$ 为**自然排列**.

如 132 是一个 3 阶排列，由 1,2,3 三个自然数组成的 3 阶排列还有

123,213,231,312,321，其中 123 为自然排列.

3 级排列共有 6 个，易得 **n 阶排列的总数**是 $A_n^n=n\cdot(n-1)\cdots 2\cdot 1=n!$ 个.

定义 2　对于 n 个不同的元素，先规定各元素之间有一个标准次序(例如 n 个不同的自然数，可规定由小到大为标准次序)，在这 n 个不同元素的任一排列中，当某两个元素的先后次序与标准次序不同时，就说该排列有一个**逆序**. 一个排列中所有逆序的总数叫作这个**排列的逆序数**.

逆序数为奇数的排列叫**奇排列**，逆序数为偶数的排列叫**偶排列**.

下面说明逆序数的计算方法.

对于排列 $p_1p_2\cdots p_n$，其逆序数为每个元素的逆序数之和. 即对于排列 $p_1p_2\cdots p_n$ 中的元素 $p_i(i=1,2,\cdots n)$，如果排在 p_i 前面比 p_i 大的元素有 t_i 个，就说 p_i 的逆序数为 t_i 个，$p_1p_2\cdots p_n$ 全体元素的逆序数之和 $t_1+t_2+\cdots+t_n=\sum\limits_{i=1}^{n}t_i$ 即是这个排列的逆序数，通常记为 $\tau(p_1p_2\cdots p_n)$. 即

$$\tau(p_1p_2\cdots p_n)=\sum_{i=1}^{n}t_i.$$

【**例 1**】　求 $\tau(32541)$，$\tau(42531)$，并指出这两个排列的奇偶性.

解 在排列 32541 中，

3 排首位，逆序数为 0；

2 的前面比 2 大的数有一个(3)，故其逆序数为 1；

5 是最大数，逆序数为 0；

4 的前面比 4 大的数有一个(5)，故逆序数为 1；

1 的前面比 1 大的数有 4 个(3、2、5、4)，故逆序数为 4. 于是这个排列的逆序数为

$$\tau(32541)=0+1+0+1+4=6.$$

6 是偶数，故排列 32541 是偶排列.

同理，$\tau(42531)=0+1+0+2+4=7$，从而排列 42531 是奇排列.

容易发现以上两个排列仅仅是对换了 3 和 4 的位置，排列的奇偶性改变了.

定义 3 在一个排列中，任意对调两个元素，其余元素保持原位置不变，这一过程称为**对换**. 相邻两个元素的对换叫作**相邻对换**.

定理 1 一个排列每经过一次对换都会改变排列的奇偶性.

证明 (1)先证相邻对换的情形

设排列为 $a_1\cdots a_k abb_1\cdots b_m$，对换 a 和 b 变为 $a_1\cdots a_k bab_1\cdots b_m$. 显然 $a_1,\cdots,a_k;b_1,\cdots,b_m$ 这些元素的逆序数经过对换并不改变，同时，a,b 与 $a_1,\cdots,a_k$ 或 $b_1,\cdots,b_m$ 所构成的逆序数也没有改变. 所以，当 $a<b$ 时，新排列比原排列逆序数加 1；当 $a>b$ 时，新排列比原排列逆序数减 1；不管哪种情形，对换都改变了排列的奇偶性.

(2)再证一般对换的情形

设排列为 $a_1\cdots a_k ac_1\cdots c_s bb_1\cdots b_m$，把它作 s 次相邻对换，变为 $a_1\cdots a_k abc_1\cdots c_s b_1\cdots b_m$；再作 $s+1$ 次相邻对换，变为 $a_1\cdots a_k bc_1\cdots c_s ab_1\cdots b_m$. 总之，进行了 $2s+1$(奇数)次相邻对换，$a_1\cdots a_k ac_1\cdots c_s bb_1\cdots b_m$ 变成 $a_1\cdots a_k bc_1\cdots c_s ab_1\cdots b_m$，所以这两个排列奇偶性相反.

定理 2 在全部 $n(n\geqslant 2)$ 阶排列中，奇排列与偶排列个数相等，都等于$\frac{n!}{2}$个.

证明 设全部 n 阶排列中有 s 个不同的奇排列和 t 个不同的偶排列，需证 $s=t$.

将每个奇排列的前两个数作对换，即可得 s 个不同的偶排列，故 $s\leqslant t$；同理可得，$t\leqslant s$，即奇、偶排列各一半.

习题 1-2

A 组

1. 求下列排列的逆序数.

(1)42153； (2)3712465； (3)$n(n-1)\cdots 321$.

2. 确定 i,j 的值，使得 $213i76j9$ 为偶排列.

B组

1. 写出排列 25431 变成排列 12345 的相应对换.
2. 已知 $\tau(i_1 i_2,\dots,i_n)=m$，求 $\tau(i_n i_{n-1},\dots,i_1)$

§1.3 *n* 阶行列式的定义

本节先总结二阶和三阶行列式的展开式的结构特点，得出规律，再给出 n 阶行列式的定义.

1.3.1 二阶及三阶行列式的构造

$$D_2=\begin{vmatrix} a_{11} & a_{12} \\ a_{21} & a_{22} \end{vmatrix}=a_{11}a_{22}-a_{12}a_{21}.$$

$$D_3=\begin{vmatrix} a_{11} & a_{12} & a_{13} \\ a_{21} & a_{22} & a_{23} \\ a_{31} & a_{32} & a_{33} \end{vmatrix}$$

$$=a_{11}a_{22}a_{33}+a_{12}a_{23}a_{31}+a_{13}a_{21}a_{32}-a_{11}a_{23}a_{32}-a_{12}a_{21}a_{33}-a_{13}a_{22}a_{31}. \quad (1)$$

容易看出，式(1)的每一项都是位于不同行、不同列的三个元素的乘积，除去符号，每项的三个元素按它们在行列式中的行的顺序排成 $a_{1j_1}a_{2j_2}a_{3j_3}$，其中 $j_1j_2j_3$ 是 1,2,3 的某一个排列. 这样的排列共有 6 种，对应式(1)右端共 6 项. 观察各项前的符号，可以看出，当 $j_1j_2j_3$ 是偶排列时，对应的项在式(1)中带有正号，当 $j_1j_2j_3$ 是奇排列时带有负号. 因此各项所带符号可以用排列 $j_1j_2j_3$ 的逆序数来表示，即 $(-1)^{\tau(j_1j_2j_3)}$.

上述规律显然也适用于二阶行列式，由此可将二阶和三阶行列式表示为

$\begin{vmatrix} a_{11} & a_{12} \\ a_{21} & a_{22} \end{vmatrix}=\sum\limits_{j_1j_2}(-1)^{\tau(j_1j_2)}a_{1j_1}a_{2j_2}$，$j_1j_2=12$ 或 21；$\sum\limits_{j_1j_2}$ 表示对 1,2 两个数的所有排列求和.

$\begin{vmatrix} a_{11} & a_{12} & a_{13} \\ a_{21} & a_{22} & a_{23} \\ a_{31} & a_{32} & a_{33} \end{vmatrix}=\sum\limits_{j_1j_2j_3}(-1)^{\tau(j_1j_2j_3)}a_{1j_1}a_{2j_2}a_{3j_3}$；$\sum\limits_{j_1j_2j_3}$ 表示对 1,2,3 三个数的所有排列求和.

1.3.2 *n* 阶行列式的定义

定义 1 将 n^2 个数排成 n 行 n 列：

$$D=\begin{vmatrix} a_{11} & a_{12} & \cdots & a_{1n} \\ a_{21} & a_{22} & \cdots & a_{2n} \\ \vdots & \vdots & & \vdots \\ a_{n1} & a_{n2} & \cdots & a_{nn} \end{vmatrix} \tag{2}$$

称式(2)为 n **阶行列式**,记为 D_n 或者 $|(a_{ij})|_n$,也写作

$D=\det(a_{ij}), i=1,2,\cdots,n; j=1,2,\cdots,n$. 它的值是一个**代数和**,即

$$\begin{vmatrix} a_{11} & a_{12} & \cdots & a_{1n} \\ a_{21} & a_{22} & \cdots & a_{2n} \\ \vdots & \vdots & & \vdots \\ a_{n1} & a_{n2} & \cdots & a_{nn} \end{vmatrix} = \sum_{j_1 j_2 \cdots j_n} (-1)^{\tau(j_1 j_2 \cdots j_n)} a_{1j_1} a_{2j_2} \cdots a_{nj_n} \tag{3}$$

其中 $(-1)^{\tau(j_1 j_2 \cdots j_n)} a_{1j_1} a_{2j_2} \cdots a_{nj_n}$ 称为 n 阶行列式的**一般项**,这里 $j_1 j_2 \cdots j_n$ 是 $1,2,\cdots,n$ 的一个排列,当 $j_1 j_2 \cdots j_n$ 是偶排列时,该项前带有正号,当 $j_1 j_2 \cdots j_n$ 是奇排列时,该项前带有负号. 这里 $\sum\limits_{j_1 j_2 \cdots j_n}$ 表示对 $1,2,\cdots,n$ 的所有 n 阶排列求和. 当 $n=1$ 时,一阶行列式 $|a|$ 就等于数 a. **注意不要把行列式的符号和绝对值的符号混淆**(要根据上下文内容判断是哪一种).

定义 1 表明,用定义计算 n 阶行列式,首先做出位于不同行不同列元素乘积的所有项,共有 $n!$ 项. 再把构成这些乘积的元素按行指标排成自然顺序,然后由列指标排成的排列的奇偶性来决定这一项的符号.

【例 1】 计算行列式 $\begin{vmatrix} 0 & 0 & 0 & 1 \\ 0 & 0 & 2 & 0 \\ 0 & 3 & 0 & 0 \\ 4 & 0 & 0 & 0 \end{vmatrix}$.

解 (1) 由行列式的定义,$\begin{vmatrix} 0 & 0 & 0 & 1 \\ 0 & 0 & 2 & 0 \\ 0 & 3 & 0 & 0 \\ 4 & 0 & 0 & 0 \end{vmatrix} = \sum\limits_{j_1 j_2 j_3 j_4} (-1)^{\tau(j_1 j_2 j_3 j_4)} a_{1j_1} a_{2j_2} a_{3j_3} a_{4j_4}$,而除了 $(-1)^{\tau(4321)} 1 \times 2 \times 3 \times 4$ 这一项外,其他项均为 0,故

$$\begin{vmatrix} 0 & 0 & 0 & 1 \\ 0 & 0 & 2 & 0 \\ 0 & 3 & 0 & 0 \\ 4 & 0 & 0 & 0 \end{vmatrix} = (-1)^{\tau(4321)} 1 \times 2 \times 3 \times 4 = 24.$$

【例 2】 计算 n 阶上三角形行列式

$$D=\begin{vmatrix} a_{11} & a_{12} & \cdots & a_{1n} \\ 0 & a_{22} & \cdots & a_{2n} \\ \vdots & \vdots & & \vdots \\ 0 & 0 & \cdots & a_{nn} \end{vmatrix}.$$

解 根据 n 阶行列式的定义,只需考虑非零一般项的和即可,D 的一般项为

$(-1)^{\tau(j_1j_2\cdots j_n)}a_{1j_1}a_{2j_2}\cdots a_{nj_n}$. 在第 n 行中，除了 a_{nn} 外，其余元素为0，故只需考虑 $j_n=n$ 的项 a_{nn}；在第 $n-1$ 行中，当 $j_{n-1}<n-1$ 时，$a_{n-1,j_{n-1}}=0$，即除了 $a_{n-1,n}$，$a_{n-1,n-1}$ 外，其余元素为0，因已经选定 $j_n=n$，故只有 $j_{n-1}=n-1$；依此类推，D 的可能不为零的一般项只有一项 $(-1)^{\tau(12\cdots n)}a_{11}a_{22}\cdots a_{nn}=a_{11}a_{22}\cdots a_{nn}$. 故

$$D=\begin{vmatrix} a_{11} & a_{12} & \cdots & a_{1n} \\ 0 & a_{22} & \cdots & a_{2n} \\ \vdots & \vdots & & \vdots \\ 0 & 0 & \cdots & a_{nn} \end{vmatrix}=a_{11}a_{22}\cdots a_{nn}.$$

即上三角形行列式的值等于其主对角线上的元素的乘积.

形如 $\begin{vmatrix} a_{11} & 0 & \cdots & 0 \\ a_{21} & a_{22} & \cdots & 0 \\ \vdots & \vdots & & \vdots \\ a_{n1} & a_{n2} & \cdots & a_{nn} \end{vmatrix}$ 的行列式称为 n 阶**下三角形行列式**.

容易验证下三角形行列式的值也等于其主对角线上的元素的乘积. 即

$$\begin{vmatrix} a_{11} & 0 & \cdots & 0 \\ a_{21} & a_{22} & \cdots & 0 \\ \vdots & \vdots & & \vdots \\ a_{n1} & a_{n2} & \cdots & a_{nn} \end{vmatrix}=a_{11}a_{22}\cdots a_{nn}.$$

特别地，称 $\begin{vmatrix} a_{11} & 0 & \cdots & 0 \\ 0 & a_{22} & \cdots & 0 \\ \vdots & \vdots & & \vdots \\ 0 & 0 & \cdots & a_{nn} \end{vmatrix}$ 为**对角形行列式**，显然其值为 $a_{11}a_{22}\cdots a_{nn}$.

【例 3】 计算行列式 $D_n=\begin{vmatrix} a_{11} & \cdots & a_{1,n-1} & a_{1n} \\ a_{21} & \cdots & a_{2,n-1} & 0 \\ \vdots & \vdots & & \vdots \\ a_{n1} & \cdots & 0 & 0 \end{vmatrix}$.

解 类似例2的分析，D_n 的非零一般项只有一项

$$(-1)^{\tau(n,n-1,\cdots,2,1)}a_{1n}a_{2,n-1}\cdots a_{n1}=(-1)^{\frac{n(n-1)}{2}}a_{1n}a_{2,n-1}\cdots a_{n1},$$

故

$$D_n=(-1)^{\frac{n(n-1)}{2}}a_{1n}a_{2,n-1}\cdots a_{n1}.$$

同理可得

$$\begin{vmatrix} 0 & \cdots & 0 & a_{1n} \\ 0 & \cdots & a_{2,n-1} & a_{2n} \\ \vdots & \vdots & & \vdots \\ a_{n1} & \cdots & a_{n,n-1} & a_{nn} \end{vmatrix}=(-1)^{\frac{n(n-1)}{2}}a_{1n}a_{2,n-1}\cdots a_{n1}=\begin{vmatrix} a_{11} & \cdots & a_{1,n-1} & a_{1n} \\ a_{21} & \cdots & a_{2,n-1} & 0 \\ \vdots & \vdots & & \vdots \\ a_{n1} & \cdots & 0 & 0 \end{vmatrix}.$$

【例 4】 求 n 阶行列式 $\begin{vmatrix} 0 & \cdots & 0 & 1 \\ 0 & \cdots & 2 & 0 \\ \vdots & \vdots & & \vdots \\ n & \cdots & 0 & 0 \end{vmatrix}$.

解 $\begin{vmatrix} 0 & \cdots & 0 & 1 \\ 0 & \cdots & 2 & 0 \\ \vdots & \vdots & & \vdots \\ n & \cdots & 0 & 0 \end{vmatrix} = (-1)^{\frac{n(n-1)}{2}} a_{1n} a_{2,n-1} \cdots a_{n1} = (-1)^{\frac{n(n-1)}{2}} 1 \times 2 \times 3 \cdots (n-1) \times n = (-1)^{\frac{n(n-1)}{2}} n!$.

定理 1 n 阶行列式的项 $a_{i_1 j_1} a_{i_2 j_2} \cdots a_{i_n j_n}$ 前的符号为 $(-1)^{\tau(i_1 i_2 \cdots i_n) + \tau(j_1 j_2 \cdots j_n)}$，其中 $i_1 i_2 \cdots i_n$ 和 $j_1 j_2 \cdots j_n$ 是两个 n 阶排列.

证明 略，请读者自行证明.

定理 1′ n 阶行列式也可定义为

$$\begin{vmatrix} a_{11} & a_{12} & \cdots & a_{1n} \\ a_{21} & a_{22} & \cdots & a_{2n} \\ \vdots & \vdots & & \vdots \\ a_{n1} & a_{n2} & \cdots & a_{nn} \end{vmatrix} = \sum_{i_1 i_2 \cdots i_n} (-1)^{\tau(i_1 i_2 \cdots i_n)} a_{i_1 1} a_{i_2 2} \cdots a_{i_n n}.$$

证明 由定理1，n阶行列式的一般项可以写为$(-1)^{\tau(i_1 i_2 \cdots i_n) + \tau(j_1 j_2 \cdots j_n)} a_{i_1 j_1} a_{i_2 j_2} \cdots a_{i_n j_n}$，通过若干次对换，将列标排列变为自然排列，即有一般项为$(-1)^{\tau(i_1 i_2 \cdots i_n)} a_{i_1 1} a_{i_2 2} \cdots a_{i_n n}$，问题得证.

习题 1-3

A 组

1. 写出四阶行列式中含有 $a_{11} a_{23}$ 的项.

2. 计算行列式 $\begin{vmatrix} a & 0 & 0 & b \\ 0 & 2 & 3 & 0 \\ 0 & 4 & 5 & 0 \\ c & 0 & 0 & d \end{vmatrix}$.

3. 若 $a_{13} a_{2i} a_{32} a_{4k}$，$a_{11} a_{22} a_{3i} a_{4k}$，$a_{i2} a_{31} a_{43} a_{k4}$ 为四阶行列式的项，试确定 i 和 k，使得前两项带负号，后一项带正号.

B 组

1. 计算行列式 $\begin{vmatrix} 0 & \cdots & 0 & 1 & 0 \\ \vdots & \iddots & 2 & 0 & 0 \\ 0 & \iddots & \iddots & \vdots & \vdots \\ n-1 & 0 & \cdots & 0 & 0 \\ 0 & 0 & \cdots & 0 & n \end{vmatrix}$.

2. 设 $f(x)=\begin{vmatrix} x & 3 & 2 & 1 \\ 2 & 2x & 3 & 0 \\ 3 & 2 & 3 & -2 \\ 1 & -1 & 2x & 5 \end{vmatrix}$,求 x^3 的系数.

§1.4 行列式的性质

直接用定义来计算行列式一般是比较麻烦的,本节介绍行列式的基本性质,运用这些性质,可以简化行列式的计算.

将 n 阶行列式 D 的第 $1,2,\cdots,n$ 行依次变为第 $1,2,\cdots,n$ 列,得到的新行列式称为 D 的**转置行列式**,记为 D^{T}. 即

$$D=\begin{vmatrix} a_{11} & a_{12} & \cdots & a_{1n} \\ a_{21} & a_{22} & \cdots & a_{2n} \\ \vdots & \vdots & & \vdots \\ a_{n1} & a_{n2} & \cdots & a_{nn} \end{vmatrix}, D^{\mathrm{T}}=\begin{vmatrix} a_{11} & a_{21} & \cdots & a_{n1} \\ a_{12} & a_{22} & \cdots & a_{n2} \\ \vdots & \vdots & & \vdots \\ a_{1n} & a_{2n} & \cdots & a_{nn} \end{vmatrix}.$$

性质 1 行列式 D 与它的转置行列式相等,即 $D=D^{\mathrm{T}}$.

证明 设 $D=\det(a_{ij})$,记 D^{T} 中第 i 行 j 列的元素为 b_{ij},则 $b_{ij}=a_{ji}$. 由 1.3 节中定理 1′

$$D^{\mathrm{T}}=\sum_{i_1 i_2\cdots i_n}(-1)^{\tau(i_1 i_2\cdots i_n)} b_{i_1 1} b_{i_2 2}\cdots b_{i_n n}=\sum_{i_1 i_2\cdots i_n}(-1)^{\tau(i_1 i_2\cdots i_n)} a_{1i_1} a_{2i_2}\cdots a_{ni_n},$$

根据定义,

$$\sum_{i_1 i_2\cdots i_n}(-1)^{\tau(i_1 i_2\cdots i_n)} a_{1i_1} a_{2i_2}\cdots a_{ni_n}=D,$$

故 $D=D^{\mathrm{T}}$.

此性质说明行列式的行和列地位相当,凡是适合行的性质,同样也适合列. 反之亦然. 下面的性质证明仅以行为例说明,列的情况类似可证明.

性质 2 互换行列式的两行(列),行列式变号.

证明 设交换行列式 D 的第 s 行和第 t 行($s<t$),设

$$D=\begin{vmatrix} a_{11} & \cdots & a_{1n} \\ \vdots & \cdots & \vdots \\ a_{s1} & \cdots & a_{sn} \\ \vdots & \cdots & \vdots \\ a_{t1} & \cdots & a_{tn} \\ \vdots & \cdots & \vdots \\ a_{n1} & \cdots & a_{nn} \end{vmatrix}=\sum_{j_1 j_2\cdots j_n}(-1)^{\tau(j_1 j_2\cdots j_s\cdots j_t\cdots j_n)} a_{1j_1} a_{2j_2}\cdots a_{sj_s}\cdots a_{tj_t}\cdots a_{nj_n}. \quad (1)$$

$$D_1=\begin{vmatrix} a_{11} & \cdots & a_{1n} \\ \vdots & \cdots & \vdots \\ a_{t1} & \cdots & a_{tn} \\ \vdots & \cdots & \vdots \\ a_{s1} & \cdots & a_{sn} \\ \vdots & \cdots & \vdots \\ a_{n1} & \cdots & a_{nn} \end{vmatrix}=\sum_{j_1j_2\cdots j_n}(-1)^{\tau(j_1j_2\cdots,j_t,\cdots j_s\cdots j_n)}a_{1j_1}a_{2j_2}\cdots a_{tj_t}\cdots a_{sj_s}\cdots a_{nj_n}. \qquad (2)$$

注意到式(2) 的右端

$$\begin{aligned}&\sum_{j_1j_2\cdots j_n}(-1)^{\tau(j_1j_2\cdots,j_t,\cdots j_s\cdots j_n)}a_{1j_1}a_{2j_2}\cdots a_{tj_t}\cdots a_{sj_s}\cdots a_{nj_n}\\ =&\sum_{j_1j_2\cdots j_n}(-1)^{\tau(j_1j_2\cdots,j_t,\cdots j_s\cdots j_n)}a_{1j_1}a_{2j_2}\cdots a_{sj_s}\cdots a_{tj_t}\cdots a_{nj_n}.\end{aligned}$$

而 $\tau(j_1j_2\cdots,j_t,\cdots j_s\cdots j_n)$，$\tau(j_1j_2\cdots,j_s,\cdots j_t\cdots j_n)$ 分别为一奇数、一偶数，故

$$\begin{aligned}&\sum_{j_1j_2\cdots j_n}(-1)^{\tau(j_1j_2\cdots,j_t,\cdots j_s\cdots j_n)}a_{1j_1}a_{2j_2}\cdots a_{sj_s}\cdots a_{tj_t}\cdots a_{nj_n}\\ =&-\sum_{j_1j_2\cdots j_n}(-1)^{\tau(j_1j_2\cdots,j_t,\cdots j_s\cdots j_n)}a_{1j_1}a_{2j_2}\cdots a_{tj_t}\cdots a_{sj_s}\cdots a_{nj_n}.\end{aligned}$$

即 $D=-D_1$.

推论 1 若一个行列式中有两行(列) 的对应元素相等，则此行列式为零.

性质 3 行列式中某行(列) 的公因子提到行列式外面来. 即

$$\begin{vmatrix} a_{11} & \cdots & a_{1n} \\ \vdots & \cdots & \vdots \\ ka_{i1} & \cdots & ka_{in} \\ \vdots & \cdots & \vdots \\ a_{n1} & \cdots & a_{nn} \end{vmatrix}=k\begin{vmatrix} a_{11} & \cdots & a_{1n} \\ \vdots & \cdots & \vdots \\ a_{i1} & \cdots & a_{in} \\ \vdots & \cdots & \vdots \\ a_{n1} & \cdots & a_{nn} \end{vmatrix}.$$

证明

$$\begin{aligned}\begin{vmatrix} a_{11} & \cdots & a_{1n} \\ \vdots & \cdots & \vdots \\ ka_{i1} & \cdots & ka_{in} \\ \vdots & \cdots & \vdots \\ a_{n1} & \cdots & a_{nn} \end{vmatrix}&=\sum_{j_1j_2\cdots j_n}(-1)^{\tau(j_1j_2\cdots j_i\cdots j_n)}a_{1j_1}a_{2j_2}\cdots ka_{ij_i}\cdots a_{nj_n}\\ &=k\sum_{j_1j_2\cdots j_n}(-1)^{\tau(j_1j_2\cdots j_i\cdots j_n)}a_{1j_1}a_{2j_2}\cdots a_{ij_i}\cdots a_{nj_n}.\end{aligned}$$

此性质也可叙述为：用数 k 乘行列式某一行(列) 中所有元素，等于用 k 乘此行列式.

推论 2 若一个行列式中有一行(列) 的元素全部为 0，则此行列式为零.

推论 3 若一个行列式中有两行(列) 的元素对应成比例，则此行列式为零.

性质 4 若一个行列式的某行(列) 元素都可写成两个元素的和，则此行列式可写成两个行列式的和. 即

$$\begin{vmatrix} a_{11} & \cdots & a_{1n} \\ \vdots & \cdots & \vdots \\ b_{i1}+c_{i1} & \cdots & b_{in}+c_{in} \\ \vdots & \cdots & \vdots \\ a_{n1} & \cdots & a_{nn} \end{vmatrix} = \begin{vmatrix} a_{11} & \cdots & a_{1n} \\ \vdots & \cdots & \vdots \\ b_{i1} & \cdots & b_{in} \\ \vdots & \cdots & \vdots \\ a_{n1} & \cdots & a_{nn} \end{vmatrix} + \begin{vmatrix} a_{11} & \cdots & a_{1n} \\ \vdots & \cdots & \vdots \\ c_{i1} & \cdots & c_{in} \\ \vdots & \cdots & \vdots \\ a_{n1} & \cdots & a_{nn} \end{vmatrix}.$$

证明 因为

$$\begin{aligned} \begin{vmatrix} a_{11} & \cdots & a_{1n} \\ \vdots & \cdots & \vdots \\ b_{i1}+c_{i1} & \cdots & b_{in}+c_{in} \\ \vdots & \cdots & \vdots \\ a_{n1} & \cdots & a_{nn} \end{vmatrix} &= \sum_{j_1 j_2 \cdots j_n} (-1)^{\tau(j_1 j_2 \cdots j_i \cdots j_n)} a_{1j_1} a_{2j_2} \cdots (b_{ij_i} + c_{ij_i}) \cdots a_{nj_n} \\ &= \sum_{j_1 j_2 \cdots j_n} (-1)^{\tau(j_1 j_2 \cdots j_i \cdots j_n)} a_{1j_1} a_{2j_2} \cdots b_{ij_i} \cdots a_{nj_n} + \\ &\quad \sum_{j_1 j_2 \cdots j_n} (-1)^{\tau(j_1 j_2 \cdots j_i \cdots j_n)} a_{1j_1} a_{2j_2} \cdots c_{ij_i} \cdots a_{nj_n}. \end{aligned}$$

性质 5 用行列式的某行(列)的元素乘以 k 加到其他行(列)的对应元素上去,行列式的值不变.即

$$\begin{vmatrix} a_{11} & \cdots & a_{1n} \\ \vdots & \cdots & \vdots \\ a_{i1}+ka_{j1} & \cdots & a_{in}+ka_{jn} \\ \vdots & \cdots & \vdots \\ a_{j1} & \cdots & a_{jn} \\ \vdots & \cdots & \vdots \\ a_{n1} & \cdots & a_{nn} \end{vmatrix} = \begin{vmatrix} a_{11} & \cdots & a_{1n} \\ \vdots & \cdots & \vdots \\ a_{i1} & \cdots & a_{in} \\ \vdots & \cdots & \vdots \\ a_{j1} & \cdots & a_{jn} \\ \vdots & \cdots & \vdots \\ a_{n1} & \cdots & a_{nn} \end{vmatrix}.$$

此性质容易由推论 3 和性质 4 推出,它是在行列式计算中经常用到的化简方法.行列式的计算通常是先通过相关性质将其化为上(下)三角形行列式,再得出计算结果.

为了表示的方便,交换第 i 行(列)与第 j 行(列),记为 $r_i \leftrightarrow r_j(c_i \leftrightarrow c_j)$;将用数 k 乘以第 i 行(列)记为 $k \times r_i$(或 $k \times c_i$);从第 i 行(列)提出公因子 k 记为 $r_i \div k$(或 $c_i \div k$);以数 k 乘以第 j 行(列)加到第 i 行(列)上,记为 $r_i + kr_j(c_i + kc_j)$.如 $-2r_1 + r_2$ 表示第一行乘以 -2 加到第二行;$c_2 + c_1 + c_3 + c_4$ 表示将第 1,3,4 列都加到第二列上去.

【例 1】 计算 $\begin{vmatrix} 1 & 2 & 2 & 2 \\ 2 & 1 & 2 & 2 \\ 2 & 2 & 1 & 2 \\ 2 & 2 & 2 & 1 \end{vmatrix}$.

解 此行列式特点是各行(列)元素相加和都等于 7,将第 2,3,4 行元素加到第一行对应元素上,再提取第一行的公因式 7,然后第一行乘以 -2 分别加到第 2,3,4 行可得上三角形行列式,即:

$$\begin{vmatrix}1&2&2&2\\2&1&2&2\\2&2&1&2\\2&2&2&1\end{vmatrix}\xlongequal{(r_1+r_2+r_3+r_4)/7}7\begin{vmatrix}1&1&1&1\\2&1&2&2\\2&2&1&2\\2&2&2&1\end{vmatrix}\xlongequal[i\geqslant 2]{r_i-2r_1}7\begin{vmatrix}1&1&1&1\\0&-1&0&0\\0&0&-1&0\\0&0&0&-1\end{vmatrix}=-7.$$

【例 2】 计算 $D=\begin{vmatrix}0&1&5&6\\1&3&5&0\\1&2&0&1\\1&2&3&4\end{vmatrix}$.

解 $D\xlongequal{r_1\leftrightarrow r_3}-\begin{vmatrix}1&2&0&1\\1&3&5&0\\0&1&5&6\\1&2&3&4\end{vmatrix}\xlongequal{r_2-r_1}-\begin{vmatrix}1&2&0&1\\0&1&5&-1\\0&1&5&6\\1&2&3&4\end{vmatrix}$

$$\xlongequal{r_4-r_1}-\begin{vmatrix}1&2&0&1\\0&1&5&-1\\0&1&5&6\\0&0&3&3\end{vmatrix}\xlongequal{r_3-r_2}-\begin{vmatrix}1&2&0&1\\0&1&5&-1\\0&0&0&7\\0&0&3&3\end{vmatrix}.$$

$$\xlongequal{r_3\leftrightarrow r_4}\begin{vmatrix}1&2&0&1\\0&1&5&-1\\0&0&3&3\\0&0&0&7\end{vmatrix}=21.$$

【例 3】 计算 $\begin{vmatrix}a^2&(a+1)^2&(a+2)^2&(a+3)^2\\b^2&(b+1)^2&(b+2)^2&(b+3)^2\\c^2&(c+1)^2&(c+2)^2&(c+3)^2\\d^2&(d+1)^2&(d+2)^2&(d+3)^2\end{vmatrix}$.

解 $\begin{vmatrix}a^2&(a+1)^2&(a+2)^2&(a+3)^2\\b^2&(b+1)^2&(b+2)^2&(b+3)^2\\c^2&(c+1)^2&(c+2)^2&(c+3)^2\\d^2&(d+1)^2&(d+2)^2&(d+3)^2\end{vmatrix}\xlongequal{c_4-c_3,c_3-c_2,c_2-c_1}\begin{vmatrix}a^2&2a+1&2a+3&2a+5\\b^2&2b+1&2b+3&2b+5\\c^2&2c+1&2c+3&2c+5\\d^2&2d+1&2d+3&2d+5\end{vmatrix}$

$$\xlongequal{c_4-c_3,c_3-c_2}\begin{vmatrix}a^2&2a+1&2&2\\b^2&2b+1&2&2\\c^2&2c+1&2&2\\d^2&2d+1&2&2\end{vmatrix}=0.$$

【例 4】 计算 $D_n=\begin{vmatrix}x_1&a_{12}&a_{13}&\cdots&a_{1n}\\x_1&x_2&a_{23}&\cdots&a_{2n}\\x_1&x_2&x_3&\cdots&a_{3n}\\\vdots&\vdots&\vdots&&\vdots\\x_1&x_2&x_3&\cdots&x_n\end{vmatrix}$.

解 本行列式从倒数第二行开始，前行乘以-1加到后一行得：

$$D_n \xlongequal[\substack{r_4-r_3\\ \cdots\\ r_n-r_{n-1}}]{\substack{r_2-r_1\\ r_3-r_2}} \begin{vmatrix} x_1 & a_{12} & a_{13} & \cdots & a_{1n} \\ 0 & x_2-a_{12} & a_{23}-a_{13} & \cdots & a_{2n}-a_{1n} \\ 0 & 0 & x_3-a_{23} & \cdots & a_{3n}-a_{2n} \\ \vdots & \vdots & \vdots & & \vdots \\ 0 & 0 & 0 & \cdots & x_n-a_{n-1,n} \end{vmatrix}$$

$$=x_1(x_2-a_{12})(x_3-a_{23})\cdots(x_n-a_{n-1,n})$$

$$=x_1\prod_{i=2}^{n}(x_i-a_{i-1,i})$$

【例 5】 证明 $D=\begin{vmatrix} a_{11} & 0 & \cdots & 0 \\ a_{21} & a_{22} & \cdots & a_{2n} \\ \vdots & \vdots & & \vdots \\ a_{n1} & a_{n2} & \cdots & a_{nn} \end{vmatrix}=a_{11}M_{11}$，其中 $M_{11}=\begin{vmatrix} a_{22} & a_{23} & \cdots & a_{2n} \\ a_{32} & a_{33} & \cdots & a_{3n} \\ \vdots & \vdots & & \vdots \\ a_{n2} & a_{n3} & \cdots & a_{nn} \end{vmatrix}$.

证明 因为

$$\begin{vmatrix} a_{11} & a_{12} & \cdots & a_{1n} \\ a_{21} & a_{22} & \cdots & a_{2n} \\ \vdots & \vdots & & \vdots \\ a_{n1} & a_{n2} & \cdots & a_{nn} \end{vmatrix}=\sum_{j_1j_2\cdots j_n}(-1)^{\tau(j_1j_2\cdots j_n)}a_{1j_1}a_{2j_2}\cdots a_{nj_n}.$$

的每一项都含有第一行的元素，而 $\boldsymbol{D}$ 的第一行中仅有 $a_{11}\neq 0$，故 D 仅含下面形式的项

$$(-1)^{\tau(j_1j_2\cdots j_n)}a_{11}a_{2j_2}\cdots a_{nj_n}=a_{11}[(-1)^{\tau(j_2\cdots j_n)}a_{2j_2}\cdots a_{nj_n}].$$

注意到等式右端中括号内正是 M_{11} 的一般项，所以 $D=a_{11}M_{11}$.

习题 1-4

A 组

1. 计算下列行列式

(1)$D=\begin{vmatrix} 4 & 1 & 2 & 4 \\ 1 & 2 & 0 & 2 \\ 10 & 5 & 2 & 0 \\ 0 & 1 & 1 & 7 \end{vmatrix}$；　(2)$D=\begin{vmatrix} 1 & 2 & 4 & 1 \\ -1 & 3 & 2 & 1 \\ 2 & 1 & 3 & 2 \\ 0 & 5 & 6 & 2 \end{vmatrix}$.

2. 计算行列式 $D=\begin{vmatrix} x & y & x+y \\ y & x+y & x \\ x+y & x & y \end{vmatrix}$.

3. 计算行列式 $D_n=\begin{vmatrix} x & b & b & \cdots & b \\ b & x & b & \cdots & b \\ b & b & x & \cdots & b \\ \vdots & \vdots & \vdots & & \vdots \\ b & b & b & \cdots & x \end{vmatrix}$.

B 组

1. 证明：$\begin{vmatrix} ax+by & ay+bz & az+bx \\ ay+bz & az+bx & ax+by \\ az+bx & ax+by & ay+bz \end{vmatrix}=(a^3+b^3)\begin{vmatrix} x & y & z \\ y & z & x \\ z & x & y \end{vmatrix}$.

2. 证明行列式 $D=\begin{vmatrix} 1 & 1 & 1 & 1 \\ a & b & c & d \\ a^2 & b^2 & c^2 & d^2 \\ a^4 & b^4 & c^4 & d^4 \end{vmatrix}=(a-b)(a-c)(c-d)(b-c)(b-d)(c-d)(a+b+c+d)$.

§1.5 行列式的计算

在上一节中，我们利用行列式的性质可以使得某些行列式的计算大为简化. 本节我们首先介绍行列式计算的另一个重要方法——**按某一行(列)展开的降阶处理法**，然后再介绍几种特殊行列式的计算.

1.5.1 行列式按某一行(列)展开

定义 1 在 n 阶行列式 $|(a_{ij})|_n$ 中，将元素 a_{ij} 所在的第 i 行和第 j 列划去，剩下的元素按原排列构成的 $n-1$ 阶行列式，称为 a_{ij} 的**余子式**，记为 M_{ij}；记 $A_{ij}=(-1)^{i+j}M_{ij}$，称 A_{ij} 为元素 a_{ij} 的**代数余子式**.

例如四阶行列式

$$D=\begin{vmatrix} a_{11} & a_{12} & a_{13} & a_{14} \\ a_{21} & a_{22} & a_{23} & a_{24} \\ a_{31} & a_{32} & a_{33} & a_{34} \\ a_{41} & a_{42} & a_{43} & a_{44} \end{vmatrix}$$

中由 $\begin{vmatrix} a_{11} & a_{12} & a_{13} & a_{14} \\ a_{21} & a_{22} & a_{23} & a_{24} \\ a_{31} & a_{32} & a_{33} & a_{34} \\ a_{41} & a_{42} & a_{43} & a_{44} \end{vmatrix}$ 得元素 a_{23} 的余子式为 $M_{23}=\begin{vmatrix} a_{11} & a_{12} & a_{14} \\ a_{31} & a_{32} & a_{34} \\ a_{41} & a_{42} & a_{44} \end{vmatrix}$；

a_{23}的代数余子式为$A_{23}=(-1)^{2+3}M_{23}=-M_{23}$.

【例 1】 求$D=\begin{vmatrix} 1 & 1 & 2 \\ 0 & 2 & 1 \\ -1 & 1 & 3 \end{vmatrix}$的第一行元素的代数余子式.

解 $A_{11}=(-1)^{1+1}\begin{vmatrix} 2 & 1 \\ 1 & 3 \end{vmatrix}=\begin{vmatrix} 2 & 1 \\ 1 & 3 \end{vmatrix}$;$A_{12}=(-1)^{1+2}\begin{vmatrix} 0 & 1 \\ -1 & 3 \end{vmatrix}=-\begin{vmatrix} 0 & 1 \\ -1 & 3 \end{vmatrix}$;

$A_{13}=(-1)^{1+3}\begin{vmatrix} 0 & 2 \\ -1 & 1 \end{vmatrix}=\begin{vmatrix} 0 & 2 \\ -1 & 1 \end{vmatrix}$

为了给出行列式按行(列)展开定理,先给出以下引理.

引理 1 若n阶行列式$D=|(a_{ij})|_n$的第i行元素中,除了a_{ij}以外,其余元素均为零,则$D=a_{ij}A_{ij}$.

证明 (1)首先讨论D的第一行元素中除了$a_{11}\neq 0$外,其余元素均为零的特殊情况.即

$$D=\begin{vmatrix} a_{11} & 0 & \cdots & 0 \\ a_{21} & a_{22} & \cdots & a_{2n} \\ \vdots & \vdots & & \vdots \\ a_{n1} & a_{n2} & \cdots & a_{nn} \end{vmatrix}$$

由 1.4 节例 5 知,$D=a_{11}M_{11}$.又$A_{11}=(-1)^{1+1}M_{11}$,从而$D=a_{11}A_{11}$.

(2)再讨论D的第i行元素中除了$a_{ij}\neq 0$外,其余元素均为零的情况.即

$$D=\begin{vmatrix} a_{11} & \cdots & a_{1,j-1} & a_{1,j} & a_{1,j+1} & \cdots & a_{1n} \\ \vdots & \vdots & \vdots & \vdots & \vdots & \vdots & \vdots \\ a_{i-1,1} & \cdots & a_{i-1,j-1} & a_{i-1,j} & a_{i-1,j+1} & \cdots & a_{i-1,n} \\ 0 & \cdots & 0 & a_{i,j} & 0 & \cdots & 0 \\ a_{i+1,1} & \cdots & a_{i+1,j-1} & a_{i+1,j} & a_{i+1,j+1} & \cdots & a_{i+1,n} \\ \vdots & \vdots & \vdots & \vdots & \vdots & \vdots & \vdots \\ a_{n1} & \cdots & a_{n,j-1} & a_{n,j} & a_{n,j+1} & \cdots & a_{nn} \end{vmatrix}.$$

将D的第i行依次与第$i-1,\cdots,2,1$各行交换后,再将第j列依次与第$j-1,\cdots,2,1$各列交换,共经过$i+j-2$次交换D的行和列,得

$$D=(-1)^{i+j-2}\begin{vmatrix} a_{ij} & 0 & \cdots & 0 & 0 & \cdots & 0 \\ a_{1j} & a_{11} & \cdots & a_{1,j-1} & a_{1,j+1} & \cdots & a_{1n} \\ \vdots & \vdots & \cdots & \vdots & \vdots & \cdots & \vdots \\ a_{i-1,j} & a_{i-1,1} & \cdots & a_{i-1,j-1} & a_{i-1,j+1} & \cdots & a_{i-1,n} \\ a_{i+1,j} & a_{i+1,1} & \cdots & a_{i+1,j-1} & a_{i+1,j+1} & \cdots & a_{i+1,n} \\ \vdots & \vdots & \cdots & \vdots & \vdots & \cdots & \vdots \\ a_{nj} & a_{n1} & \cdots & a_{n,j-1} & a_{n,j+1} & \cdots & a_{nn} \end{vmatrix}.$$

此时,上式右端行列式即为(1)中讨论的类型,故

$$D=(-1)^{i+j-2}a_{ij}M_{ij}=(-1)^{i+j}a_{ij}M_{ij}=a_{ij}A_{ij}.$$

定理1　n 阶行列式的值等于它的任意一行(列)各元素与其代数余子式乘积之和.即

$$D=a_{i1}A_{i1}+a_{i2}A_{i2}+\cdots+a_{in}A_{in}\quad(i=1,2,\cdots,n)$$

或

$$D=a_{1j}A_{1j}+a_{2j}A_{2j}+\cdots+a_{nj}A_{nj}\quad(j=1,2,\cdots,n).$$

证明

$$D=\begin{vmatrix} a_{11} & a_{12} & \cdots & a_{1n} \\ \vdots & \vdots & \vdots & \vdots \\ a_{i1}+0+\cdots+0 & 0+a_{i2}+\cdots+0 & \cdots & 0+0+\cdots+a_{in} \\ \vdots & \vdots & \vdots & \vdots \\ a_{n1} & a_{n2} & \cdots & a_{nn} \end{vmatrix}$$

$$=\begin{vmatrix} a_{11} & a_{12} & \cdots & a_{1n} \\ \vdots & \vdots & & \vdots \\ a_{i1} & 0 & \cdots & 0 \\ \vdots & \vdots & & \vdots \\ a_{n1} & a_{n2} & \cdots & a_{nn} \end{vmatrix}+\begin{vmatrix} a_{11} & a_{12} & \cdots & a_{1n} \\ \vdots & \vdots & & \vdots \\ 0 & a_{i2} & \cdots & 0 \\ \vdots & \vdots & & \vdots \\ a_{n1} & a_{n2} & \cdots & a_{nn} \end{vmatrix}+\cdots+\begin{vmatrix} a_{11} & a_{12} & \cdots & a_{1n} \\ \vdots & \vdots & & \vdots \\ 0 & 0 & \cdots & a_{in} \\ \vdots & \vdots & & \vdots \\ a_{n1} & a_{n2} & \cdots & a_{nn} \end{vmatrix}$$

根据引理1得

$$D=a_{i1}A_{i1}+a_{i2}A_{i2}+\cdots+a_{in}A_{in}\quad(i=1,2,\cdots,n).$$

同理可证将 D 按列展开的情形.

定理1叫作行列式的**按行(列)展开法则**,利用这一法则可将行列式降阶,再结合行列式的性质,可以更好地简化行列式的计算.在计算行列式时,可**先用行列式的性质将某一行(列)化为仅含1个非零元素,再按此行(列)展开,变为关于低一阶的行列式的计算,如此继续下去,直到化为三阶或二阶行列式,计算出结果.**

【例2】　计算行列式

(1) $\begin{vmatrix} 2 & 0 & 1 \\ 1 & -4 & -1 \\ -1 & 8 & 3 \end{vmatrix}$;(2) $\begin{vmatrix} 3 & 1 & -1 & 2 \\ -5 & 1 & 3 & -4 \\ 2 & 0 & 1 & -1 \\ 1 & -5 & 3 & -3 \end{vmatrix}$.

解　(1) $\begin{vmatrix} 2 & 0 & 1 \\ 1 & -4 & -1 \\ -1 & 8 & 3 \end{vmatrix}\xlongequal{r_3+2r_2}\begin{vmatrix} 2 & 0 & 1 \\ 1 & -4 & -1 \\ 1 & 0 & 1 \end{vmatrix}=(-4)(-1)^{2+2}\begin{vmatrix} 2 & 1 \\ 1 & 1 \end{vmatrix}=-4.$

(2)观察第二列有一个零元素,利用性质可将此列变换为只含一个非零元素.

$$\begin{vmatrix} 3 & 1 & -1 & 2 \\ -5 & 1 & 3 & -4 \\ 2 & 0 & 1 & -1 \\ 1 & -5 & 3 & -3 \end{vmatrix}\xlongequal{r_2-r_1,r_4+5r_1}\begin{vmatrix} 3 & 1 & -1 & 2 \\ -8 & 0 & 4 & -6 \\ 2 & 0 & 1 & -1 \\ 16 & 0 & -2 & 7 \end{vmatrix}=a_{12}A_{12}$$

$$=1\cdot(-1)^{1+2}\begin{vmatrix} -8 & 4 & -6 \\ 2 & 1 & -1 \\ 16 & -2 & 7 \end{vmatrix}$$

$$=-2\begin{vmatrix}-4&4&-6\\1&1&-1\\8&-2&7\end{vmatrix}\xlongequal[c_1+c_3]{c_2+c_3}-2\begin{vmatrix}-10&-2&-6\\0&0&-1\\15&5&7\end{vmatrix}$$

$$=-2\times(-1)\times(-1)^{2+1}\begin{vmatrix}-10&-2\\15&5\end{vmatrix}=40.$$

推论 1 行列式 D 的某一行(列)的元素与另一行(列)的对应元素的代数余子式乘积之和等于零. 即

$$a_{i1}A_{j1}+a_{i2}A_{j2}+\cdots+a_{in}A_{jn}=0(i\neq j)$$

或

$$a_{1i}A_{1j}+a_{2i}A_{2j}+\cdots+a_{ni}A_{nj}=0(i\neq j).$$

证明 用 D 的第 i 行元素替换其第 j 行元素得新的行列式

$$D_1=\begin{vmatrix}a_{11}&a_{12}&\cdots&a_{1n}\\\vdots&\vdots&&\vdots\\a_{i1}&a_{i2}&\cdots&a_{in}\\\vdots&\vdots&&\vdots\\a_{i1}&a_{i2}&\cdots&a_{in}\\\vdots&\vdots&&\vdots\\a_{n1}&a_{n2}&\cdots&a_{nn}\end{vmatrix}.$$

注意到 D_1 有两行元素对应相等,根据性质 2 的推论 1,$D_1=0$. 另一方面,将 D_1 按照第 j 行元素展开得:

$$D_1=a_{i1}A_{j1}+a_{i2}A_{j2}+\cdots+a_{in}A_{jn}.$$

所以

$$a_{i1}A_{j1}+a_{i2}A_{j2}+\cdots+a_{in}A_{jn}=0(i\neq j).$$

同理可证:

$$a_{1i}A_{1j}+a_{2i}A_{2j}+\cdots+a_{ni}A_{nj}=0(i\neq j).$$

上述定理 1 及其推论 1 可总结为

$$a_{k1}A_{i1}+a_{k2}\boldsymbol{A}_{i2}+\cdots+a_{kn}\boldsymbol{A}_{in}=\begin{cases}D, & (\text{当 } k=i),\\0, & (\text{当 } k\neq i).\end{cases}$$

或

$$a_{1l}\boldsymbol{A}_{1j}+a_{2l}\boldsymbol{A}_{2j}+\cdots+a_{nl}\boldsymbol{A}_{nj}=\begin{cases}D, & (\text{当 } l=j),\\0, & (\text{当 } l\neq j).\end{cases}$$

1.5.2* 行列式的计算

【例 3】 证明范德蒙(Vandermonde)行列式

$$D_n=\begin{vmatrix}1 & 1 & \cdots & 1\\ x_1 & x_2 & \cdots & x_n\\ x_1^2 & x_2^2 & \cdots & x_n^2\\ \vdots & \vdots & & \vdots\\ x_1^{n-1} & x_2^{n-1} & \cdots & x_n^{n-1}\end{vmatrix}=\prod_{1\leqslant j<i\leqslant n}(x_i-x_j)(n\geqslant 2).$$

证明　利用数学归纳法

(1) 当 $n=2$ 时，$D_2=\begin{vmatrix}1 & 1\\ x_1 & x_2\end{vmatrix}=x_2-x_1=\prod\limits_{1\leqslant j<i\leqslant 2}(x_i-x_j)$，结论成立；

(2)假设对于 $n-1$ 阶范德蒙行列式结论成立，从第 $n-1$ 行开始，自上往下，每行都乘以 $-x_1$ 加到下一行得

$$D_n=\begin{vmatrix}1 & 1 & 1 & \cdots & 1\\ 0 & x_2-x_1 & x_3-x_1 & \cdots & x_n-x_1\\ 0 & x_2(x_2-x_1) & x_3(x_3-x_1) & \cdots & x_n(x_n-x_1)\\ \vdots & \vdots & \vdots & & \vdots\\ 0 & x_2^{n-2}(x_2-x_1) & x_3^{n-2}(x_3-x_1) & \cdots & x_n^{n-2}(x_n-x_1)\end{vmatrix}.$$

按第一列展开，并提取公因式 $(x_i-x_1)(i=2,\cdots,n)$ 得

$$D_n=(x_2-x_1)(x_3-x_1)\cdots(x_n-x_1)\begin{vmatrix}1 & 1 & \cdots & 1\\ x_2 & x_3 & \cdots & x_n\\ x_2^2 & x_3^2 & \cdots & x_n^2\\ \vdots & \vdots & & \vdots\\ x_2^{n-2} & x_3^{n-2} & \cdots & x_n^{n-2}\end{vmatrix}\qquad(1)$$

注意到式(1)右端行列式为一个 $n-1$ 阶范德蒙行列式，由归纳假设，它等于所有 $(x_i-x_j)(2\leqslant j<i\leqslant n)$ 因子的乘积. 即有

$$D_n=(x_2-x_1)(x_3-x_1)\cdots(x_n-x_1)\prod_{2\leqslant j<i\leqslant n}(x_i-x_j)=\prod_{1\leqslant j<i\leqslant n}(x_i-x_j).$$

注意：本例可作为**范德蒙行列式计算的公式**，容易看出范德蒙行列式不为零当且仅当 $x_1,\cdots,x_n$ 两两不相等.

上例中，这种把计算行列式 D_n 转换为计算同类型的行列式 D_{n-1} 的方法，称为**递推法**. 递推法在大部分情况下需要借助于数学归纳法来完成.

【例4】　计算行列式 $D_{2n}=\begin{vmatrix}a & & & & & b\\ & \ddots & & & \unicode{x22F0} & \\ & & a & b & & \\ & & c & d & & \\ & \unicode{x22F0} & & & \ddots & \\ c & & & & & d\end{vmatrix}.$

解　按第一行展开，

$$D_{2n}=a\begin{vmatrix} a & & & & & b & 0\\ & \ddots & & & \iddots & & \\ & & a & b & & & \\ & & c & d & & & \\ & \iddots & & & \ddots & & \\ c & & & & & d & 0\\ 0 & & & & & 0 & d \end{vmatrix}+(-1)^{1+2n}b\begin{vmatrix} 0 & a & & & & b\\ & \ddots & & & \iddots & \\ & & a & b & & \\ & & c & d & & \\ & \iddots & & & \ddots & \\ 0 & c & & & & d\\ c & 0 & & & & 0 \end{vmatrix}$$

$$=adD_{2(n-1)}-bc(-1)^{2n-1+1}D_{2(n-1)}=(ad-bc)D_{2(n-1)},$$

依此递推得

$$D_{2n}=(ad-bc)D_{2(n-1)}=(ad-bc)^2D_{2(n-2)}=\cdots$$
$$=(ad-bc)^{n-1}D_2=(ad-bc)^{n-1}\begin{vmatrix} a & b\\ c & d\end{vmatrix}=(ad-bc)^n.$$

【例 5】 计算箭形行列式 $D_n=\begin{vmatrix} 1 & 1 & 1 & \cdots & 1\\ 1 & 2 & 0 & \cdots & 0\\ 1 & 0 & 3 & \cdots & 0\\ \vdots & \vdots & \vdots & & \vdots\\ 1 & 0 & 0 & \cdots & n \end{vmatrix}$.

解 $D_n \xlongequal{c_1-\frac{1}{2}c_2-\frac{1}{3}c_3+\cdots-\frac{1}{n}c_n} \begin{vmatrix} 1-\sum\limits_{i=2}^{n}\frac{1}{i} & 1 & 1 & \cdots & 1\\ 0 & 2 & 0 & \cdots & 0\\ 0 & 0 & 3 & \cdots & 0\\ \vdots & \vdots & \vdots & & \vdots\\ 0 & 0 & 0 & \cdots & n \end{vmatrix}=n!\left(1-\sum\limits_{i=2}^{n}\frac{1}{i}\right).$

【例 6】 计算行列式

$$D_n=\begin{vmatrix} x-a & a & a & \cdots & a\\ a & x-a & a & \cdots & a\\ a & a & x-a & \cdots & a\\ \vdots & \vdots & \vdots & & \vdots\\ a & a & a & \cdots & x-a \end{vmatrix}.$$

解法 1 （该行列式特征是各行(列)元素之和相等).

$$D_n=\begin{vmatrix} x-a & a & a & \cdots & a\\ a & x-a & a & \cdots & a\\ a & a & x-a & \cdots & a\\ \vdots & \vdots & \vdots & & \vdots\\ a & a & a & \cdots & x-a \end{vmatrix}$$

$$\xlongequal{c_1+c_2+\cdots+c_n}[x+(n-2)a]\begin{vmatrix} 1 & a & a & \cdots & a \\ 1 & x-a & a & \cdots & a \\ 1 & a & x-a & \cdots & a \\ \vdots & \vdots & \vdots & & \vdots \\ 1 & a & a & \cdots & x-a \end{vmatrix}$$

$$\xlongequal[r_n-r_1]{\substack{r_2-r_1\\ r_3-r_1\\ \vdots}}[x+(n-2)a]\begin{vmatrix} 1 & a & a & \cdots & a \\ 0 & x-2a & 0 & \cdots & 0 \\ 0 & 0 & x-2a & \cdots & 0 \\ \vdots & \vdots & \vdots & & \vdots \\ 0 & 0 & 0 & \cdots & x-2a \end{vmatrix}=[x+(n-2)a](x-2a)^{n-1}.$$

解法 2 易见 $x=2a$ 时，$D_n=0$；当 $x\neq 2a$ 时，在 D_n 上添加一行一列，变为 $n+1$ 阶行列式 D_{n+1}，且使得 $D_{n+1}=D_n$.

$$D_{n+1}=D_n=\begin{vmatrix} 1 & a & a & \cdots & a \\ 0 & x-a & a & \cdots & a \\ 0 & a & x-a & \cdots & a \\ \vdots & \vdots & \vdots & & \vdots \\ 0 & a & a & \cdots & x-a \end{vmatrix}$$

$$\xlongequal[r_{n+1}-r_1]{\substack{r_2-r_1\\ r_3-r_1\\ \vdots}}\begin{vmatrix} 1 & a & a & \cdots & a \\ -1 & x-2a & 0 & \cdots & 0 \\ -1 & 0 & x-2a & \cdots & 0 \\ \vdots & \vdots & \vdots & & \vdots \\ -1 & 0 & 0 & \cdots & x-2a \end{vmatrix}\text{(箭形行列式)}$$

$$\xlongequal{c_1+\frac{1}{x-2a}c_2+\frac{1}{x-2a}c_3+\cdots+\frac{1}{x-2a}c_n+\frac{1}{x-2a}c_{n+1}}\begin{vmatrix} 1+a\dfrac{n}{x-2a} & a & a & \cdots & a \\ 0 & x-2a & 0 & \cdots & 0 \\ 0 & 0 & x-2a & \cdots & 0 \\ \vdots & \vdots & \vdots & & \vdots \\ 0 & 0 & 0 & \cdots & x-2a \end{vmatrix}$$

$$=\left(1+a\frac{n}{x-2a}\right)(x-2a)^n=[x+(n-2)a](x-2a)^{n-1}.$$

这种在原行列式的基础上添加一行一列再计算的方法，称为**加边法**.

【例 7】 解下列线性方程组

$$\begin{cases} 2x_1+x_2-5x_3+x_4=8, \\ x_1-3x_2\quad\quad-6x_4=9, \\ \quad 2x_2-x_3+2x_4=-5, \\ x_1+4x_2-7x_3+6x_4=0. \end{cases}$$

解 方程的系数行列式

$$D=\begin{vmatrix}2&1&-5&1\\1&-3&0&-6\\0&2&-1&2\\1&4&-7&6\end{vmatrix}\xlongequal[r_4-r_2]{r_1-2r_2}\begin{vmatrix}0&7&-5&13\\1&-3&0&-6\\0&2&-1&2\\0&7&-7&12\end{vmatrix}$$

$$=-\begin{vmatrix}7&-5&13\\2&-1&2\\7&-7&12\end{vmatrix}\xrightarrow[c_3+2c_2]{c_1+2c_2}-\begin{vmatrix}-3&-5&3\\0&-1&0\\-7&-7&-2\end{vmatrix}=\begin{vmatrix}-3&3\\-7&-2\end{vmatrix}=27\neq 0;$$

$$D_1=\begin{vmatrix}8&1&-5&1\\9&-3&0&-6\\-5&2&-1&2\\0&4&-7&6\end{vmatrix}=81;D_2=\begin{vmatrix}2&8&-5&1\\1&9&0&-6\\0&-5&-1&2\\1&0&-7&6\end{vmatrix}=-108;$$

$$D_3=\begin{vmatrix}2&1&8&1\\1&-3&9&-6\\0&2&-5&2\\1&4&0&6\end{vmatrix}=-27;D_4=\begin{vmatrix}2&1&-5&8\\1&-3&0&9\\0&2&-1&-5\\1&4&-7&0\end{vmatrix}=27.$$

由克拉默法则得：$x_1=\dfrac{D_1}{D}=3$；$x_2=\dfrac{D_2}{D}=-4$；$x_3=\dfrac{D_3}{D}=-1$；$x_4=\dfrac{D_4}{D}=1$.

习题 1-5

A 组

1. 写出 $D=\begin{vmatrix}2&0&1\\1&-4&-1\\-1&8&3\end{vmatrix}$ 的第二列和第三行元素对应的代数余子式. 并将 D 按第二列展开.

2. 计算行列式

(1) $\begin{vmatrix}1&1&-1&2\\-1&-1&-4&1\\2&4&-6&1\\1&2&4&2\end{vmatrix}$； (2) $\begin{vmatrix}2&1&4&3\\1&4&-1&4\\4&2&3&11\\3&0&9&2\end{vmatrix}$.

3. 用克拉默法则求解线性方程组

(1) $\begin{cases}x_1+x_2-2x_3=-3\\5x_1-2x_2+7x_3=22\\2x_1-5x_2+4x_3=4\end{cases}$； (2) $\begin{cases}x_1-3x_3-6x_4=9\\2x_1-5x_2+x_3+x_4=8\\-x_2+2x_3+2x_4=-5\\x_1-7x_2+4x_3+6x_4=0\end{cases}$.

4. 当 λ 取何值时，线性方程组 $\begin{cases}(1-\lambda)x_1-2x_2+4x_3=0,\\2x_1+(3-\lambda)x_2+x_3=0,\\x_1+x_2+(1-\lambda)x_3=0.\end{cases}$ 只有唯一解？

B组

1. 计算行列式 $D=\begin{vmatrix}a&0&0&b\\0&a&b&0\\0&b&a&0\\b&0&0&a\end{vmatrix}$.

2. 计算行列式

$$D_n=\begin{vmatrix}1+a_1&1&\cdots&1\\1&1+a_2&\cdots&1\\\vdots&\vdots&&\vdots\\1&1&\cdots&1+a_n\end{vmatrix}, \text{其中 } a_1a_2\cdots a_n\neq0.$$

第1章总习题

1. 若 $D=\begin{vmatrix}k&3&4\\-1&k&0\\0&k&1\end{vmatrix}=0$，求 k.

2. 求 $D=\begin{vmatrix}1&1&1&1\\1&2&3&4\\1&3&6&10\\1&4&10&20\end{vmatrix}$ 的值.

3. 一个 n 阶行列式，它的元素满足 $a_{ij}=-a_{ji}\quad i,j=1,2,\cdots,n$，证明：当 n 为奇数时，此行列式为零.

4. 已知三次曲线 $y=f(x)=a_0+a_1x+a_2x^2+a_3x^3$ 在四个点 $x=\pm1,x=\pm2$ 的值为 $f(1)=f(-1)=f(2)=6,f(-2)=-6$，求系数 a_0,a_1,a_2,a_3.

5. 证明 $D_n=\begin{vmatrix}x&-1&0&\cdots&0&0\\0&x&-1&\cdots&0&0\\\vdots&\vdots&\vdots&&\vdots&\vdots\\0&0&0&\cdots&x&-1\\a_n&a_{n-1}&a_{n-2}&\cdots&a_2&x+a_1\end{vmatrix}=x^n+a_1x^{n-1}+\cdots+a_{n-1}x+a_n$.

6. 计算 $D_{n+1}=\begin{vmatrix} a^n & (a-1)^n & \cdots & (a-n)^n \\ a^{n-1} & (a-1)^{n-1} & \cdots & (a-n)^{n-1} \\ \vdots & \vdots & & \vdots \\ a & a-1 & a-n & \\ 1 & 1 & \cdots & 1 \end{vmatrix}$.

7. 设 $|A|=\begin{vmatrix} 1 & -1 & 1 & -3 & 1 \\ -3 & 3 & -7 & 9 & -5 \\ 2 & 0 & 4 & -2 & 1 \\ 3 & -5 & 7 & -14 & 6 \\ 4 & -4 & 10 & -10 & 2 \end{vmatrix}$,求 $A_{41}+A_{42}+A_{43}$.

第 2 章 矩阵的初等变换与线性方程组的解法

在第 1 章中，介绍了用克拉默法则求解线性方程组，但是克拉默法则的应用是有条件的，它要求方程的个数等于未知量的个数，且系数行列式不等于零. 然而一般线性方程组往往不能同时满足这两个条件. 在本章中我们将对一般的线性方程组进行讨论，给出求解一般线性方程组的一种重要方法——**矩阵的初等变换法**.

§ 2.1 线性方程组的消元法与矩阵的初等变换

2.1.1 线性方程组的消元法

消元法是一种求解线性方程组的方法，它不受方程个数和未知量个数的限制. 现在我们运用消元法来求解方程组，并总结出线性方程组消元法的结构特点，这对于引入矩阵的初等变换具有重要的意义. 下面通过一个例子来加以分析.

引例 求解线性方程组

$$\begin{cases} 2x_1 - x_2 - x_3 + x_4 = 2, & ① \\ x_1 + x_2 - 2x_3 + x_4 = 4, & ② \\ 4x_1 - 6x_2 + 2x_3 - 2x_4 = 4, & ③ \\ 3x_1 + 6x_2 - 9x_3 + 7x_4 = 9. & ④ \end{cases} \tag{1}$$

解 利用消元法化简方程组如下：

$$\text{a.} \xrightarrow[③\times\frac{1}{2}]{①\leftrightarrow②} \begin{cases} x_1 + x_2 - 2x_3 + x_4 = 4, & ① \\ 2x_1 - x_2 - x_3 + x_4 = 2, & ② \\ 2x_1 - 3x_2 + x_3 - x_4 = 2, & ③ \\ 3x_1 + 6x_2 - 9x_3 + 7x_4 = 9. & ④ \end{cases} \tag{2}$$

$$\text{b.} \xrightarrow[\substack{③-2① \\ ④-3①}]{②-③} \begin{cases} x_1 + x_2 - 2x_3 + x_4 = 4, & ① \\ 2x_2 - 2x_3 + 2x_4 = 0, & ② \\ -5x_2 + 5x_3 - 3x_4 = -6, & ③ \\ 3x_2 - 3x_3 + 4x_4 = -3. & ④ \end{cases} \tag{3}$$

$$\text{c.}\xrightarrow[\substack{③+5② \\ ④-3②}]{②\times\frac{1}{2}}\begin{cases}x_1+x_2-2x_3+x_4=4, & ①\\ x_2-x_3+x_4=0, & ②\\ 2x_4=-6, & ③\\ x_4=-3. & ④\end{cases} \tag{4}$$

$$\text{d.}\xrightarrow[④-2③]{③\leftrightarrow④}\begin{cases}x_1+x_2-2x_3+x_4=4, & ①\\ x_2-x_3+x_4=0, & ②\\ x_4=-3, & ③\\ 0=0. & ④\end{cases} \tag{5}$$

我们发现在步骤(1)～(5)的消元法化简过程中，是在对整个方程组不断地实施如下三种变换：

(i)交换两个方程的位置；

(ii)用一个不等于零的数 k 乘以某一个方程；

(iii)用一个非零数乘以某一个方程后加到另一个方程.

由于这三种变换都是可逆的，因此变换前的方程和变换后的方程是同解的，即方程组(1)～(5)是同解方程组，故方程组(5)的解就是原方程组(1)的解. 把以上三种变换称为线性方程的**初等变换**.

在线性方程组(5)中，利用从第4个方程往第1个方程"回代"的方法，可得：

$$\begin{cases}x_1=x_3+4\\ x_2=x_3+3\\ x_4=-3\end{cases} \tag{6}$$

容易看出，方程组(6)中的 x_3 无论取何值，方程组(6)表示的解都满足方程组(5)，从而满足方程组(4)、方程组(3)、方程组(2)、方程组(1)，即 x_3 可以自由取值，称 x_3 是一个**自由未知量**.

若令 $x_3=c$(其中 c 为任意常数)，则原方程组的解可记作

$$\begin{cases}x_1=c+4\\ x_2=c+3\\ x_3=c\\ x_4=-3\end{cases} \tag{7}$$

通常把方程组(6)表示的解的形式称为**方程组的一般解**，形如方程组(7)的解的形式称为**方程组的通解**.

定义1 设含有 n 个未知数 $x_1,x_2,\cdots,x_n$ 和 m 个线性方程的线性方程组为

$$\begin{cases}a_{11}x_1+a_{12}x_2+\cdots+a_{1n}x_n=b_1,\\ a_{21}x_1+a_{22}x_2+\cdots+a_{2n}x_n=b_2,\\ \cdots\cdots\\ a_{m1}x_1+a_{m2}x_2+\cdots+a_{mn}x_n=b_m.\end{cases} \tag{8}$$

其中 a_{ij} 表示第 i 个方程未知量 x_j 的系数，b_i 为常数项，a_{ij}，b_i($i=1,2,\cdots,m$；$j=1,2,\cdots,n$)均为已知数. m 为方程的个数，它可以小于 n，也可以等于或大于 n. 若 $b_1,b_2,\cdots,b_m$

全为零,则称线性方程组(8)为**齐次线性方程组**;否则,称方程组(8)为**非齐次线性方程组**.

若 n 个数 $k_1,k_2,\cdots,k_n$ 使得当 $x_1=k_1,x_2=k_2,\cdots,x_n=k_n$ 时,线性方程组(8)中的每个方程都变成恒等式,则称有序数组 $(k_1,k_2,\cdots,k_n)$ 是方程组(8)的**一个解**.

若 $k_1=k_2=\cdots=k_n=0$,称 $(k_1,k_2,\cdots,k_n)$ 是一个**零解**;否则,称之为**非零解**.

方程组的所有解构成它的**解集合**,如果两个方程组的解集合相等,则称它们是**同解**的.解方程组就是求出它的全部解或者判断它无解.

容易看出,当 $m=n$ 且系数行列式不等于零时,我们可以用克拉默法则求得方程组(8)的唯一解.当 $m\neq n$ 或系数行列式等于零时,克拉默法则不再适用,此时利用**矩阵的初等变换求解线性方程组**.事实上,不管 m 与 n 是否相等,我们都可以通过**矩阵的初等变换**获得线性方程组(8)的解的情况.

2.1.2 矩阵的初等变换

2.1.1节利用消元法解线性方程组的过程中,线性方程组的初等变换只是对方程组的系数和常数进行运算,未知数并未参与运算.因此线性方程组(8)有没有解以及有什么样的解,完全取决于其系数和常数项,所以在讨论线性方程组时,主要是研究它的系数和常数项.

线性方程组(8)的系数可以排成下表

$$\begin{pmatrix} a_{11} & a_{12} & \cdots & a_{1n} \\ a_{21} & a_{22} & \cdots & a_{2n} \\ \vdots & \vdots & & \vdots \\ a_{m1} & a_{m2} & \cdots & a_{mn} \end{pmatrix} \tag{9}$$

线性方程组(8)的系数和常数项也可以排成一个表

$$\begin{pmatrix} a_{11} & a_{12} & \cdots & a_{1n} & b_1 \\ a_{21} & a_{22} & \cdots & a_{2n} & b_2 \\ \vdots & \vdots & & \vdots & \vdots \\ a_{m1} & a_{m2} & \cdots & a_{mn} & b_m \end{pmatrix} \tag{10}$$

这样的表,对于研究线性方程组具有重要意义,为此我们给出以下定义.

定义2 由 $m\times n$ 个数 $c_{ij}(i=1,2,\cdots,m;j=1,2,\cdots,n)$ 排成的 m 行 n 列的数表,称为 **m 行 n 列的矩阵**,简称 **$m\times n$ 矩阵**,记作

$$\begin{pmatrix} c_{11} & c_{12} & \cdots & c_{1n} \\ c_{21} & c_{22} & \cdots & c_{2n} \\ \vdots & \vdots & & \vdots \\ c_{m1} & c_{m2} & \cdots & c_{mn} \end{pmatrix} \tag{11}$$

数 $c_{ij}(i=1,2,\cdots,m;j=1,2,\cdots,n)$ 称为矩阵(11)的元素,简称元.c_{ij} 位于矩阵(11)的第 i 行第 j 列,称为矩阵(11)的第 (i,j) 元.以 c_{ij} 为 (i,j) 元的矩阵可简记作 (c_{ij}) 或者 $(c_{ij})_{m\times n}$,矩阵常用大写字母 $\boldsymbol{A},\boldsymbol{B},\boldsymbol{C},\cdots$ 表示,$m\times n$ 矩阵也记作 $\boldsymbol{A}_{m\times n}$ 或者 $\boldsymbol{A}_{mn}$.

我们把(9)叫作线性方程组(8)的**系数矩阵**,把(10)叫作线性方程组(8)的**增广矩阵**.

习惯上系数矩阵用 $\boldsymbol{A}$ 表示，增广矩阵用 $\overline{\boldsymbol{A}}$ 表示，即若记

$$\boldsymbol{b}=\begin{pmatrix} b_1 \\ b_2 \\ \vdots \\ b_m \end{pmatrix}\text{；则}\overline{\boldsymbol{A}}=(\boldsymbol{A}\quad \boldsymbol{b})=\begin{pmatrix} a_{11} & a_{12} & \cdots & a_{1n} & b_1 \\ a_{21} & a_{22} & \cdots & a_{2n} & b_2 \\ \vdots & \vdots & & \vdots & \vdots \\ a_{m1} & a_{m2} & \cdots & a_{mn} & b_m \end{pmatrix}.$$

注意：增广矩阵可完全确定线性方程组(8)，且增广矩阵的一行与线性方程组的一个方程对应.

$\boldsymbol{b}$ 是由线性方程组(8)中 m 个方程的常数项按照原方程中的位置排成一列得到的，称之为线性方程组(8)的**常数项矩阵**，它是一个 m 行 1 列的矩阵. 此矩阵因只有一列元素，有时也称为 $m\times 1$ 的**列向量**.

$\boldsymbol{x}=\begin{pmatrix} x_1 \\ x_2 \\ \vdots \\ x_n \end{pmatrix}$ 是由 $x_1,x_2,\cdots,x_n$ 排成一列构成的 $n\times 1$ 矩阵，它是一个 $n\times 1$ 的列向量. 通常把 x 叫作线性方程组(8)的**解向量**.

引例中，若记

$$\overline{\boldsymbol{A}}=(\boldsymbol{A}\quad \boldsymbol{b})=\begin{pmatrix} 2 & -1 & -1 & 1 & 2 \\ 1 & 1 & -2 & 1 & 4 \\ 4 & -6 & 2 & -2 & 4 \\ 3 & 6 & -9 & 7 & 9 \end{pmatrix},$$

则方程组的初等变换完全可以转化为对矩阵 $\overline{\boldsymbol{A}}$ 的变换，把方程组的上述三种同解变换转移到矩阵上，就得到矩阵的三种初等变换.

定义 3　下面三种变换称为**矩阵的初等行变换**：

(1)交换矩阵的两行(对调 i 行和 j 行，记作 $r_i\leftrightarrow r_j$)；

(2)用一个不等于零的数 k 乘以矩阵的某一行(第 i 行乘 k，记作 $k\times r_i$)；

(3)用一个非零数乘以矩阵的某一行加到另一行对应的元素上去(数 k 乘以第 i 行加到第 j 行，记作 r_j+kr_i).

把以上三种变换的行改为列，称为**矩阵的初等列变换**，所用记号分别为 $c_i\leftrightarrow c_j$；$k\times c_i$；c_j+kc_i.

矩阵的初等行变换和初等列变换统称为**矩阵的初等变换**.

显然，矩阵的三种初等变换也是可逆的，且其逆变换是同一类型的初等变换.

对比引例中线性方程组的求解，我们发现，对线性方程组实施一次初等变换，相当于对其增广矩阵实施一次初等行变换. 从而，可以利用对增广矩阵的初等行变换法来求解线性方程组. 下面我们用对增广矩阵的初等行变换法化简线性方程组(1).

$$\overline{\boldsymbol{A}}=(\boldsymbol{A}\quad \boldsymbol{b})=\begin{pmatrix} 2 & -1 & -1 & 1 & 2 \\ 1 & 1 & -2 & 1 & 4 \\ 4 & -6 & 2 & -2 & 4 \\ 3 & 6 & -9 & 7 & 9 \end{pmatrix}\xrightarrow[r_1\leftrightarrow r_2]{r_3\times\frac{1}{2}}\begin{pmatrix} 1 & 1 & -2 & 1 & 4 \\ 2 & -1 & -1 & 1 & 2 \\ 2 & -3 & 1 & -1 & 2 \\ 3 & 6 & -9 & 7 & 9 \end{pmatrix}=\boldsymbol{B}_1;$$

$$\boldsymbol{B}_1 \xrightarrow[r_4-3r_1]{\substack{r_2-r_3\\ r_3-2r_1}} \begin{pmatrix} 1 & 1 & -2 & 1 & 4 \\ 0 & 2 & -2 & 2 & 0 \\ 0 & -5 & 5 & -3 & -6 \\ 0 & 3 & -3 & 4 & -3 \end{pmatrix} = \boldsymbol{B}_2;$$

$$\boldsymbol{B}_2 \xrightarrow[r_4-3r_2]{\substack{r_2\times\frac{1}{2}\\ r_3+5r_2}} \begin{pmatrix} 1 & 1 & -2 & 1 & 4 \\ 0 & 1 & -1 & 1 & 0 \\ 0 & 0 & 0 & 2 & -6 \\ 0 & 0 & 0 & 1 & -3 \end{pmatrix} = \boldsymbol{B}_3;$$

$$\boldsymbol{B}_3 \xrightarrow[r_3\leftrightarrow r_4]{r_4-2r_3} \begin{pmatrix} 1 & 1 & -2 & 1 & 4 \\ 0 & 1 & -1 & 1 & 0 \\ 0 & 0 & 0 & 1 & -3 \\ 0 & 0 & 0 & 0 & 0 \end{pmatrix} = \boldsymbol{B}_4.$$

在上述初等行变换的过程中，矩阵 $\boldsymbol{B}_1 \to \boldsymbol{B}_4$ 对应线性方程组(2)→(5). 方程组(6)的“回代”求解过程也可以用对矩阵的初等变换来完成.

$$\boldsymbol{B}_4 \xrightarrow[r_1-r_2]{r_3-r_2} \begin{pmatrix} 1 & 0 & -1 & 0 & 4 \\ 0 & 1 & -1 & 0 & 3 \\ 0 & 0 & 0 & 1 & -3 \\ 0 & 0 & 0 & 0 & 0 \end{pmatrix} = \boldsymbol{B}_5.$$

$\boldsymbol{B}_5$ 对应的线性方程组为

$$\begin{cases} x_1 = x_3 + 4 \\ x_2 = x_3 + 3 \\ x_4 = -3 \end{cases}$$

取 x_3 为自由未知量，并令 $x_3 = c$，则原方程组的解可记作

$$\boldsymbol{x} = \begin{pmatrix} x_1 \\ x_2 \\ x_3 \\ x_4 \end{pmatrix} = \begin{pmatrix} c+4 \\ c+3 \\ c \\ -3 \end{pmatrix}, \text{即 } \boldsymbol{x} = c\begin{pmatrix} 1 \\ 1 \\ 1 \\ 0 \end{pmatrix} + \begin{pmatrix} 4 \\ 3 \\ 0 \\ -3 \end{pmatrix} \quad (\text{其中 } c \text{ 为任意常数}). \tag{12}$$

容易看出，由于省略了未知量，增广矩阵的初等行变换法解线性方程组简化了计算过程，这是本书中要介绍的一种重要的解线性方程组的方法.

形如 $\boldsymbol{B}_4$ 和 $\boldsymbol{B}_5$ 的矩阵称为**行阶梯形矩阵**，简称**阶梯形矩阵**. 其特点是：零行(元素全为零的行)在最下方；可画出一条阶梯线，线的下方全为零；每个台阶只有一行，台阶数即为非零行的行数；阶梯线的竖线(每段竖线的长度为一行)后面的第一个元素为非零元，也就是非零行的第一个非零元. 如下矩阵都是行阶梯形矩阵：

$$\begin{pmatrix} 1 & -1 & 2 & 1 \\ 0 & 3 & -5 & -5 \\ 0 & 0 & 7 & 9 \\ 0 & 0 & 0 & 0 \end{pmatrix}; \begin{pmatrix} 2 & 0 & 0 & 5 & 5 \\ 0 & 1 & 0 & 3 & 1 \\ 0 & 0 & 1 & 8 & 1 \end{pmatrix}; \begin{pmatrix} 0 & -2 & 1 \\ 0 & 0 & 2 \\ 0 & 0 & 0 \end{pmatrix}; \begin{pmatrix} 1 & 0 & 0 & 1 \\ 0 & 1 & 0 & -5 \\ 0 & 0 & 1 & \frac{9}{7} \\ 0 & 0 & 0 & 0 \end{pmatrix}.$$

定义 4 一个阶梯形矩阵若满足：

(1)各非零行的第一个非零元素都等于 1；

(2)各非零行的第一个非零元素所在的列中，其余元素均为零.

则称它为**行最简形矩阵**，又叫作**行简化阶梯形矩阵**.

显然行最简形矩阵是行阶梯形矩阵的特殊情况，$\boldsymbol{B}_5$ 是行最简形矩阵. 可见，行最简形矩阵对应的线性方程组最简单，由此矩阵可直接获得原线性方程组解的情况. 那么是不是任何一个线性方程组的增广矩阵都可以通过初等行变换转化为行阶梯形矩阵和行最简形矩阵呢？答案是肯定的. 利用数学归纳法不难证明(在此略).

定理 1 对于任意非零矩阵 $\boldsymbol{A}_{m\times n}$，均可进行有限次的初等行变换把它化为行阶梯形矩阵和行最简形矩阵.

由行最简形矩阵 $\boldsymbol{B}_5$ 即可写出方程组(1)的解(6)；反之，由方程组(1)的解(6)也可写出行最简形矩阵 $\boldsymbol{B}_5$. 由此可以猜想到增广矩阵的行最简形矩阵是唯一确定的，在行阶梯形矩阵中，非零行的行数也是唯一确定的，从而零行的行数也是唯一确定的(详见第 5 章). 事实上，任意非零矩阵都有这样的特征.

【例 1】 利用初等变换将矩阵 $\boldsymbol{A}$ 化为行阶梯形和行简化的阶梯形矩阵.

$$\boldsymbol{A}=\begin{pmatrix}1&-1&2&1\\4&-1&3&-1\\1&2&4&5\\2&1&-1&0\end{pmatrix}.$$

解
$$\boldsymbol{A}=\begin{pmatrix}1&-1&2&1\\4&-1&3&-1\\1&2&4&5\\2&1&-1&0\end{pmatrix}\xrightarrow[r_4-2r_1]{\substack{r_2-4r_1\\r_3-r_1}}\begin{pmatrix}1&-1&2&1\\0&3&-5&-5\\0&3&2&4\\0&3&-5&-2\end{pmatrix}$$

$$\xrightarrow[r_3-r_2]{r_4-r_2}\begin{pmatrix}1&-1&2&1\\0&3&-5&-5\\0&0&7&9\\0&0&0&3\end{pmatrix}=\boldsymbol{B};$$

此时 $\boldsymbol{B}$ 为行阶梯形矩阵，对 $\boldsymbol{B}$ 继续实施初等行变换得：

$$\boldsymbol{B}=\begin{pmatrix}1&-1&2&1\\0&3&-5&-5\\0&0&7&9\\0&0&0&3\end{pmatrix}\xrightarrow[\substack{r_3\times\frac{1}{7}\\r_4\times\frac{1}{3}}]{r_2\times\frac{1}{3}}\begin{pmatrix}1&-1&2&1\\0&1&-\frac{5}{3}&-\frac{5}{3}\\0&0&1&\frac{9}{7}\\0&0&0&1\end{pmatrix}$$

$$=\boldsymbol{C}\xrightarrow[r_3-\frac{9}{7}r_4]{r_1-r_4,\,r_2+\frac{5}{3}r_4}\begin{pmatrix}1&-1&2&0\\0&1&-\frac{5}{3}&0\\0&0&1&0\\0&0&0&1\end{pmatrix}=\boldsymbol{D}$$

$$\xrightarrow[r_1-2r_3]{r_2+\frac{5}{3}r_3}\begin{pmatrix}1&-1&0&0\\0&1&0&0\\0&0&1&0\\0&0&0&1\end{pmatrix}\xrightarrow{r_1+r_2}\begin{pmatrix}1&0&0&0\\0&1&0&0\\0&0&1&0\\0&0&0&1\end{pmatrix}=\boldsymbol{E}.$$

注意:$\boldsymbol{B},\boldsymbol{C},\boldsymbol{D},\boldsymbol{E}$ 都是行阶梯形矩阵(行阶梯形矩阵不唯一),只有 $\boldsymbol{E}$ 是行简化的阶梯形矩阵(唯一确定),称 $\boldsymbol{E}$ 为矩阵的**标准形**. **任何一个矩阵经过若干次初等变换(行和列变换),都可以化为标准形.**

【例 2】 解线性方程组

$$\begin{cases}5x_1-x_2+2x_3+x_4=7,\\2x_1+x_2+4x_3-2x_4=1,\\x_1-3x_2-6x_3+5x_4=0.\end{cases}\tag{13}$$

解 写出增广矩阵,并作初等行变换的化简:

$$\begin{pmatrix}5&-1&2&1&7\\2&1&4&-2&1\\1&-3&-6&5&0\end{pmatrix}\xrightarrow{r_1\leftrightarrow r_3}\begin{pmatrix}1&-3&-6&5&0\\2&1&4&-2&1\\5&-1&2&1&7\end{pmatrix}$$

$$\xrightarrow[r_3-5r_1]{r_2-2r_1}\begin{pmatrix}1&-3&-6&5&0\\0&7&16&-12&1\\0&14&32&-24&7\end{pmatrix}$$

$$\xrightarrow{r_3-2r_2}\begin{pmatrix}1&-3&-6&5&0\\0&7&16&-12&1\\0&0&0&0&5\end{pmatrix}$$

此时,阶梯形矩阵对应的方程组为:

$$\begin{cases}x_1-3x_2-6x_3+5x_4=0\\\quad 7x_2+16x_3-12x_4=1\\\qquad\qquad\qquad 0=5\end{cases}.\tag{14}$$

不论 x_1,x_2,x_3,x_4 取哪一组数,都不能使方程组(14)的第三个方程变成恒等式,因此方程组(14)无解,从而原方程无解.

我们把像 $0=5$ 这样的方程称作**矛盾方程**,如果一个方程组在消元或者初等变换过程中出现矛盾方程,那必然是无解的.

习题 2-1

A 组

1. 分别用消元法和增广矩阵的初等行变换法解下列方程组.

(1) $\begin{cases} 2x_1 - x_2 + 3x_3 = 3, \\ 3x_1 + x_2 - 5x_3 = 0, \\ 4x_1 - x_2 + x_3 = 3, \\ x_1 + 3x_2 - 13x_3 = -6. \end{cases}$

(2) $\begin{cases} x_1 - x_2 + x_3 - x_4 = 1, \\ x_1 - x_2 - x_3 - x_4 = 0, \\ x_1 - x_2 - 2x_3 + 2x_4 = -1/2. \end{cases}$

2. 将下列矩阵化为行最简形矩阵.

(1) $\begin{pmatrix} 1 & 2 & -1 \\ 3 & 4 & -2 \\ 5 & -4 & 1 \end{pmatrix}$；　　(2) $\begin{pmatrix} 1 & 1 & 1 & 4 & -3 \\ 1 & -1 & 3 & -2 & -1 \\ 2 & 1 & 3 & 5 & -5 \\ 3 & 1 & 5 & 6 & -7 \end{pmatrix}$.

B 组

1. 解方程组 $\begin{cases} x_1 - 2x_2 + x_3 + x_4 = 1, \\ x_1 - 2x_2 + x_3 - x_4 = -1, \\ x_1 - 2x_2 + x_3 - 5x_4 = 5. \end{cases}$

2. 将下面矩阵化为行简化的阶梯形矩阵

$$\boldsymbol{A} = \begin{pmatrix} 1 & -2 & -1 & 0 & 2 \\ -2 & 4 & 2 & 6 & -6 \\ 2 & -1 & 0 & 2 & 3 \\ 3 & 3 & 3 & 3 & 4 \end{pmatrix}.$$

§2.2　利用矩阵的初等行变换解齐次线性方程组

含有 n 个未知数 $x_1, x_2, \cdots, x_n$ 和 m 个方程的齐次线性方程组的一般形式为

$$\begin{cases} a_{11}x_1 + a_{12}x_2 + \cdots + a_{1n}x_n = 0, \\ a_{21}x_1 + a_{22}x_2 + \cdots + a_{2n}x_n = 0, \\ \cdots \\ a_{m1}x_1 + a_{m2}x_2 + \cdots + a_{mn}x_n = 0. \end{cases} \tag{1}$$

容易看出，齐次线性方程组均有零解. 更多的情况下，我们关注的是它是否有其他形式的解，即是否有非零解. 我们分 $m=n$ 和 $m \neq n$ 两种情况来讨论.

当 $m=n$ 时，由第 1 章 1.1 节克拉默法则的相关知识可得如下定理：

定理 1　当 $m=n$ 时，若齐次线性方程组(1)的系数行列式 $D \neq 0$，则它只有零解(没有非零解). 反之，若齐次线性方程组(1)有非零解，则它的系数行列式 $D=0$.

在系数行列式 $D=0$ 以及 $m\neq n$ 的情况下，常用**矩阵的初等行变换**求解线性方程组，下面通过例子来说明.

【例 1】 解齐次线性方程组
$$\begin{cases} x_1+2x_2+x_3=0, \\ 4x_1+5x_2+2x_3=0, \\ 7x_1+8x_2+4x_3=0. \end{cases} \tag{2}$$

解 对方程组的系数矩阵 $\boldsymbol{A}$ 进行初等行变换得

$$\boldsymbol{A}=\begin{pmatrix} 1 & 2 & 1 \\ 4 & 5 & 2 \\ 7 & 8 & 4 \end{pmatrix} \xrightarrow[r_2-4r_1]{r_3-7r_1} \begin{pmatrix} 1 & 2 & 1 \\ 0 & -3 & -2 \\ 0 & -6 & -3 \end{pmatrix} \xrightarrow{r_3-2r_2} \begin{pmatrix} 1 & 2 & 1 \\ 0 & -3 & -2 \\ 0 & 0 & 1 \end{pmatrix}=\boldsymbol{B}_1.$$

$\boldsymbol{B}_1$ 对应的线性方程组为

$\begin{cases} x_1+2x_2+x_3=0, \\ \quad -3x_2-2x_3=0, \\ \qquad\qquad x_3=0. \end{cases}$ 回代得原方程组有唯一的零解 $\begin{cases} x_1=0, \\ x_2=0, \\ x_3=0. \end{cases}$

注意：若一个矩阵的行数等于列数，称之为**方阵**，常用 $|\boldsymbol{A}|$ 表示 $\boldsymbol{A}$ **的行列式**.

容易验证方程组(2)的系数行列式 $|\boldsymbol{A}|$ 是不等于零的，此题亦可用克拉默法则求解.

【例 2】 解齐次线性方程组
$$\begin{cases} x_1-x_2+5x_3-x_4=0, \\ x_1+x_2-2x_3+3x_4=0, \\ 3x_1-x_2+8x_3+x_4=0, \\ x_1+3x_2-9x_3+7x_4=0. \end{cases} \tag{3}$$

解 由于齐次线性方程组常数项为 0，故初等行变换对其没有影响，因此下面我们只要对系数矩阵 $\boldsymbol{A}$ 进行初等行变换即可.

$$\boldsymbol{A}=\begin{pmatrix} 1 & -1 & 5 & -1 \\ 1 & 1 & -2 & 3 \\ 3 & -1 & 8 & 1 \\ 1 & 3 & -9 & 7 \end{pmatrix} \xrightarrow[r_4-r_1]{r_2-r_1,\,r_3-3r_1} \begin{pmatrix} 1 & -1 & 5 & -1 \\ 0 & 2 & -7 & 4 \\ 0 & 2 & -7 & 4 \\ 0 & 4 & -14 & 8 \end{pmatrix}$$

$$\xrightarrow[r_2\times\frac{1}{2},\,r_1+r_2]{r_4-2r_2,\,r_3-r_2} \begin{pmatrix} 1 & 0 & \frac{3}{2} & 1 \\ 0 & 1 & -\frac{7}{2} & 2 \\ 0 & 0 & 0 & 0 \\ 0 & 0 & 0 & 0 \end{pmatrix}=\boldsymbol{B}_2.$$

$\boldsymbol{B}_2$ 对应的线性方程组为

$\begin{cases} x_1+\frac{3}{2}x_3+x_4=0, \\ x_2-\frac{7}{2}x_3+2x_4=0. \end{cases}$ 即原方程组的一般解为 $\begin{cases} x_1=-\frac{3}{2}x_3-x_4, \\ x_2=\frac{7}{2}x_3-2x_4. \end{cases}$ 其中 x_3,x_4 为自由

未知量.

若取 $x_3=c_1,x_4=c_2$,则原方程组的通解为

$$\boldsymbol{x}=\begin{pmatrix}x_1\\x_2\\x_3\\x_4\end{pmatrix}=\begin{pmatrix}-\frac{3}{2}c_1-c_2\\\frac{7}{2}c_1-2c_2\\c_1\\c_2\end{pmatrix},\text{即 } x=c_1\begin{pmatrix}-\frac{3}{2}\\\frac{7}{2}\\1\\0\end{pmatrix}+c_2\begin{pmatrix}-1\\-2\\0\\1\end{pmatrix}\quad(\text{其中 } c_1,c_2 \text{ 为任意常数}).$$

容易验证方程组(3)的系数行列式$|\boldsymbol{A}|$是等于零的,此题不能用克拉默法则求解.

【例 3】 解齐次线性方程组
$$\begin{cases}x_1-x_2-x_3+x_4=0,\\x_1-x_2+x_3-3x_4=0,\\x_1-x_2-2x_3+3x_4=0.\end{cases}\qquad(4)$$

解 此方程组方程的个数不等于未知量的个数,只能用矩阵的初等行变换求解.

对方程组的系数矩阵 $\boldsymbol{A}$ 进行初等行变换得:

$$\boldsymbol{A}=\begin{pmatrix}1&-1&-1&1\\1&-1&1&-3\\1&-1&-2&3\end{pmatrix}\xrightarrow[r_2-r_1]{r_3-r_1}\begin{pmatrix}1&-1&-1&1\\0&0&2&-4\\0&0&-1&2\end{pmatrix}$$

$$\xrightarrow[r_3+r_2]{\frac{1}{2}r_2}\begin{pmatrix}1&-1&-1&1\\0&0&1&-2\\0&0&0&0\end{pmatrix}\xrightarrow{r_1+r_2}\begin{pmatrix}1&-1&0&-1\\0&0&1&-2\\0&0&0&0\end{pmatrix}=\boldsymbol{B}_3.$$

$\boldsymbol{B}_3$ 对应的线性方程组为$\begin{cases}x_1-x_2-x_4=0,\\x_3-2x_4=0.\end{cases}$ 即$\begin{cases}x_1=x_2+x_4,\\x_3=2x_4.\end{cases}$ 其中 x_2,x_4 为自由未知量.

若取 $x_2=c_1,x_4=c_2$,则原方程组的通解为

$$\boldsymbol{x}=\begin{pmatrix}x_1\\x_2\\x_3\\x_4\end{pmatrix}=\begin{pmatrix}c_1+c_2\\c_1\\2c_2\\c_2\end{pmatrix},\text{即 } x=c_1\begin{pmatrix}1\\1\\0\\0\end{pmatrix}+c_2\begin{pmatrix}1\\0\\2\\1\end{pmatrix}\quad(\text{其中 } c_1,c_2 \text{ 为任意常数}).$$

观察 $\boldsymbol{B}_1,\boldsymbol{B}_2,\boldsymbol{B}_3$ 以及方程组(2)(3)(4)解的情况,我们可以发现**齐次线性方程组解的规律**:

(1)若系数矩阵的行阶梯形矩阵中非零行的行数 r 等于未知量的个数 n,则方程组有唯一的零解;

(2)若系数矩阵的行阶梯形矩阵中非零行的行数 r 小于未知量的个数 n,则方程组有非零解,且非零解中所含自由未知量的个数为 $n-r$.

习题 2-2

A 组

1. 求下列齐次线性方程组的一般解.

(1) $\begin{cases} 2x_1-x_2+3x_3=0, \\ 3x_1+x_2-5x_3=0, \\ 4x_1-x_2+x_3=0, \\ x_1+3x_2-13x_3=0. \end{cases}$

(2) $\begin{cases} x_1-2x_2+x_3+x_4=0, \\ x_1-2x_2+x_3-x_4=0, \\ x_1-2x_2+x_3-5x_4=0. \end{cases}$

2. 求下列齐次线性方程组的通解.

(1) $\begin{cases} 4x_1+x_2+2x_3=0, \\ x_1+\qquad x_3=0, \\ 6x_1+x_2+4x_3=0. \end{cases}$

(2) 系数矩阵为 $\begin{pmatrix} 2 & -1 & 1 & 1 \\ 1 & 2 & -1 & 4 \\ 1 & 7 & -4 & 11 \end{pmatrix}$ 的齐次线性方程组.

B 组

1. 求解齐次线性方程组

$$\begin{cases} x_1+x_2-x_3+x_4=0, \\ x_1+2x_2-x_3+2x_4-x_5=0, \\ x_1-x_2-x_3-x_4+2x_5=0. \end{cases}$$

2. 求解齐次线性方程组

$$\begin{cases} x_1-3x_2+5x_3-2x_4+x_5=0, \\ -2x_1+x_2-3x_3+x_4-4x_5=0, \\ -x_1-7x_2+9x_3-4x_4-5x_5=0, \\ 3x_1-14x_2+22x_3-9x_4+x_5=0. \end{cases}$$

3. 当 λ 取何值时，齐次线性方程组

$$\begin{cases} (5-\lambda)x_1+2x_2+2x_3=0, \\ 2x_1+(6-\lambda)x_2=0, \\ 2x_1+(4-\lambda)x_3=0. \end{cases}$$ 有非零解？

§2.3 利用矩阵的初等行变换解非齐次线性方程组

含有 n 个未知数 $x_1,x_2,\cdots,x_n$ 和 m 个方程的非齐次线性方程组的一般形式为

$$\begin{cases} a_{11}x_1+a_{12}x_2+\cdots+a_{1n}x_n=b_1, \\ a_{21}x_1+a_{22}x_2+\cdots+a_{2n}x_n=b_2, \\ \cdots \\ a_{m1}x_1+a_{m2}x_2+\cdots+a_{mn}x_n=b_m. \end{cases} \tag{1}$$

容易看出，当 $m=n$ 时，由第 1 章 1.5 节克拉默法则定理的推论，方程组(1)有唯一解的充要条件是其系数行列式**不等于零**. 当 $m\neq n$ 时，方程组(1)解的情况又如何呢？下面通过矩阵的初等行变换来分析.

【例 1】 解非齐次线性方程组 $\begin{cases} 2x_1+2x_2-x_3=6, \\ x_1-2x_2+4x_3=3, \\ 5x_1+7x_2+x_3=28. \end{cases}$ (2)

解 对方程组(2)的增广矩阵 $\boldsymbol{B}$ 进行初等行变换，化为行最简形

$$\boldsymbol{B}=(\boldsymbol{A}\quad \boldsymbol{b})=\left(\begin{array}{ccc:c} 2 & 2 & -1 & 6 \\ 1 & -2 & 4 & 3 \\ 5 & 7 & 1 & 28 \end{array}\right)\rightarrow\left(\begin{array}{ccc:c} 2 & 2 & -1 & 6 \\ 0 & -3 & \frac{9}{2} & 0 \\ 0 & 2 & \frac{7}{2} & 13 \end{array}\right)$$

$$\rightarrow\left(\begin{array}{ccc:c} 2 & 2 & -1 & 6 \\ 0 & -3 & \frac{9}{2} & 0 \\ 0 & 0 & \frac{13}{2} & 13 \end{array}\right)\rightarrow\left(\begin{array}{ccc:c} 2 & 2 & -1 & 6 \\ 0 & -3 & \frac{9}{2} & 0 \\ 0 & 0 & 1 & 2 \end{array}\right)\rightarrow\left(\begin{array}{ccc:c} 2 & 2 & 0 & 8 \\ 0 & -3 & 0 & -9 \\ 0 & 0 & 1 & 2 \end{array}\right)$$

$$\rightarrow\left(\begin{array}{ccc:c} 2 & 2 & 0 & 8 \\ 0 & 1 & 0 & 3 \\ 0 & 0 & 1 & 2 \end{array}\right)\rightarrow\left(\begin{array}{ccc:c} 2 & 0 & 0 & 2 \\ 0 & 1 & 0 & 3 \\ 0 & 0 & 1 & 2 \end{array}\right)=\boldsymbol{B}_1$$

行最简形矩阵 $\boldsymbol{B}_1$ 对应的线性方程组为

$\begin{cases} 2x_1=2, \\ x_2=3, \\ x_3=2. \end{cases}$ 即原方程组有唯一的解 $\begin{cases} x_1=1, \\ x_2=3, \\ x_3=2. \end{cases}$

注意：方程组(2)的系数矩阵为方阵，且易验证方程组(2)的系数行列式 $|\boldsymbol{A}|$ 是不等于零的，故此题亦可用克拉默法则求解.

【例 2】 求非齐次线性方程组 $\begin{cases} 2x_1+x_2-x_3+x_4=1, \\ 4x_1+2x_2-2x_3+x_4=2, \\ 2x_1+x_2-x_3-x_4=1. \end{cases}$ (3)

的通解.

解 对方程组(3)的增广矩阵 $\boldsymbol{B}$ 进行初等行变换,化为行最简形

$$\boldsymbol{B}=\begin{pmatrix}2&1&-1&1&1\\4&2&-2&1&2\\2&1&-1&-1&1\end{pmatrix}\xrightarrow[r_2-2r_1]{r_3-r_1}\begin{pmatrix}2&1&-1&1&1\\0&0&0&-1&0\\0&0&0&-2&0\end{pmatrix}$$

$$\xrightarrow[r_1+r_2]{r_3-2r_2}\begin{pmatrix}2&1&-1&0&1\\0&0&0&-1&0\\0&0&0&0&0\end{pmatrix}$$

$$\xrightarrow{\frac{1}{2}r_1}\begin{pmatrix}1&\frac{1}{2}&-\frac{1}{2}&0&\frac{1}{2}\\0&0&0&-1&0\\0&0&0&0&0\end{pmatrix}=\boldsymbol{B}_2,$$

行最简形矩阵 $\boldsymbol{B}_2$ 对应的线性方程组为

$$\begin{cases}x_1+\frac{1}{2}x_2-\frac{1}{2}x_3=\frac{1}{2},\\-x_4=0.\end{cases}$$

从而原方程的一般解为

$$\begin{cases}x_1=-\frac{1}{2}x_2+\frac{1}{2}x_3+\frac{1}{2},\\x_2=x_2,\\x_3=x_3,\\x_4=0.\end{cases}$$

其中 x_2,x_3 为自由未知量. 取 $x_2=c_1,x_3=c_2$,则原方程组的通解为

$$\boldsymbol{x}=\begin{pmatrix}x_1\\x_2\\x_3\\x_4\end{pmatrix}=\begin{pmatrix}-\frac{1}{2}c_1+\frac{1}{2}c_2+\frac{1}{2}\\c_1\\c_2\\0\end{pmatrix},$$

即

$$\boldsymbol{x}=c_1\begin{pmatrix}-\frac{1}{2}\\1\\0\\0\end{pmatrix}+c_2\begin{pmatrix}\frac{1}{2}\\0\\1\\0\end{pmatrix}+\begin{pmatrix}\frac{1}{2}\\0\\0\\0\end{pmatrix}\quad(\text{其中 } c_1,c_2 \text{ 为任意常数}).$$

注意解的特点,事实上 $\begin{pmatrix}\frac{1}{2}\\0\\0\\0\end{pmatrix}$ 为方程组(3)的一个特解,而 $c_1\begin{pmatrix}-\frac{1}{2}\\1\\0\\0\end{pmatrix}+c_2\begin{pmatrix}\frac{1}{2}\\0\\1\\0\end{pmatrix}$ 为方程组(3)所对应的齐次方程组的通解. 即**一个非齐次线性方程组的通解可以写成它对应的齐次**

方程组的通解加上它本身的一个特解.

【例 3】 求非齐次线性方程组 $\begin{cases} 2x_1+x_2-x_3+x_4=1, \\ 4x_1+2x_2-2x_3+x_4=3, \\ 2x_1+x_2-x_3-x_4=-1. \end{cases}$ (4)

的通解.

解 对方程组(4)的增广矩阵 $\boldsymbol{B}$ 进行初等行变换,化为行最简形:

$$\boldsymbol{B}=\begin{pmatrix} 2 & 1 & -1 & 1 & 1 \\ 4 & 2 & -2 & 1 & 3 \\ 2 & 1 & -1 & -1 & -1 \end{pmatrix} \xrightarrow[r_2-2r_1]{r_3-r_1} \begin{pmatrix} 2 & 1 & -1 & 1 & 1 \\ 0 & 0 & 0 & -1 & 1 \\ 0 & 0 & 0 & -2 & -2 \end{pmatrix}$$

$$\xrightarrow{r_3-2r_2} \begin{pmatrix} 2 & 1 & -1 & 1 & 1 \\ 0 & 0 & 0 & -1 & 1 \\ 0 & 0 & 0 & 0 & -4 \end{pmatrix}=\boldsymbol{B}_1.$$

观察矩阵 $\boldsymbol{B}_1$ 的最后一行,发现 $0=-4$ 为矛盾方程,故原方程组无解.

由本节例 1、例 2、例 3 我们亦可发现**非齐次线性方程组解的规律**:

设方程组中未知量的个数为 n,系数矩阵的行阶梯形矩阵中非零行的行数为 r_1,增广矩阵的行阶梯形矩阵中非零行的行数为 r_2,则:

(1)**当 $r_1=r_2=n$ 时,非齐次线性方程组有唯一解;**

(2)**当 $r_1=r_2<n$ 时,非齐次线性方程组有无穷多解,且每个解中所含自由未知量的个数为 $n-r$.**

(3)**当 $r_1\neq r_2$ 时,非齐次线性方程组没有解.**

习题 2-3

A 组

1. 求 $\begin{cases} 5x_1-x_2+2x_3+x_4=7, \\ 2x_1+x_2+4x_3-2x_4=1, \\ x_1-3x_2-6x_3+5x_4=0. \end{cases}$ 的通解.

2. 求 $\begin{cases} x_1+2x_2+3x_3+x_4=5 \\ 2x_1+4x_2-x_4=-3 \\ -x_1-2x_2+3x_3+2x_4=2 \\ x_1+2x_2-9x_3-5x_4=-1 \end{cases}$ 的通解.

B 组

1. 已知 $\begin{cases} (1+\lambda)x_1+x_2+x_3=0, \\ x_1+(1+\lambda)x_2+x_3=3, \\ x_1+x_2+(1+\lambda)x_3=\lambda. \end{cases}$ 当 λ 取何值时此方程组有

(1)唯一解;(2)无解;(3)无穷多个解?

第2章总习题

1.求齐次线性方程组$\begin{cases}x_1-x_2+5x_3-x_4=0,\\x_1+x_2-2x_3+3x_4=0,\\3x_1-x_2+8x_3+x_4=0,\\x_1+3x_2-9x_3+7x_4=0.\end{cases}$的通解.

2.$\begin{cases}x_1-2x_2+3x_3=-1,\\2x_2-x_3=2,\\\lambda(\lambda-1)x_3=(\lambda-1)(\lambda+2).\end{cases}$当$\lambda$为何值时,方程组有唯一解?无解?无穷多个解?

第3章 矩阵及其运算

矩阵的概念被提出是为了解线性方程组和化简二次曲面，发展至今，矩阵不仅成为线性代数的一个主要研究对象，而且它在数学的其他分支以及社会科学、工程技术、经济管理等方面，都有广泛的应用. 本章主要介绍矩阵的概念及其运算、矩阵的逆及其求法和方块矩阵.

§3.1 矩阵的运算

我们先介绍几个特殊矩阵的定义，若一个矩阵只有主对角线上存在非零元素，而其他元素均为零，即($a_{ij}=0(i\neq j)$)，我们称之为**对角型矩阵**，常简写为

$$A=\begin{pmatrix} a_{11} & & & \\ & a_{22} & & \\ & & \ddots & \\ & & & a_{nn} \end{pmatrix}，即\ A=\begin{pmatrix} a_{11} & 0 & \cdots & 0 \\ 0 & a_{22} & \cdots & 0 \\ \vdots & \vdots & \ddots & \vdots \\ 0 & \cdots & 0 & a_{nn} \end{pmatrix}.$$

特别地，上面矩阵中若 $a_{11}=a_{22}=\cdots=a_{nn}=1$，称之为**单位矩阵**，$n$ 阶单位矩阵常记为 $\boldsymbol{E}_n$ 或者 $\boldsymbol{I}_n$，即 n 阶单位矩阵；若一个矩阵的全部元素均为零，我们称之为**零矩阵**，n 阶零矩阵常记为 $\boldsymbol{O}_n$.

3.1.1 矩阵的加减法

定义1 设有两个 $m\times n$ 的矩阵 $\boldsymbol{A}=(a_{ij})_{m\times n}$，$\boldsymbol{B}=(b_{ij})_{m\times n}$，将它们对应的元素分别相加，得到一个新的矩阵称为矩阵 $\boldsymbol{A}$ 和 $\boldsymbol{B}$ 的和，记为 $\boldsymbol{A}+\boldsymbol{B}$，即

$$\boldsymbol{A}+\boldsymbol{B}=\begin{pmatrix} a_{11}+b_{11} & a_{12}+b_{12} & \cdots & a_{1n}+b_{1n} \\ a_{21}+b_{21} & a_{22}+b_{22} & \cdots & a_{2n}+b_{2n} \\ \vdots & \vdots & & \vdots \\ a_{m1}+b_{m1} & a_{m2}+b_{m2} & \cdots & a_{mn}+b_{mn} \end{pmatrix}.$$

定义2 将矩阵 $\boldsymbol{A}=(a_{ij})_{m\times n}$ 的各元素取相反符号，得到的矩阵称为矩阵 $\boldsymbol{A}$ 的**负矩阵**，记为 $-\boldsymbol{A}$. 即

$$-\boldsymbol{A}=\begin{pmatrix}-a_{11} & -a_{12} & \cdots & -a_{1n}\\ -a_{21} & -a_{22} & \cdots & -a_{2n}\\ \vdots & \vdots & & \vdots\\ -a_{m1} & -a_{m2} & \cdots & -a_{mn}\end{pmatrix},$$

称矩阵 $\boldsymbol{A}+(-\boldsymbol{B})$ 为矩阵 $\boldsymbol{A}$ 与 $\boldsymbol{B}$ 的差，记为 $\boldsymbol{A}-\boldsymbol{B}$.

注意：只有两个矩阵是同型矩阵(即两个矩阵的行数和列数分别相等)时，才能进行加减法运算.

例如，$\begin{pmatrix}1 & 0\\ 2 & 1\end{pmatrix}+\begin{pmatrix}3 & -1\\ -1 & 1\end{pmatrix}=\begin{pmatrix}4 & -1\\ 1 & 2\end{pmatrix}$；$\begin{pmatrix}1 & 0\\ 2 & 1\end{pmatrix}-\begin{pmatrix}3 & -1\\ -1 & 1\end{pmatrix}=\begin{pmatrix}-2 & 1\\ 3 & 0\end{pmatrix}$，而 $\begin{pmatrix}-2 & 1\\ 3 & 0\end{pmatrix}+\begin{pmatrix}1\\ 0\\ -1\end{pmatrix}$ 无意义.

3.1.2 矩阵的数乘

定义 3 用数 λ 乘以矩阵 $\boldsymbol{A}=(a_{ij})_{m\times n}$ 的所有元素，所得的 $m\times n$ 矩阵称为数 λ 与矩阵 $\boldsymbol{A}_{m\times n}$ 的**数乘矩阵**，简称**数乘**，记为 $\lambda\boldsymbol{A}$ 或 $\boldsymbol{A}\lambda$. 即

$$\lambda\boldsymbol{A}=\begin{pmatrix}\lambda a_{11} & \lambda a_{12} & \cdots & \lambda a_{1n}\\ \lambda a_{21} & \lambda a_{22} & \cdots & \lambda a_{2n}\\ \vdots & \vdots & & \vdots\\ \lambda a_{m1} & \lambda a_{m2} & \cdots & \lambda a_{mn}\end{pmatrix}.$$

矩阵的加法和矩阵的数乘统称为矩阵的**线性运算**，且满足下列运算规律：

设 $\boldsymbol{A},\boldsymbol{B},\boldsymbol{C}$ 均为 $m\times n$ 矩阵，λ,μ 为数：

(1)交换律：$\boldsymbol{A}+\boldsymbol{B}=\boldsymbol{B}+\boldsymbol{A}$；

(2)结合律：$(\boldsymbol{A}+\boldsymbol{B})+\boldsymbol{C}=\boldsymbol{A}+(\boldsymbol{B}+\boldsymbol{C})$；

(3)$\boldsymbol{A}+(-\boldsymbol{A})=\boldsymbol{O},\boldsymbol{A}+\boldsymbol{O}=\boldsymbol{A}$；

(4)$\boldsymbol{A}-\boldsymbol{B}=\boldsymbol{A}+(-\boldsymbol{B})$；

(5)$(\lambda\mu)\boldsymbol{A}=\lambda(\mu\boldsymbol{A})$；

(6)$(\lambda+\mu)\boldsymbol{A}=\lambda\boldsymbol{A}+\mu\boldsymbol{A}$；$\lambda(\boldsymbol{A}+\boldsymbol{B})=\lambda\boldsymbol{A}+\lambda\boldsymbol{B}$；

(7)$1\cdot\boldsymbol{A}=\boldsymbol{A}$；

(8)$\lambda\boldsymbol{A}=\boldsymbol{O}$ 且 $\lambda=0$ 或 $\boldsymbol{A}=\boldsymbol{O}$.

【例 1】 设 $\boldsymbol{A}=\begin{pmatrix}3 & 2\\ -1 & 5\end{pmatrix}$，$\boldsymbol{B}=\begin{pmatrix}11 & -1\\ 2 & 7\end{pmatrix}$，且 $3\boldsymbol{A}+2\boldsymbol{X}=\boldsymbol{B}$，求 $\boldsymbol{X}$.

解 $2\boldsymbol{X}=\boldsymbol{B}-3\boldsymbol{A}=\begin{pmatrix}11 & -1\\ 2 & 7\end{pmatrix}-3\begin{pmatrix}3 & 2\\ -1 & 5\end{pmatrix}=\begin{pmatrix}11 & -1\\ 2 & 7\end{pmatrix}-\begin{pmatrix}9 & 6\\ -3 & 15\end{pmatrix}=\begin{pmatrix}2 & -7\\ 5 & -8\end{pmatrix}$，

等式两边同乘以 $\frac{1}{2}$ 得：$\boldsymbol{X}=\frac{1}{2}\begin{pmatrix}2 & -7\\ 5 & -8\end{pmatrix}=\begin{pmatrix}1 & -\frac{7}{2}\\ \frac{5}{2} & -4\end{pmatrix}$.

3.1.3 矩阵的乘法

定义 4 设 $\boldsymbol{A}=(a_{ij})_{m\times s}$,$\boldsymbol{B}=(b_{ij})_{s\times n}$,规定矩阵 $\boldsymbol{A}$ 与矩阵 $\boldsymbol{B}$ 的**乘积**是一个 $m\times n$ 矩阵 $\boldsymbol{C}=(c_{ij})$,其中

$$c_{ij}=a_{i1}b_{1j}+a_{i2}b_{2j}+\cdots+a_{is}b_{sj}=\sum_{k=1}^{s}a_{ik}b_{kj}\quad(i=1,2,\cdots,m;j=1,2,\cdots,n).$$

并把此乘积记作 $\boldsymbol{C}=\boldsymbol{AB}$,即 $\boldsymbol{A}_{m\times s}\times\boldsymbol{B}_{s\times n}=\boldsymbol{C}_{m\times n}$.

注意:只有当矩阵 $\boldsymbol{A}$ 的列数与矩阵 $\boldsymbol{B}$ 的行数相等时,矩阵 $\boldsymbol{A}$ 与 $\boldsymbol{B}$ 才能相乘,且乘积矩阵 $\boldsymbol{C}$ 的第 i 行第 j 列元素 c_{ij} 等于 $\boldsymbol{A}$ 的第 i 行与 $\boldsymbol{B}$ 的第 j 列的对应元素乘积之和.

【例 2】 设 $\boldsymbol{A}=\begin{pmatrix}1&0&-1\\-1&1&3\end{pmatrix}$,$\boldsymbol{B}=\begin{pmatrix}0&3&4\\1&2&1\\3&1&-1\end{pmatrix}$,求 $\boldsymbol{AB}$,并思考 $\boldsymbol{BA}$ 是否有意义?

解 $$\boldsymbol{AB}=\begin{pmatrix}1&0&-1\\-1&1&3\end{pmatrix}\begin{pmatrix}0&3&4\\1&2&1\\3&1&-1\end{pmatrix}=\begin{pmatrix}0+0-3&3+0-1&4+0+1\\0+1+9&-3+2+3&-4+1-3\end{pmatrix}$$
$$=\begin{pmatrix}-3&2&5\\10&2&-6\end{pmatrix}.$$

而 $\boldsymbol{BA}$ 不满足乘法运算的条件,故无意义.

注意:一个 $1\times s$ 的行矩阵与一个 $s\times 1$ 的列矩阵的乘积是一个 1 阶方阵,也就是一个数,即

$$(a_1,a_2,\cdots,a_n)\begin{pmatrix}b_1\\b_2\\\vdots\\b_n\end{pmatrix}=a_1b_1+a_2b_2+\cdots+a_nb_n=\sum_{i=1}^{n}a_ib_i.$$

【例 3】 设 $\boldsymbol{A}=\begin{pmatrix}1\\2\\3\end{pmatrix}$,$\boldsymbol{B}=(0\quad 5\quad 6)$,求 $\boldsymbol{AB}$,$\boldsymbol{BA}$.

解 $$\boldsymbol{AB}=\begin{pmatrix}1\\2\\3\end{pmatrix}(0\quad 5\quad 6)=\begin{pmatrix}1\times0&1\times5&1\times6\\2\times0&2\times5&2\times6\\3\times0&3\times5&3\times6\end{pmatrix}=\begin{pmatrix}0&5&6\\0&10&12\\0&15&18\end{pmatrix};$$

$$\boldsymbol{BA}=(0\quad 5\quad 6)\begin{pmatrix}1\\2\\3\end{pmatrix}=0\times1+5\times2+6\times3=28.$$

从例 3 可以看出,矩阵的乘法不满足交换律.

【例 4】 设 $\boldsymbol{A}=\begin{pmatrix}-2&4\\1&-2\end{pmatrix}$,$\boldsymbol{B}=\begin{pmatrix}2&4\\-3&-6\end{pmatrix}$,求 $\boldsymbol{AB}$ 和 $\boldsymbol{BA}$.

解 $\boldsymbol{AB}=\begin{pmatrix}-2 & 4\\ 1 & -2\end{pmatrix}\begin{pmatrix}2 & 4\\ -3 & -6\end{pmatrix}=\begin{pmatrix}-16 & -32\\ 8 & 16\end{pmatrix}$;

$\boldsymbol{BA}=\begin{pmatrix}2 & 4\\ -3 & -6\end{pmatrix}\begin{pmatrix}-2 & 4\\ 1 & -2\end{pmatrix}=\begin{pmatrix}0 & 0\\ 0 & 0\end{pmatrix}$.

注意: $\boldsymbol{BA}=\boldsymbol{O}$ 不能推出 $\boldsymbol{A}=\boldsymbol{O}$ 或 $\boldsymbol{B}=\boldsymbol{O}$;而 $\boldsymbol{BA}=\boldsymbol{O}=\boldsymbol{OA}$,但 $\boldsymbol{B}\neq\boldsymbol{O}$. 即矩阵的乘法不满足消去律.

在例 3 和例 4 中都有 $\boldsymbol{AB}\neq\boldsymbol{BA}$,即说明矩阵乘法不满足交换律,但是某些情况下,也会有 $\boldsymbol{AB}=\boldsymbol{BA}$,此时我们称 $\boldsymbol{A}$ 和 $\boldsymbol{B}$ 是可交换的. 如

$$\boldsymbol{A}=\begin{pmatrix}a_1 & & & \\ & a_2 & & \\ & & \ddots & \\ & & & a_n\end{pmatrix},\boldsymbol{B}=\begin{pmatrix}b_1 & & & \\ & b_2 & & \\ & & \ddots & \\ & & & b_n\end{pmatrix},$$

则

$$\boldsymbol{AB}=\boldsymbol{BA}=\begin{pmatrix}a_1b_1 & & & \\ & a_2b_2 & & \\ & & \ddots & \\ & & & a_nb_n\end{pmatrix}.$$

矩阵的乘法虽然不满足交换律,但是满足结合律和分配律,其运算规律如下(假设运算都是可行的):

(1)结合律:$(\boldsymbol{AB})\boldsymbol{C}=\boldsymbol{A}(\boldsymbol{BC})$;

(2)分配律:$\boldsymbol{A}(\boldsymbol{B}+\boldsymbol{C})=\boldsymbol{AB}+\boldsymbol{AC}$,$(\boldsymbol{B}+\boldsymbol{C})\boldsymbol{A}=\boldsymbol{BA}+\boldsymbol{CA}$;

(3)对任意数 λ,有 $\lambda(\boldsymbol{AB})=(\lambda\boldsymbol{A})\boldsymbol{B}=\boldsymbol{A}(\lambda\boldsymbol{B})$;

(4)设 $\boldsymbol{A}$ 是 $m\times n$ 矩阵,则 $\boldsymbol{E}_m\boldsymbol{A}_{m\times n}=\boldsymbol{A}_{m\times n}$,$\boldsymbol{A}_{m\times n}\boldsymbol{E}_n=\boldsymbol{A}_{m\times n}$,或简记为 $\boldsymbol{EA}=\boldsymbol{AE}=\boldsymbol{A}$.

有了矩阵的乘法,我们就可以用矩阵来表示方程组了. 如第 2 章 2.3 节中方程组(1)可以分别表示为:

$$\begin{pmatrix}a_{11} & a_{12} & \cdots & a_{1n}\\ a_{21} & a_{22} & \cdots & a_{2n}\\ \vdots & \vdots & & \vdots\\ a_{m1} & a_{m2} & \cdots & a_{mn}\end{pmatrix}\begin{pmatrix}x_1\\ x_2\\ \vdots\\ x_n\end{pmatrix}=\begin{pmatrix}a_{11}x_1+a_{12}x_2+\cdots+a_{1n}x_n\\ a_{21}x_1+a_{22}x_2+\cdots+a_{2n}x_n\\ \vdots\\ a_{m1}x_1+a_{m2}x_2+\cdots+a_{mn}x_n\end{pmatrix}=\begin{pmatrix}b_1\\ b_2\\ \vdots\\ b_m\end{pmatrix}$$

若记 $\boldsymbol{A}=\begin{pmatrix}a_{11} & a_{12} & \cdots & a_{1n}\\ a_{21} & a_{22} & \cdots & a_{2n}\\ \vdots & \vdots & & \vdots\\ a_{m1} & a_{m2} & \cdots & a_{mn}\end{pmatrix}$,$\boldsymbol{x}=\begin{pmatrix}x_1\\ x_2\\ \vdots\\ x_n\end{pmatrix}$,$\boldsymbol{b}=\begin{pmatrix}b_1\\ b_2\\ \vdots\\ b_m\end{pmatrix}$,则方程组(1)可以写成 $\boldsymbol{Ax}=\boldsymbol{b}$. 同理,第 2 章 2.3 节的方程组(2)可以写成

$$\begin{pmatrix}2 & 2 & -1\\ 1 & -2 & 4\\ 5 & 7 & 1\end{pmatrix}\begin{pmatrix}x_1\\ x_2\\ x_3\end{pmatrix}=\begin{pmatrix}6\\ 3\\ 28\end{pmatrix}.$$

有了矩阵的乘法，我们还可以定义**方阵的幂**.

设 $\boldsymbol{A}$ 为 n 阶方阵，k 为正整数，则 k 个 $\boldsymbol{A}$ 的乘积称为 **$\boldsymbol{A}$ 的 k 次幂**，记为 $\boldsymbol{A}^k$. 则 $\boldsymbol{A}^k=\overbrace{\boldsymbol{A}\cdot\boldsymbol{A}\cdot\cdots\cdot\boldsymbol{A}}^{k个}$，特别规定 $\boldsymbol{A}^0=\boldsymbol{I},\boldsymbol{A}^1=\boldsymbol{A}$. 注意，只有 $\boldsymbol{A}$ 是方阵时，它的幂才有意义. 由于矩阵的乘法满足结合律，不难证明，以下指数律成立：

(1)$\boldsymbol{A}^k\boldsymbol{A}^l=\boldsymbol{A}^{k+l}$； (2)$(\boldsymbol{A}^k)^l=\boldsymbol{A}^{kl}$ (k,l 为正整数).

【例 5】 设 $\boldsymbol{A}=\begin{pmatrix}-2&0&0\\0&3&0\\0&0&4\end{pmatrix}$，$\boldsymbol{B}=\begin{pmatrix}3&0&0\\0&3&0\\0&0&2\end{pmatrix}$，求 $\boldsymbol{A}^2$ 和 $\boldsymbol{BA}$.

解 $\boldsymbol{A}^2=\begin{pmatrix}-2&0&0\\0&3&0\\0&0&4\end{pmatrix}\begin{pmatrix}-2&0&0\\0&3&0\\0&0&4\end{pmatrix}=\begin{pmatrix}(-2)^2&0&0\\0&3^2&0\\0&0&4^2\end{pmatrix}=\begin{pmatrix}4&0&0\\0&9&0\\0&0&16\end{pmatrix}$；

$$\boldsymbol{BA}=\begin{pmatrix}3&0&0\\0&3&0\\0&0&2\end{pmatrix}\begin{pmatrix}-2&0&0\\0&3&0\\0&0&4\end{pmatrix}=\begin{pmatrix}-6&0&0\\0&9&0\\0&0&8\end{pmatrix}.$$

通过例 5，我们可以看出对角型矩阵乘法的什么规律？

3.1.4 矩阵的转置

和行列式的转置类似，将矩阵 $\boldsymbol{A}$ 的行换成同序数的列得到一个新矩阵，称为 **$\boldsymbol{A}$ 的转置矩阵**，记为 $\boldsymbol{A}^{\mathrm{T}}$ 或 $\boldsymbol{A}'$.

若 $\boldsymbol{A}=\begin{pmatrix}a_{11}&a_{12}&\cdots&a_{1n}\\a_{21}&a_{22}&\cdots&a_{2n}\\\vdots&\vdots&&\vdots\\a_{m1}&a_{m2}&\cdots&a_{mn}\end{pmatrix}$，则 $\boldsymbol{A}^{\mathrm{T}}=\begin{pmatrix}a_{11}&a_{21}&\cdots&a_{m1}\\a_{12}&a_{22}&\cdots&a_{m2}\\\vdots&\vdots&&\vdots\\a_{1n}&a_{2n}&\cdots&a_{mn}\end{pmatrix}$.

如 $\boldsymbol{A}=\begin{pmatrix}2&0&-1\\1&3&2\end{pmatrix}$，则 $\boldsymbol{A}^{\mathrm{T}}=\begin{pmatrix}2&1\\0&3\\-1&2\end{pmatrix}$. 即 $\boldsymbol{A}^{\mathrm{T}}$ 的第 i 行第 j 列的元素等于矩阵 $\boldsymbol{A}$ 的第 j 行第 i 列的元素.

矩阵的转置也是一种运算，满足以下运算规律：

(1)$(\boldsymbol{A}^{\mathrm{T}})^{\mathrm{T}}=\boldsymbol{A}$；

(2)$(\boldsymbol{A}+\boldsymbol{B})^{\mathrm{T}}=\boldsymbol{A}^{\mathrm{T}}+\boldsymbol{B}^{\mathrm{T}}$；

(3)$(\lambda\boldsymbol{A})^{\mathrm{T}}=\lambda\boldsymbol{A}^{\mathrm{T}}$；

(4)$(\boldsymbol{AB})^{\mathrm{T}}=\boldsymbol{B}^{\mathrm{T}}\boldsymbol{A}^{\mathrm{T}}$.

我们只验证(4)，其余几个留给读者练习.

证明 设 $\boldsymbol{A}=(a_{ij})_{m\times n}$，$\boldsymbol{B}=(b_{ij})_{n\times s}$，记 $\boldsymbol{C}=\boldsymbol{AB}=(c_{ij})_{m\times s}$，$\boldsymbol{D}=\boldsymbol{B}^{\mathrm{T}}\boldsymbol{A}^{\mathrm{T}}=(d_{ij})_{s\times m}$. 则 $d_{ij}=\sum\limits_{k=1}^{n}b_{ki}\cdot a_{jk}=\sum\limits_{k=1}^{n}a_{jk}\cdot b_{ki}=c_{ji}$，即 $\boldsymbol{D}=\boldsymbol{C}^{\mathrm{T}}$，亦即 $(\boldsymbol{AB})^{\mathrm{T}}=\boldsymbol{B}^{\mathrm{T}}\boldsymbol{A}^{\mathrm{T}}$.

【例 6】 设 $\boldsymbol{A}=\begin{pmatrix}2 & 0 & -1\\1 & 3 & 2\end{pmatrix}$，$\boldsymbol{B}=\begin{pmatrix}1 & 7 & -1\\4 & 2 & 3\\2 & 0 & 1\end{pmatrix}$，求$(\boldsymbol{AB})^{\mathrm{T}}$.

解 $(\boldsymbol{AB})^{\mathrm{T}}=\boldsymbol{B}^{\mathrm{T}}\boldsymbol{A}^{\mathrm{T}}=\begin{pmatrix}1 & 4 & 2\\7 & 2 & 0\\-1 & 3 & 1\end{pmatrix}\begin{pmatrix}2 & 1\\0 & 3\\-1 & 2\end{pmatrix}=\begin{pmatrix}0 & 17\\14 & 13\\-3 & 10\end{pmatrix}$.

3.1.5 对称矩阵与反对称矩阵

设 $\boldsymbol{A}=(a_{ij})$ 为 n 阶方阵，如果 $\boldsymbol{A}^{\mathrm{T}}=\boldsymbol{A}$，则称 $\boldsymbol{A}$ 为 n 阶**对称矩阵**. 容易看出，若 $\boldsymbol{A}=(a_{ij})$ 为 n 阶对称矩阵，则 $a_{ij}=a_{ji}(i,j=1,2,\cdots,n)$.

注意：若 $\boldsymbol{A}$ 还是实矩阵，则称 $\boldsymbol{A}$ 为**实对称矩阵**.

例如 $\begin{pmatrix}1 & -2 & 3\\-2 & -1 & 2\\3 & 2 & -3\end{pmatrix}$ 是一个对称矩阵. 对称矩阵的特点是其元素关于主对角线对称.

如果 $\boldsymbol{A}^{\mathrm{T}}=-\boldsymbol{A}$，则称 $\boldsymbol{A}$ 为 n 阶反对称矩阵. 若 $\boldsymbol{A}=(a_{ij})$ 为 n 阶反对称矩阵，则 $a_{ij}=-a_{ji}(i,j=1,2,\cdots,n)$.

例如 $\begin{pmatrix}0 & -2 & 3\\2 & 0 & 2\\-3 & -2 & 0\end{pmatrix}$ 是一个反对称矩阵. 反对称矩阵的特点是关于主对角线对称的元素符号相反，且主对角线元素全为 0.

3.1.6 方阵的行列式

一个由 n 阶矩阵 $\boldsymbol{A}$ 的元素按原来的排列形式构成的 n 阶行列式，称为**矩阵 $\boldsymbol{A}$ 的行列式**，记作 $|\boldsymbol{A}|$，它表示一个数. 如三阶单位矩阵 $\boldsymbol{E}=\begin{pmatrix}1 & 0 & 0\\0 & 1 & 0\\0 & 0 & 1\end{pmatrix}$，$|\boldsymbol{E}|=\begin{vmatrix}1 & 0 & 0\\0 & 1 & 0\\0 & 0 & 1\end{vmatrix}=1$.

方阵的行列式有如下性质：

(1) $|\boldsymbol{A}^{\mathrm{T}}|=|\boldsymbol{A}|$；

(2) $|\lambda\boldsymbol{A}|=\lambda^{n}|\boldsymbol{A}|$；

(3) $|\boldsymbol{AB}|=|\boldsymbol{A}||\boldsymbol{B}|=|\boldsymbol{BA}|$（设 $\boldsymbol{A},\boldsymbol{B}$ 均为 n 阶方阵）.

【例 7】 设 $\boldsymbol{A}$ 为 n 阶方阵，且 $\boldsymbol{AA}^{\mathrm{T}}=\boldsymbol{E}$，$|\boldsymbol{A}|=-1$，求证 $|\boldsymbol{A}+\boldsymbol{E}|=0$.

证明 因为 $\boldsymbol{AA}^{\mathrm{T}}=\boldsymbol{E}$，所以 $|\boldsymbol{A}+\boldsymbol{E}|=|\boldsymbol{A}+\boldsymbol{AA}^{\mathrm{T}}|=|\boldsymbol{A}||\boldsymbol{A}+\boldsymbol{E}|=-|\boldsymbol{A}+\boldsymbol{E}|$，所以 $|\boldsymbol{A}+\boldsymbol{E}|=0$.

习题 3-1

A 组

1. 设 $\boldsymbol{A}=\begin{pmatrix}1&0&0\\0&2&0\\0&0&3\end{pmatrix}$，$\boldsymbol{B}=\begin{pmatrix}-2&2\\3&4\end{pmatrix}$，求 $\boldsymbol{A}^3$，$\boldsymbol{B}^2$.

2. 计算 $\begin{pmatrix}a_1\\a_2\\\vdots\\a_m\end{pmatrix}(b_1\quad b_2\quad\cdots\quad b_n)$ 和 $(b_1\quad b_2\quad\cdots\quad b_n)\begin{pmatrix}a_1\\a_2\\\vdots\\a_n\end{pmatrix}$.

3. 设 $\boldsymbol{B}=\begin{pmatrix}1&6&-1\\4&2&3\\2&0&1\end{pmatrix}$，求 $\boldsymbol{B}\boldsymbol{B}^{\mathrm{T}}$，$\boldsymbol{B}^{\mathrm{T}}\boldsymbol{B}$.

4. 设 $\boldsymbol{A}=\begin{pmatrix}a&-b\\b&a\end{pmatrix}$，求 $|3\boldsymbol{A}\boldsymbol{A}^{\mathrm{T}}|$.

5. 设 $\boldsymbol{A}$，$\boldsymbol{B}$ 为 n 阶矩阵，且 $\boldsymbol{A}$ 为对称矩阵，证明：$\boldsymbol{B}^{\mathrm{T}}\boldsymbol{A}\boldsymbol{B}$ 也是对称矩阵.

B 组

1. 设 $\boldsymbol{A}=\begin{pmatrix}1&0&0\\0&2&0\\0&0&-3\end{pmatrix}$，求所有与 $\boldsymbol{A}$ 可交换的矩阵.

2. 证明：$\boldsymbol{A}\boldsymbol{B}$ 为对称矩阵的充要条件是 $\boldsymbol{A}\boldsymbol{B}=\boldsymbol{B}\boldsymbol{A}$.

3. 设 $\boldsymbol{A}$ 是实对称矩阵，且 $\boldsymbol{A}^2=\boldsymbol{0}$，证明 $A=\boldsymbol{0}$.

§3.2 矩阵的逆

3.2.1 伴随矩阵与逆矩阵

设行列式 $|\boldsymbol{A}|$ 的各个元素的代数余子式 A_{ij} 所构成的如下矩阵

$$\boldsymbol{A}^*=\begin{pmatrix}A_{11}&A_{21}&\cdots&A_{n1}\\A_{12}&A_{22}&\cdots&A_{n2}\\\vdots&\vdots&&\vdots\\A_{1n}&A_{2n}&\cdots&A_{nn}\end{pmatrix},$$

为矩阵 $\boldsymbol{A}$ 的**伴随矩阵**,简称**伴随阵**.

【例 1】 证明 $\boldsymbol{A}\boldsymbol{A}^*=\boldsymbol{A}^*\boldsymbol{A}=|\boldsymbol{A}|\boldsymbol{E}$.

证明 设 $\boldsymbol{A}=(a_{ij})$,记 $\boldsymbol{A}\boldsymbol{A}^*=(b_{ij})$,则

$$b_{ij}=a_{i1}\boldsymbol{A}_{j1}+a_{i2}\boldsymbol{A}_{j2}+\cdots+a_{in}\boldsymbol{A}_{jn}=\begin{cases}|A|, & i=j\\ 0, & i\neq j\end{cases},$$

故

$$\boldsymbol{A}\boldsymbol{A}^*=|\boldsymbol{A}|\boldsymbol{E}.$$

类似有

$$\boldsymbol{A}^*\boldsymbol{A}=|\boldsymbol{A}|\boldsymbol{E}.$$

在数的乘法中,如果常数 $a\neq0$,则存在 a 的逆 a^{-1}:$a^{-1}=\dfrac{1}{a}$,使 $a^{-1}a=aa^{-1}=1$,这使得求解一元线性方程 $ax=b$ 变得非常简单:在方程两端左乘 a^{-1},即得 $1\cdot x=x=a^{-1}b$.在矩阵的乘法中,单位矩阵 $\boldsymbol{E}$ 起着数 1 在数量的乘法中的类似作用.因此要问:对 n 阶方阵 $\boldsymbol{A}$,是否也存在着“逆”,即是否存在一个 n 阶方阵 $\boldsymbol{B}$,使得 $\boldsymbol{AB}=\boldsymbol{BA}=\boldsymbol{E}$?为此,我们引入下面的逆矩阵的定义.

定义 1 对于 n 阶方阵 $\boldsymbol{A}$,如果有一个 n 阶方阵 $\boldsymbol{B}$,使

$$\boldsymbol{AB}=\boldsymbol{BA}=\boldsymbol{E}$$

则称矩阵 $\boldsymbol{A}$ 是可逆的,并把矩阵 $\boldsymbol{B}$ 称为 $\boldsymbol{A}$ 的**逆矩阵**,简称**逆阵**.

如果矩阵 $\boldsymbol{A}$ 是可逆的,那么 $\boldsymbol{A}$ 的逆阵是唯一的.这是因为:设 $\boldsymbol{B}$、$\boldsymbol{C}$ 都是 $\boldsymbol{A}$ 的逆阵,则有

$$\boldsymbol{B}=\boldsymbol{BE}=\boldsymbol{B}(\boldsymbol{AC})=(\boldsymbol{BA})\boldsymbol{C}=\boldsymbol{EC}=\boldsymbol{C},$$

所以 $\boldsymbol{A}$ 的逆矩阵是唯一的.

$\boldsymbol{A}$ 的逆矩阵记作 $\boldsymbol{A}^{-1}$.即若 $\boldsymbol{AB}=\boldsymbol{BA}=\boldsymbol{E}$,则 $\boldsymbol{B}=\boldsymbol{A}^{-1}$.

定理 1 若矩阵 $\boldsymbol{A}$ 可逆,则 $|\boldsymbol{A}|\neq0$.

证明 $\boldsymbol{A}$ 可逆,即有 $\boldsymbol{A}^{-1}$,使 $\boldsymbol{A}\boldsymbol{A}^{-1}=\boldsymbol{E}$.故 $|\boldsymbol{A}|\cdot|\boldsymbol{A}^{-1}|=|\boldsymbol{E}|=1$,所以 $|\boldsymbol{A}|\neq0$.

定理 2 若 $|\boldsymbol{A}|\neq0$,则矩阵 $\boldsymbol{A}$ 可逆,且 $\boldsymbol{A}^{-1}=\dfrac{1}{|\boldsymbol{A}|}\boldsymbol{A}^*$,其中 $\boldsymbol{A}^*$ 为矩阵 $\boldsymbol{A}$ 的伴随阵.

证明 由例 1 知,$\boldsymbol{A}\boldsymbol{A}^*=\boldsymbol{A}^*\boldsymbol{A}=|\boldsymbol{A}|\boldsymbol{E}$,因 $|\boldsymbol{A}|\neq0$,故有

$\boldsymbol{A}\dfrac{1}{|\boldsymbol{A}|}\boldsymbol{A}^*=\dfrac{1}{|\boldsymbol{A}|}\boldsymbol{A}^*\boldsymbol{A}=\boldsymbol{E}$,所以按照逆矩阵的定义,即知 $\boldsymbol{A}$ 可逆,且有 $\boldsymbol{A}^{-1}=\dfrac{1}{|\boldsymbol{A}|}\boldsymbol{A}^*$.证毕.

当 $|\boldsymbol{A}|=0$ 时,$\boldsymbol{A}$ 称为**奇异矩阵**,否则称为非奇异矩阵.由上面两定理可知:$\boldsymbol{A}$ 是可逆矩阵的充分必要条件是 $|\boldsymbol{A}|\neq0$,即可逆矩阵就是**非奇异矩阵**.

由定理 2,可得下述推论.

推论 若 $\boldsymbol{AB}=\boldsymbol{E}$(或 $\boldsymbol{BA}=\boldsymbol{E}$),则 $\boldsymbol{B}=\boldsymbol{A}^{-1}$.

证明 $|\boldsymbol{A}|\cdot|\boldsymbol{B}|=|\boldsymbol{E}|=1$,故 $|\boldsymbol{A}|\neq0$,因而 $\boldsymbol{A}^{-1}$ 存在,于是

$$\boldsymbol{B}=\boldsymbol{EB}=(\boldsymbol{A}\cdot\boldsymbol{A}^{-1})\boldsymbol{B}=\boldsymbol{A}^{-1}(\boldsymbol{AB})=\boldsymbol{A}^{-1}\boldsymbol{E}=\boldsymbol{A}^{-1},\text{证毕}.$$

方阵的逆矩阵满足下述运算规律:

(1)若 $\boldsymbol{A}$ 可逆,则 $\boldsymbol{A}^{-1}$ 亦可逆,且 $(\boldsymbol{A}^{-1})^{-1}=\boldsymbol{A}$.

(2)若 $\boldsymbol{A}$ 可逆,数 $\lambda\neq0$,则 $\lambda\boldsymbol{A}$ 可逆,且 $(\lambda\boldsymbol{A})^{-1}=\frac{1}{\lambda}\boldsymbol{A}^{-1}$.

(3)若 $\boldsymbol{A},\boldsymbol{B}$ 为同阶矩阵且均可逆,则 $\boldsymbol{AB}$ 亦可逆,且 $(\boldsymbol{AB})^{-1}=\boldsymbol{B}^{-1}\boldsymbol{A}^{-1}$

证明 $(\boldsymbol{AB})(\boldsymbol{B}^{-1}\boldsymbol{A}^{-1})=\boldsymbol{A}(\boldsymbol{BB}^{-1})\boldsymbol{A}^{-1}=\boldsymbol{AEA}^{-1}=\boldsymbol{AA}^{-1}=\boldsymbol{E}$,由推论,即有 $(\boldsymbol{AB})^{-1}=\boldsymbol{B}^{-1}\boldsymbol{A}^{-1}$.

(4)若 $\boldsymbol{A}$ 可逆,则 $\boldsymbol{A}^{\mathrm{T}}$ 亦可逆,且 $(\boldsymbol{A}^{\mathrm{T}})^{-1}=(\boldsymbol{A}^{-1})^{\mathrm{T}}$

证明 $\boldsymbol{A}^{\mathrm{T}}(\boldsymbol{A}^{-1})^{\mathrm{T}}=(\boldsymbol{A}^{-1}\boldsymbol{A})^{\mathrm{T}}=\boldsymbol{E}^{\mathrm{T}}=\boldsymbol{E}$,所以 $(\boldsymbol{A}^{\mathrm{T}})^{-1}=(\boldsymbol{A}^{-1})^{\mathrm{T}}$.

当 $\boldsymbol{A}$ 可逆时,还可以定义

$$\boldsymbol{A}^0=\boldsymbol{E}\ ,\boldsymbol{A}^{-k}=(\boldsymbol{A}^{-1})^k,$$

其中 k 为正整数.这样,当 $\boldsymbol{A}$ 可逆,λ,μ 为整数时,有

$$\boldsymbol{A}^{\lambda}\boldsymbol{A}^{\mu}=\boldsymbol{A}^{\lambda+\mu},(\boldsymbol{A}^{\lambda})^{\mu}=\boldsymbol{A}^{\lambda\mu}.$$

【例 2】 设 $\boldsymbol{A}=\begin{pmatrix}a&b\\c&d\end{pmatrix}$,试问:$a,b,c,d$ 满足什么条件时,方阵 $\boldsymbol{A}$ 可逆?当 $\boldsymbol{A}$ 可逆时,求 $\boldsymbol{A}^{-1}$.

解 当 $|\boldsymbol{A}|=\begin{vmatrix}a&b\\c&d\end{vmatrix}=ad-bc\neq0$ 时,$\boldsymbol{A}$ 可逆,这时

$$\boldsymbol{A}^{-1}=\frac{1}{|\boldsymbol{A}|}\boldsymbol{A}^*=\frac{1}{ad-bc}\begin{pmatrix}d&-b\\-c&a\end{pmatrix}.$$

【例 3】 求方阵 $\boldsymbol{A}=\begin{pmatrix}1&2&3\\2&2&1\\3&4&3\end{pmatrix}$ 的逆矩阵.

解 求得 $|\boldsymbol{A}|=2\neq0$,知 $\boldsymbol{A}^{-1}$ 存在.再计算 $|\boldsymbol{A}|$ 的余子式和代数余子式:

$$M_{11}=2,\ M_{12}=3,\ M_{13}=2,$$
$$M_{21}=-6,M_{22}=-6,M_{23}=-2,$$
$$M_{31}=-4,M_{32}=-5,M_{33}=-2,$$

由代数余子式 $A_{ij}=(-1)^{i+j}M_{ij}$ 得

$$\boldsymbol{A}^*=\begin{pmatrix}A_{11}&A_{21}&A_{31}\\A_{12}&A_{22}&A_{32}\\A_{13}&A_{23}&A_{33}\end{pmatrix}=\begin{pmatrix}M_{11}&-M_{21}&M_{31}\\-M_{12}&M_{22}&-M_{32}\\M_{13}&-M_{23}&M_{33}\end{pmatrix}=\begin{pmatrix}2&6&-4\\-3&-6&5\\2&2&-2\end{pmatrix},$$

所以

$$\boldsymbol{A}^{-1}=\frac{1}{|\boldsymbol{A}|}\boldsymbol{A}^*=\begin{pmatrix}1&3&-2\\-\frac{3}{2}&-3&\frac{5}{2}\\1&1&-1\end{pmatrix}.$$

【例 4】 设 $\boldsymbol{A}=\begin{pmatrix}1&2&3\\2&2&1\\3&4&3\end{pmatrix},\boldsymbol{B}=\begin{pmatrix}2&1\\5&3\end{pmatrix},\boldsymbol{C}=\begin{pmatrix}1&3\\2&0\\3&1\end{pmatrix}$,求矩阵 $\boldsymbol{X}$ 使其满足 $\boldsymbol{AXB}=\boldsymbol{C}$.

解 若 $\boldsymbol{A}^{-1},\boldsymbol{B}^{-1}$ 存在,则用 $\boldsymbol{A}^{-1}$ 左乘上式,$\boldsymbol{B}^{-1}$ 右乘上式,有

$$A^{-1}AXBB^{-1}=A^{-1}CB^{-1}，即 X=A^{-1}CB^{-1}.$$

由上例知$|A|\neq0$，而$|B|=1$，故知A,B都可逆，且

$$A^{-1}=\begin{pmatrix}1&3&-2\\-\frac{3}{2}&-3&\frac{5}{2}\\1&1&-1\end{pmatrix},B^{-1}=\begin{pmatrix}3&-1\\-5&2\end{pmatrix},$$

于是

$$X=A^{-1}CB^{-1}=\begin{pmatrix}1&3&-2\\-\frac{3}{2}&-3&\frac{5}{2}\\1&1&-1\end{pmatrix}\begin{pmatrix}1&3\\2&0\\3&1\end{pmatrix}\begin{pmatrix}3&-1\\-5&2\end{pmatrix}$$

$$=\begin{pmatrix}1&1\\0&-2\\0&2\end{pmatrix}\begin{pmatrix}3&-1\\-5&2\end{pmatrix}=\begin{pmatrix}-2&1\\10&-4\\-10&4\end{pmatrix}.$$

【例5】 试用逆矩阵求解线性方程组$\begin{cases}x_1+2x_2-x_3=1,\\3x_1-2x_2+x_3=0,\\x_1-x_2-x_3=2.\end{cases}$

解 设$A=\begin{pmatrix}1&2&-1\\3&-2&1\\1&-1&-1\end{pmatrix}$，$X=\begin{pmatrix}x_1\\x_2\\x_3\end{pmatrix}$，$B=\begin{pmatrix}1\\0\\2\end{pmatrix}$，则原方程组可表示为矩阵，形式为$AX=B$.

因为$|A|=\begin{vmatrix}1&2&-1\\3&-2&1\\1&-1&-1\end{vmatrix}=12\neq0$，所以$A$可逆，且$A^{-1}=\frac{1}{12}\begin{pmatrix}3&3&0\\4&0&-4\\-1&3&-8\end{pmatrix}$，从而

$$X=A^{-1}B=\frac{1}{12}\begin{pmatrix}3&3&0\\4&0&-4\\-1&3&-8\end{pmatrix}\begin{pmatrix}1\\0\\2\end{pmatrix}=\begin{pmatrix}\frac{1}{4}\\-\frac{1}{3}\\-\frac{17}{12}\end{pmatrix}.$$

故原方程组的解为$\begin{cases}x_1=\frac{1}{4},\\x_2=-\frac{1}{3},\\x_3=-\frac{17}{12}.\end{cases}$

【例6】 $P=\begin{pmatrix}1&2\\1&4\end{pmatrix}$，$\Lambda=\begin{pmatrix}1&0\\0&2\end{pmatrix}$，$AP=P\Lambda$，求$A^n$.

解 $|P|=2$，$P^{-1}=\frac{1}{2}\begin{pmatrix}4&-2\\-1&1\end{pmatrix}$，

$$\boldsymbol{A}=\boldsymbol{P\Lambda P}^{-1},\boldsymbol{A}^2=\boldsymbol{P\Lambda P}^{-1}\boldsymbol{P\Lambda P}^{-1}=\boldsymbol{P\Lambda}^2\boldsymbol{P}^{-1},\cdots,\boldsymbol{A}^n=\boldsymbol{P\Lambda}^n\boldsymbol{P}^{-1},$$

而

$$\boldsymbol{\Lambda}=\begin{pmatrix}1&0\\0&2\end{pmatrix},\boldsymbol{\Lambda}^2=\begin{pmatrix}1&0\\0&2\end{pmatrix}\begin{pmatrix}1&0\\0&2\end{pmatrix}=\begin{pmatrix}1&0\\0&2^2\end{pmatrix},\cdots,\boldsymbol{\Lambda}^n=\begin{pmatrix}1&0\\0&2^n\end{pmatrix},$$

故

$$\begin{aligned}\boldsymbol{A}^n&=\begin{pmatrix}1&2\\1&4\end{pmatrix}\begin{pmatrix}1&0\\0&2^n\end{pmatrix}\frac{1}{2}\begin{pmatrix}4&-2\\-1&1\end{pmatrix}=\frac{1}{2}\begin{bmatrix}1&2^{n+1}\\1&2^{n+2}\end{bmatrix}\begin{pmatrix}4&-2\\-1&1\end{pmatrix}\\&=\frac{1}{2}\begin{bmatrix}4-2^{n+1}&2^{n+1}-2\\4-2^{n+2}&2^{n+2}-2\end{bmatrix}=\begin{bmatrix}2-2^n&2^n-1\\2-2^{n+1}&2^{n+1}-1\end{bmatrix}.\end{aligned}$$

设 $\varphi(x)=a_0+a_1x+\cdots+a_mx^m$ 为 x 的 m 次多项式，$\boldsymbol{A}$ 为 n 阶矩阵，记 $\varphi(\boldsymbol{A})=a_0\boldsymbol{E}+a_1\boldsymbol{A}+\cdots+a_m\boldsymbol{A}^m$，$\varphi(\boldsymbol{A})$称为矩阵 $\boldsymbol{A}$ 的 m 次多项式.

因为矩阵 $\boldsymbol{A}^k$，$\boldsymbol{A}^l$ 和 $\boldsymbol{E}$ 都是可交换的，所以矩阵 $\boldsymbol{A}$ 的两个多项式 $\varphi(\boldsymbol{A})$和 $f(\boldsymbol{A})$总是可交换的，即总有

$$\varphi(\boldsymbol{A})f(\boldsymbol{A})=f(\boldsymbol{A})\varphi(\boldsymbol{A}),$$

从而 $\boldsymbol{A}$ 的几个多项式可以像数 x 的多项式一样相乘或分解因式. 例如

$$(\boldsymbol{E}+\boldsymbol{A})(2\boldsymbol{E}-\boldsymbol{A})=2\boldsymbol{E}+\boldsymbol{A}-\boldsymbol{A}^2,$$

$$(\boldsymbol{E}-\boldsymbol{A})^3=\boldsymbol{E}-3\boldsymbol{A}+3\boldsymbol{A}^2-\boldsymbol{A}^3.$$

我们常用例 5 中计算 $\boldsymbol{A}^k$ 的方法来计算 $\boldsymbol{A}$ 的多项式 $\varphi(\boldsymbol{A})$，这就是：

(1)如果 $\boldsymbol{A}=\boldsymbol{P\Lambda P}^{-1}$，则 $\boldsymbol{A}^k=\boldsymbol{P\Lambda}^k\boldsymbol{P}^{-1}$，从而

$$\begin{aligned}\varphi(\boldsymbol{A})&=a_0\boldsymbol{E}+a_1\boldsymbol{A}+\cdots+a_m\boldsymbol{A}^m\\&=\boldsymbol{P}a_0\boldsymbol{EP}^{-1}+\boldsymbol{P}a_1\boldsymbol{AP}^{-1}+\cdots+\boldsymbol{P}a_m\boldsymbol{A}^m\boldsymbol{P}^{-1}\\&=\boldsymbol{P}\varphi(\boldsymbol{\Lambda})\boldsymbol{P}^{-1}.\end{aligned}$$

(2)如果 $\boldsymbol{\Lambda}=\mathrm{diag}(\lambda_1,\lambda_2,\cdots,\lambda_n)$为对角阵，则 $\boldsymbol{\Lambda}^k=\mathrm{diag}(\lambda_1^k,\lambda_2^k,\cdots,\lambda_n^k)$，从而

$$\begin{aligned}\varphi(\boldsymbol{\Lambda})&=a_0\boldsymbol{E}+a_1\boldsymbol{\Lambda}+\cdots+a_m\boldsymbol{\Lambda}^m\\&=a_0\begin{pmatrix}1&&&\\&1&&\\&&\ddots&\\&&&1\end{pmatrix}+a_1\begin{pmatrix}\lambda_1&&&\\&\lambda_2&&\\&&\ddots&\\&&&\lambda_n\end{pmatrix}+\cdots+a_m\begin{pmatrix}\lambda_1^m&&&\\&\lambda_2^m&&\\&&\ddots&\\&&&\lambda_n^m\end{pmatrix}\\&=\begin{pmatrix}\varphi(\lambda_1)&&&\\&\varphi(\lambda_2)&&\\&&\ddots&\\&&&\varphi(\lambda_n)\end{pmatrix}\end{aligned}$$

【例 7】 设 $\boldsymbol{P}=\begin{pmatrix}-1&1&1\\1&0&2\\1&1&-1\end{pmatrix}$，$\boldsymbol{\Lambda}=\begin{pmatrix}1&&\\&2&\\&&-3\end{pmatrix}$，$\boldsymbol{AP}=\boldsymbol{P\Lambda}$，求

$\varphi(\boldsymbol{A})=\boldsymbol{A}^3+2\boldsymbol{A}^2-3\boldsymbol{A}$.

解 $|\boldsymbol{P}|=\begin{vmatrix}-1&1&1\\1&0&2\\1&1&-1\end{vmatrix}\xlongequal{r_1+r_3}\begin{vmatrix}0&2&0\\1&0&2\\1&1&-1\end{vmatrix}=6$，知 $\boldsymbol{P}$ 可逆，从而

$$\boldsymbol{A}=\boldsymbol{P\Lambda P}^{-1},\varphi(\boldsymbol{A})=\boldsymbol{P}\varphi(\boldsymbol{\Lambda})\boldsymbol{P}^{-1}.$$

而 $\varphi(1)=0,\varphi(2)=10,\varphi(-3)=0$，故 $\varphi(\boldsymbol{\Lambda})=\mathrm{diag}(0,10,0)$.

$$\varphi(\boldsymbol{A})=\boldsymbol{P}\varphi(\boldsymbol{\Lambda})\boldsymbol{P}^{-1}=\begin{pmatrix}-1&1&1\\1&0&2\\1&1&-1\end{pmatrix}\begin{pmatrix}0&&\\&10&\\&&0\end{pmatrix}\frac{1}{|\boldsymbol{P}|}\boldsymbol{P}^*$$

$$=\frac{10}{6}\begin{pmatrix}0&1&0\\0&0&0\\0&1&0\end{pmatrix}\begin{pmatrix}A_{11}&A_{21}&A_{31}\\A_{12}&A_{22}&A_{32}\\A_{13}&A_{23}&A_{33}\end{pmatrix}=\frac{5}{3}\begin{pmatrix}A_{12}&A_{22}&A_{32}\\0&0&0\\A_{12}&A_{22}&A_{32}\end{pmatrix},$$

而 $A_{12}=-\begin{vmatrix}1&2\\1&-1\end{vmatrix}=3,A_{22}=\begin{vmatrix}-1&1\\1&-1\end{vmatrix}=0,A_{32}=-\begin{vmatrix}-1&1\\1&2\end{vmatrix}=3$

于是 $\varphi(\boldsymbol{A})=5\begin{pmatrix}1&0&1\\0&0&0\\1&0&1\end{pmatrix}$.

习题 3-2

A 组

1. 求下列矩阵的逆矩阵

(1) $\begin{pmatrix}1&2\\2&5\end{pmatrix}$　　(2) $\begin{pmatrix}\cos\theta&-\sin\theta\\\sin\theta&\cos\theta\end{pmatrix}$

(3) $\begin{pmatrix}1&2&-1\\3&4&-2\\5&-4&1\end{pmatrix}$　　(4) $\begin{pmatrix}1&1&3\\2&1&1\\3&2&3\end{pmatrix}$

2. 利用逆矩阵解下列线性方程组

(1) $\begin{cases}x_1+x_2+3x_3=1,\\2x_1+x_2+x_3=0,\\3x_1+2x_2+3x_3=2;\end{cases}$　　(2) $\begin{cases}x_1+2x_2+3x_3=1,\\2x_1+2x_2+5x_3=2,\\3x_1+5x_2+x_3=3;\end{cases}$

3. 解下列矩阵方程

(1) $\begin{pmatrix}2&5\\1&3\end{pmatrix}\boldsymbol{X}=\begin{pmatrix}4&-6\\2&1\end{pmatrix}$

(2) $\begin{pmatrix}1&4\\-1&2\end{pmatrix}\boldsymbol{X}\begin{pmatrix}2&0\\-1&1\end{pmatrix}=\begin{pmatrix}3&1\\0&-1\end{pmatrix}$

(3) $\boldsymbol{X}\begin{pmatrix}2&1&-1\\1&1&1\\3&2&1\end{pmatrix}=\begin{pmatrix}1&-1&-1\\4&3&2\\2&-2&5\end{pmatrix}$

B 组

1. 设 $\boldsymbol{A},\boldsymbol{B}$ 为 n 阶可逆矩阵，且 $\boldsymbol{AB}-\boldsymbol{E}$ 可逆，证明 $\boldsymbol{A}-\boldsymbol{B}^{-1}$ 可逆，且

$$(\boldsymbol{A}-\boldsymbol{B}^{-1})^{-1}=\boldsymbol{A}^{-1}(\boldsymbol{AB}-\boldsymbol{E})^{-1}+\boldsymbol{A}^{-1}.$$

2. 设 $\boldsymbol{A}$ 为实矩阵，$\boldsymbol{A}^{\mathrm{T}}\boldsymbol{A}=\boldsymbol{E}$，$|\boldsymbol{A}|<0$，证明 $\boldsymbol{A}+\boldsymbol{E}$ 不可逆.
3. 已知 n 阶矩阵 $\boldsymbol{A}$ 满足 $\boldsymbol{A}^2+\boldsymbol{A}-2\boldsymbol{I}=\boldsymbol{O}$. 证明 $\boldsymbol{A}+2\boldsymbol{I}$ 可逆，并求 $(\boldsymbol{A}+2\boldsymbol{I})^{-1}$.

§3.3 利用初等变换求方阵的逆

在前面我们已经给出了矩阵的初等变换的定义，与“任何一个矩阵都可以用初等行变换将其变成行阶梯形矩阵和行最简形矩阵”的结论和方法，这一节通过引入初等矩阵的概念，建立矩阵的初等变换与矩阵乘法的联系，以此为基础，给出用初等变换求逆矩阵的方法.

3.3.1 初等矩阵

定义 1 **由 n 阶单位矩阵 $\boldsymbol{E}$ 经过一次初等变换得到的矩阵称为 n 阶初等矩阵.**

三种初等变换对应着三种初等矩阵.

(1)对调 n 阶单位矩阵 $\boldsymbol{E}_n$ 的第 i,j 两行(或两列)，得到的初等矩阵记为 $\boldsymbol{E}_n(i,j)$，即

$$\boldsymbol{E}_n(i,j)=\begin{pmatrix}1&&&&&&&&\\&\ddots&&&&&&&\\&&1&&&&&&\\&&&0&&\cdots&&1&&\\&&&&1&&&&\\&&&\vdots&&\ddots&&\vdots&&\\&&&&&&1&&\\&&&1&&\cdots&&0&&\\&&&&&&&&1&\\&&&&&&&&&\ddots\\&&&&&&&&&&1\end{pmatrix}\begin{matrix}\\\\\\\leftarrow\text{第 } i \text{ 行}\\\\\\\\\leftarrow\text{第 } j \text{ 行}\\\\\\\\\end{matrix}.$$

(2)用数 $k\neq0$ 乘 $\boldsymbol{E}_n$ 的第 i 行(或第 i 列)得到的矩阵，记为 $\boldsymbol{E}_n(i(k))$，即

$$E_n(i(k))=\begin{pmatrix}1&&&&\\&\ddots&&&\\&&k&&\\&&&\ddots&\\&&&&1\end{pmatrix}\leftarrow 第\ i\ 行.$$

(3)用数 k 乘 E_n 的第 j 行加到第 i 行上(或以 k 乘 E_n 的第 i 列加到第 j 列上)得到的矩阵,记为 $E_n(i,j(k))$,即

$$E_n(i,j(k))=\begin{pmatrix}1&&&&&\\&\ddots&&&&\\&&1&\cdots&k&\\&&&\ddots&\vdots&\\&&&&1&\\&&&&&\ddots\\&&&&&&1\end{pmatrix}\begin{matrix}\\\\\leftarrow 第\ i\ 行\\\\\leftarrow 第\ j\ 行\\\\\\\end{matrix}.$$

因为初等矩阵都是单位矩阵经过一次初等变换得到的,所以它们的行列式都不等于零,因此初等矩阵都是可逆矩阵. 由于

$$E_n\left[i\left(\frac{1}{k}\right)\right]E_n[i(k)]=E_n\quad(k\neq 0),$$

$$E_n[i,j(-k)]E_n[i,j(k)]=E_n.$$

所以

$$E_n(i,j)^{-1}=E_n(i,j),$$

$$E_n[i(k)]^{-1}=E_n\left[i\left(\frac{1}{k}\right)\right],$$

$$E_n[i,j(k)]^{-1}=E_n[i,j(-k)].$$

定理1 (初等变换和初等矩阵的关系)

设 A 是一个 $m\times n$ 矩阵,对 A 施行一次初等行变换,相当于在矩阵 A 的左边乘相应的 m 阶初等矩阵;对 A 施行一次初等列变换,相当于在矩阵 A 的右边乘相应的 n 阶初等矩阵. 即

$$A_{m\times n}\xrightarrow{r_i\leftrightarrow r_j}E_m(i,j)A_{m\times n},$$

$$A_{m\times n}\xrightarrow{c_i\leftrightarrow c_j}A_{m\times n}E_n(i,j),$$

$$A_{m\times n}\xrightarrow{kr_i}E_m[i(k)]A_{m\times n},$$

$$A_{m\times n}\xrightarrow{kc_i}A_{m\times n}E_n[i(k)],$$

$$A_{m\times n}\xrightarrow{r_i+kr_j}E_m[i,j(k)]A_{m\times n},$$

$$A_{m\times n}\xrightarrow{c_j+kc_i}A_{m\times n}E_n[i,j(k)].$$

3.3.2 利用初等变换求逆矩阵

从第 2 章 2.1 节例 1,我们已经知道,对于任一 $m\times n$ 的矩阵 $\boldsymbol{A}$,总可以经过初等变换(行变换和列变换)把它化成标准形:

$$\boldsymbol{F}=\begin{pmatrix}\boldsymbol{E}_r & 0\\ 0 & 0\end{pmatrix}_{m\times n},$$

其中,r 为行阶梯形矩阵中的非零行的行数.

利用本节的定理 1,可将该结论叙述为

定理 2 对于任一 $m\times n$ 的矩阵 $\boldsymbol{A}$,一定存在有限个 m 阶初等矩阵 $\boldsymbol{P}_1,\boldsymbol{P}_2,\cdots,\boldsymbol{P}_s$ 和 n 阶初等矩阵 $\boldsymbol{P}_{s+1},\cdots,\boldsymbol{P}_k$,使

$$\boldsymbol{P}_1\cdots\boldsymbol{P}_s\boldsymbol{A}\boldsymbol{P}_{s+1}\cdots\boldsymbol{P}_k=\begin{pmatrix}\boldsymbol{E}_r & 0\\ 0 & 0\end{pmatrix}_{m\times n}=\boldsymbol{F}_{m\times n}.$$

将定理 2 用于 n 阶可逆矩阵 $\boldsymbol{A}$,则有

定理 3 对于 n 阶可逆矩阵 $\boldsymbol{A}$,一定存在有限个初等矩阵 $\boldsymbol{P}_1,\cdots,\boldsymbol{P}_s,\boldsymbol{P}_{s+1},\cdots,\boldsymbol{P}_k$,使得

$$\boldsymbol{P}_1\cdots\boldsymbol{P}_s\boldsymbol{A}\boldsymbol{P}_{s+1}\cdots\boldsymbol{P}_k=\boldsymbol{E}.$$

证明 (略).

注意:如果矩阵 $\boldsymbol{A}$ 经过初等变换得到矩阵 $\boldsymbol{B}$,则称矩阵 $\boldsymbol{A}$ 与 $\boldsymbol{B}$ 等价.

由定理 3,对 n 阶可逆矩阵 $\boldsymbol{A}$,它经过若干次初等行变换和列变换后一定可化为 n 阶单位矩阵,即可逆矩阵 $\boldsymbol{A}$ 一定与单位矩阵等价.

定理 4 设 $\boldsymbol{A}$ 为可逆矩阵,则存在有限个初等矩阵 $\boldsymbol{P}_1,\boldsymbol{P}_2,\cdots,\boldsymbol{P}_k$,使 $\boldsymbol{A}=\boldsymbol{P}_1\boldsymbol{P}_2\cdots\boldsymbol{P}_k$.

证明 由定理 3,对于可逆矩阵 $\boldsymbol{A}$,一定存在有限个初等矩阵 $\boldsymbol{Q}_1,\cdots,\boldsymbol{Q}_s,\boldsymbol{Q}_{s+1},\cdots,\boldsymbol{Q}_k$,使得

$$\boldsymbol{Q}_1\cdots\boldsymbol{Q}_s\boldsymbol{A}\boldsymbol{Q}_{s+1}\cdots\boldsymbol{Q}_k=\boldsymbol{E}.$$

从而

$$\boldsymbol{A}=(\boldsymbol{Q}_1\cdots\boldsymbol{Q}_s)^{-1}(\boldsymbol{Q}_{s+1}\cdots\boldsymbol{Q}_k)^{-1}=\boldsymbol{Q}_s^{-1}\boldsymbol{Q}_{s-1}^{-1}\cdots\boldsymbol{Q}_1^{-1}\boldsymbol{Q}_k^{-1}\cdots\boldsymbol{Q}_{s+1}^{-1},$$

令

$$\boldsymbol{P}_1=\boldsymbol{Q}_s^{-1},\boldsymbol{P}_2=\boldsymbol{Q}_{s-1}^{-1},\cdots,$$

$$\boldsymbol{P}_s=\boldsymbol{Q}_1^{-1},\boldsymbol{P}_{s+1}=\boldsymbol{Q}_k^{-1},\cdots,\boldsymbol{P}_k=\boldsymbol{Q}_{s+1}^{-1}$$

即存在有限个初等矩阵 $\boldsymbol{P}_1,\boldsymbol{P}_2,\cdots,\boldsymbol{P}_k$,使 $\boldsymbol{A}=\boldsymbol{P}_1\boldsymbol{P}_2\cdots\boldsymbol{P}_k$.

事实上,我们不难看出定理 3 和定理 4 不仅是矩阵 $\boldsymbol{A}$ 可逆的必要条件,也是充分条件.

由定理 4 可以推出用初等行变换求逆矩阵的方法:若 $\boldsymbol{A}$ 为可逆矩阵,则存在初等矩阵 $\boldsymbol{P}_1,\boldsymbol{P}_2,\cdots,\boldsymbol{P}_k$ 使 $\boldsymbol{A}=\boldsymbol{P}_1,\boldsymbol{P}_2,\cdots,\boldsymbol{P}_k$,即

$$\boldsymbol{P}_k^{-1}\boldsymbol{P}_{k-1}^{-1}\cdots\boldsymbol{P}_1^{-1}\boldsymbol{A}=\boldsymbol{E}. \tag{1}$$

在式(1)两端分别右乘 $\boldsymbol{A}^{-1}$ 得

$$\boldsymbol{P}_k^{-1}\boldsymbol{P}_{k-1}^{-1}\cdots\boldsymbol{P}_1^{-1}\boldsymbol{E}=\boldsymbol{A}^{-1}. \tag{2}$$

由于初等矩阵的逆矩阵仍为初等矩阵，所以，式(1)表示可逆矩阵 $\boldsymbol{A}$ 经过一系列初等行变换可变成 $\boldsymbol{E}$，式(2)表明同样的初等行变换将单位矩阵 $\boldsymbol{E}$ 变成矩阵 $\boldsymbol{A}$ 的逆矩阵 $\boldsymbol{A}^{-1}$.

即对 $n\times 2n$ 的矩阵 $(\boldsymbol{A}\mid\boldsymbol{E})$ 施行初等行变换，把左边的方阵 $\boldsymbol{A}$ 变成单位矩阵 $\boldsymbol{E}$ 的同时，右边的单位矩阵 $\boldsymbol{E}$ 也就变成了方阵 $\boldsymbol{A}$ 的逆矩阵 $\boldsymbol{A}^{-1}$，即 $(\boldsymbol{A}\mid\boldsymbol{E})\xrightarrow{\text{若干次初等行变换}}(\boldsymbol{E}\mid\boldsymbol{A}^{-1})$.

同理可得，对 $2n\times n$ 的矩阵 $\begin{pmatrix}\boldsymbol{A}\\ \boldsymbol{E}\end{pmatrix}$ 施行若干次初等列变换，在把上边的方阵 $\boldsymbol{A}$ 变成单位矩阵 $\boldsymbol{E}$ 的同时，下边的单位矩阵 $\boldsymbol{E}$ 也就变成了方阵 $\boldsymbol{A}$ 的逆矩阵 $\boldsymbol{A}^{-1}$，即 $\begin{pmatrix}\boldsymbol{A}\\ \boldsymbol{E}\end{pmatrix}\xrightarrow{\text{若干次初等列变换}}\begin{pmatrix}\boldsymbol{E}\\ \boldsymbol{A}^{-1}\end{pmatrix}$.

【例 1】 设 $\boldsymbol{A}=\begin{pmatrix}1&2&3\\2&2&1\\3&4&3\end{pmatrix}$，利用初等变换法求 $\boldsymbol{A}^{-1}$.

解法 1 初等行变换：

$$(\boldsymbol{A}\mid\boldsymbol{E})=\left(\begin{array}{ccc:ccc}1&2&3&1&0&0\\2&2&1&0&1&0\\3&4&3&0&0&1\end{array}\right)\xrightarrow[r_3-3r_1]{r_2-2r_1}\left(\begin{array}{ccc:ccc}1&2&3&1&0&0\\0&-2&-5&-2&1&0\\0&-2&-6&-3&0&1\end{array}\right)$$

$$\xrightarrow[r_3-r_2]{r_1+r_2}\left(\begin{array}{ccc:ccc}1&0&-2&-1&1&0\\0&-2&-5&-2&1&0\\0&0&-1&-1&-1&1\end{array}\right)\xrightarrow[r_2-5r_3]{r_1-2r_3}\left(\begin{array}{ccc:ccc}1&0&0&1&3&-2\\0&-2&0&3&6&-5\\0&0&-1&-1&-1&1\end{array}\right)$$

$$\xrightarrow[r_3\div(-1)]{r_2\div(-2)}\left(\begin{array}{ccc:ccc}1&0&0&1&3&-2\\0&1&0&-\frac{3}{2}&-3&\frac{5}{2}\\0&0&1&1&1&-1\end{array}\right)=(\boldsymbol{E}\mid\boldsymbol{A}^{-1}),$$

所以

$$\boldsymbol{A}^{-1}=\begin{pmatrix}1&3&-2\\-\frac{3}{2}&-3&\frac{5}{2}\\1&1&-1\end{pmatrix}.$$

解法 2 初等列变换：

$$\begin{pmatrix}\boldsymbol{A}\\ \boldsymbol{E}\end{pmatrix}=\begin{pmatrix}1&2&3\\2&2&1\\3&4&3\\1&0&0\\0&1&0\\0&0&1\end{pmatrix}\xrightarrow[c_3-3c_1]{c_2-2c_1}\begin{pmatrix}1&0&0\\2&-2&-5\\3&-2&-6\\1&-2&-3\\0&1&0\\0&0&1\end{pmatrix}\xrightarrow[c_3+5c_2]{-1/2c_2}\begin{pmatrix}1&0&0\\2&1&0\\3&1&-1\\1&1&2\\0&-\frac{1}{2}&-\frac{5}{2}\\0&0&1\end{pmatrix}$$

$$\xrightarrow[c_1+3c_3]{c_2+c_3}\begin{pmatrix}1&0&0\\2&1&0\\0&0&-1\\7&3&2\\-\frac{15}{2}&-3&-\frac{5}{2}\\3&1&1\end{pmatrix}\xrightarrow[c_3\times(-1)]{c_1-2c_2}\begin{pmatrix}1&0&0\\0&1&0\\0&0&1\\1&3&-2\\-\frac{3}{2}&-3&\frac{5}{2}\\1&1&-1\end{pmatrix}=\begin{pmatrix}\boldsymbol{E}\\\boldsymbol{A}^{-1}\end{pmatrix}.$$

所以

$$\boldsymbol{A}^{-1}=\begin{pmatrix}1&3&-2\\-\frac{3}{2}&-3&\frac{5}{2}\\1&1&-1\end{pmatrix}.$$

习题 3-3

A 组

1. 用初等变换求下列矩阵的逆矩阵

(1) $\begin{pmatrix}1&0&0&0\\1&2&0&0\\1&2&3&0\\1&2&3&4\end{pmatrix}$； (2) $\begin{pmatrix}3&2&1\\3&1&5\\3&2&3\end{pmatrix}$； (3) $\begin{pmatrix}1&2&1&1\\2&3&1&0\\3&1&1&-2\\4&2&-1&-6\end{pmatrix}$.

2. 设 $\boldsymbol{A}=\begin{pmatrix}5&0&0\\0&3&1\\0&2&1\end{pmatrix}$，分别用公式法和初等变换法求 $\boldsymbol{A}^{-1}$.

B 组

1. 证明：$m\times n$ 矩阵 $\boldsymbol{A}$ 与 $\boldsymbol{B}$ 等价的充要条件是存在 m 阶可逆矩阵 $\boldsymbol{P}$ 和 n 阶可逆矩阵 $\boldsymbol{Q}$，使 $\boldsymbol{PAQ}=\boldsymbol{B}$.

§ 3.4 分块矩阵

3.4.1 分块矩阵的概念

对于行数和列数较高的矩阵 $\boldsymbol{A}$，运算时采用分块法，使大矩阵的运算简化成小矩阵的运算. 我们将矩阵 $\boldsymbol{A}$ 用若干条纵线和横线分成许多个小矩阵，每一个小矩阵称为 $\boldsymbol{A}$ 的子块,以子块为元素的形式上的矩阵称为**分块矩阵**.

例如将 3×4 矩阵

$$A=\begin{pmatrix} a_{11} & a_{12} & a_{13} & a_{14} \\ a_{21} & a_{22} & a_{23} & a_{24} \\ a_{31} & a_{32} & a_{33} & a_{34} \end{pmatrix}$$

分成子块的方法很多,下面举出三种分块形式:

$$(1)\left(\begin{array}{cc|cc} a_{11} & a_{12} & a_{13} & a_{14} \\ a_{21} & a_{22} & a_{23} & a_{24} \\ \hline a_{31} & a_{32} & a_{33} & a_{34} \end{array}\right);\quad (2)\left(\begin{array}{c|cc|c} a_{11} & a_{12} & a_{13} & a_{14} \\ a_{21} & a_{22} & a_{23} & a_{24} \\ \hline a_{31} & a_{32} & a_{33} & a_{34} \end{array}\right);$$

$$(3)\left(\begin{array}{c|c|c|c} a_{11} & a_{12} & a_{13} & a_{14} \\ a_{21} & a_{22} & a_{23} & a_{24} \\ a_{31} & a_{32} & a_{33} & a_{34} \end{array}\right).$$

分法(1)可记为

$$\boldsymbol{A}=\begin{pmatrix} \boldsymbol{A}_{11} & \boldsymbol{A}_{12} \\ \boldsymbol{A}_{21} & \boldsymbol{A}_{22} \end{pmatrix}$$

其中

$$\boldsymbol{A}_{11}=\begin{pmatrix} a_{11} & a_{12} \\ a_{21} & a_{22} \end{pmatrix},\boldsymbol{A}_{12}=\begin{pmatrix} a_{13} & a_{14} \\ a_{23} & a_{24} \end{pmatrix},$$

$$\boldsymbol{A}_{21}=(a_{31} \quad a_{32}),\boldsymbol{A}_{22}=(a_{33} \quad a_{34}),$$

即 $\boldsymbol{A}_{11},\boldsymbol{A}_{12},\boldsymbol{A}_{21},\boldsymbol{A}_{22}$ 为 $\boldsymbol{A}$ 的子块,而 $\boldsymbol{A}$ 形式上成为以这些子块为元素的分块矩阵.分法(2)及(3)的小分块矩阵请读者写出.

分块矩阵经常用在矩阵的乘法以及矩阵的行列式的运算中,在某些情况下能大大简化运算过程.

3.4.2 分块矩阵的运算

把矩阵 $\boldsymbol{A}=(a_{ij})$ 写成分块矩阵 $\boldsymbol{A}=(\boldsymbol{A}_{ij})$ 后,一方面可以将 $\boldsymbol{A}$ 看作以数 a_{ij} 为元素的矩阵,另一方面又可以将 $\boldsymbol{A}$ 看作以 $\boldsymbol{A}_{ij}$ 为子块的分块矩阵,只要对矩阵按适当的形式分块,那么在对分块矩阵进行运算时,就可以将子块当作一般矩阵的一个元素来看待,并按一般矩阵的运算规则进行运算.

1.分块矩阵的加减法

设矩阵 $\boldsymbol{A}$ 与 $\boldsymbol{B}$ 的行数相同、列数相同,采用相同的分块法,有

$$\boldsymbol{A}=\begin{pmatrix} \boldsymbol{A}_{11} & \cdots & \boldsymbol{A}_{1r} \\ \vdots & & \vdots \\ \boldsymbol{A}_{s1} & \cdots & \boldsymbol{A}_{sr} \end{pmatrix},\boldsymbol{B}=\begin{pmatrix} \boldsymbol{B}_{11} & \cdots & \boldsymbol{B}_{1r} \\ \vdots & & \vdots \\ \boldsymbol{B}_{s1} & \cdots & \boldsymbol{B}_{sr} \end{pmatrix},$$

其中 $\boldsymbol{A}_{ij}$ 与 $\boldsymbol{B}_{ij}$ 的行数相同、列数相同,那么

$$A\pm B=\begin{pmatrix} A_{11}\pm B_{11} & \cdots & A_{1r}\pm B_{1r} \\ \vdots & & \vdots \\ A_{s1}\pm B_{s1} & \cdots & A_{sr}\pm B_{sr} \end{pmatrix}$$

2. 数与分块矩阵的乘法

设 $A=\begin{pmatrix} A_{11} & \cdots & A_{1r} \\ \vdots & & \vdots \\ A_{s1} & \cdots & A_{sr} \end{pmatrix}$，$\lambda$ 为常数，那么

$$\lambda A=\begin{pmatrix} \lambda A_{11} & \cdots & \lambda A_{1r} \\ \vdots & & \vdots \\ \lambda A_{s1} & \cdots & \lambda A_{sr} \end{pmatrix}.$$

3. 分块矩阵的乘法

设 A 为 $m\times l$ 矩阵，B 为 $l\times n$ 矩阵，分块为

$$A=\begin{pmatrix} A_{11} & \cdots & A_{1t} \\ \vdots & & \vdots \\ A_{s1} & \cdots & A_{st} \end{pmatrix},B=\begin{pmatrix} B_{11} & \cdots & B_{1r} \\ \vdots & & \vdots \\ B_{t1} & \cdots & B_{tr} \end{pmatrix},$$

其中 $A_{i1},A_{i2},\cdots,A_{it}$ 的列数分别等于 $B_{1j},B_{2j},\cdots,B_{tj}$ 的行数，那么

$$AB=\begin{pmatrix} C_{11} & \cdots & C_{1r} \\ \vdots & & \vdots \\ C_{s1} & \cdots & C_{sr} \end{pmatrix},$$

其中，$C_{ij}=\sum\limits_{k=1}^{t}A_{ik}B_{kj}\,(i=1,\cdots,s;j=1,\cdots,r)$.

注意：由分块矩阵的乘法规则可知，在矩阵 A,B 分块相乘时，(1)要求 A,B 按普通矩阵的乘法是能相乘的(即左矩阵 A 的列数与右矩阵 B 的行数相同)；(2)要求对左矩阵 A 的列的分法与对右矩阵 B 的行的分法一致(不但要求左矩阵 A 分块后的列数与右矩阵 B 分块后的行数相同，而且要求左矩阵 A 分块后的第 k 列子块的列数与右矩阵 B 分块后的第 k 行子块的行数相同)；(3)对左矩阵 A 的行的分法与对右矩阵 B 的列的分法可以是任意的. 最后，将分块矩阵中的子块当作单个元素按普通矩阵的乘法相乘. 总之，对应矩阵乘法的矩阵分块原则：一是使运算可行；二是使运算简便.

【例 1】 设 $A=\begin{pmatrix} 1 & 0 & 0 & 0 \\ 0 & 1 & 0 & 0 \\ -1 & 2 & 1 & 0 \\ 1 & 1 & 0 & 1 \end{pmatrix}$，$B=\begin{pmatrix} 1 & 0 & 1 & 0 \\ -1 & 2 & 0 & 1 \\ 1 & 0 & 4 & 1 \\ -1 & -1 & 2 & 0 \end{pmatrix}$，求 AB.

解　把 A,B 分块成

$$A=\left(\begin{array}{cc:cc} 1 & 0 & 0 & 0 \\ 0 & 1 & 0 & 0 \\ \hdashline -1 & 2 & 1 & 0 \\ 1 & 1 & 0 & 1 \end{array}\right)=\begin{pmatrix} E & O \\ A_1 & E \end{pmatrix},$$

$$\boldsymbol{B}=\left(\begin{array}{cc:cc}1&0&1&0\\-1&2&0&1\\ \hdashline 1&0&4&1\\-1&-1&2&0\end{array}\right)=\begin{pmatrix}\boldsymbol{B}_{11}&\boldsymbol{E}\\\boldsymbol{B}_{21}&\boldsymbol{B}_{22}\end{pmatrix},$$

则

$$\boldsymbol{AB}=\begin{pmatrix}\boldsymbol{E}&\boldsymbol{O}\\\boldsymbol{A}_1&\boldsymbol{E}\end{pmatrix}\begin{pmatrix}\boldsymbol{B}_{11}&\boldsymbol{E}\\\boldsymbol{B}_{21}&\boldsymbol{B}_{22}\end{pmatrix}=\begin{pmatrix}\boldsymbol{B}_{11}&\boldsymbol{E}\\\boldsymbol{A}_1\boldsymbol{B}_{11}+\boldsymbol{B}_{21}&\boldsymbol{A}_1+\boldsymbol{B}_{22}\end{pmatrix},$$

而

$$\begin{aligned}\boldsymbol{A}_1\boldsymbol{B}_{11}+\boldsymbol{B}_{21}&=\begin{pmatrix}-1&2\\1&1\end{pmatrix}\begin{pmatrix}1&0\\-1&2\end{pmatrix}+\begin{pmatrix}1&0\\-1&-1\end{pmatrix}\\&=\begin{pmatrix}-3&4\\0&2\end{pmatrix}+\begin{pmatrix}1&0\\-1&-1\end{pmatrix}=\begin{pmatrix}-2&4\\-1&1\end{pmatrix},\\\boldsymbol{A}_1+\boldsymbol{B}_{22}&=\begin{pmatrix}-1&2\\1&1\end{pmatrix}+\begin{pmatrix}4&1\\2&0\end{pmatrix}=\begin{pmatrix}3&3\\3&1\end{pmatrix},\end{aligned}$$

于是

$$\boldsymbol{AB}=\left(\begin{array}{cc:cc}1&0&1&0\\-1&2&0&1\\ \hdashline -2&4&3&3\\-1&1&3&1\end{array}\right).$$

4. 分块矩阵的转置

设 $\boldsymbol{A}=\begin{pmatrix}\boldsymbol{A}_{11}&\cdots&\boldsymbol{A}_{1r}\\\vdots&&\vdots\\\boldsymbol{A}_{s1}&\cdots&\boldsymbol{A}_{sr}\end{pmatrix}$，则 $\boldsymbol{A}^{\mathrm{T}}=\begin{pmatrix}\boldsymbol{A}_{11}^{\mathrm{T}}&\cdots&\boldsymbol{A}_{s1}^{\mathrm{T}}\\\vdots&&\vdots\\\boldsymbol{A}_{1r}^{\mathrm{T}}&\cdots&\boldsymbol{A}_{sr}^{\mathrm{T}}\end{pmatrix}$.

5. 分块矩阵的行列式

设 $\boldsymbol{A}$ 为 n 阶矩阵，若 $\boldsymbol{A}$ 的分块矩阵只有在对角线上有非零子块，其余子块都是零矩阵，且在对角线上的子块都是方阵，即

$$\boldsymbol{A}=\begin{pmatrix}\boldsymbol{A}_1&&&\boldsymbol{O}\\&\boldsymbol{A}_2&&\\&&\ddots&\\\boldsymbol{O}&&&\boldsymbol{A}_s\end{pmatrix},$$

其中 $\boldsymbol{A}_i(i=1,2,\cdots,s)$ 都是方阵，那么称 $\boldsymbol{A}$ 为**分块对角矩阵**.

分块对角矩阵的行列式具有下述性质

$$|\boldsymbol{A}|=|\boldsymbol{A}_1||\boldsymbol{A}_2|\cdots|\boldsymbol{A}_s|.$$

由此性质可知，若 $|\boldsymbol{A}_i|\neq0(i=1,2,\cdots,s)$，则 $|\boldsymbol{A}|\neq0$，并有

$$\boldsymbol{A}^{-1}=\begin{pmatrix}\boldsymbol{A}_1^{-1}&&&\boldsymbol{O}\\&\boldsymbol{A}_2^{-1}&&\\&&\ddots&\\\boldsymbol{O}&&&\boldsymbol{A}_s^{-1}\end{pmatrix}.$$

3.4.3 分块矩阵求逆

对于某些阶数较高的矩阵的求逆问题,运用分块矩阵可以转化为较低阶矩阵的求逆问题.

【例 2】 设 $\boldsymbol{A}=\begin{pmatrix}5&0&0\\0&3&1\\0&2&1\end{pmatrix}$,求 $\boldsymbol{A}^{-1}$.

解

$$\boldsymbol{A}=\left(\begin{array}{c:cc}5&0&0\\ \hdashline 0&3&1\\0&2&1\end{array}\right)=\begin{pmatrix}\boldsymbol{A}_1&\boldsymbol{O}\\\boldsymbol{O}&\boldsymbol{A}_2\end{pmatrix},\boldsymbol{A}_1=(5),\quad \boldsymbol{A}_1^{-1}=\left(\frac{1}{5}\right)$$

$$\boldsymbol{A}_2=\begin{pmatrix}3&1\\2&1\end{pmatrix},\boldsymbol{A}_2^{-1}=\begin{pmatrix}1&-1\\-2&3\end{pmatrix},$$

所以

$$\boldsymbol{A}^{-1}=\left(\begin{array}{c:cc}\frac{1}{5}&0&0\\ \hdashline 0&1&-1\\0&-2&3\end{array}\right).$$

对矩阵分块,有两种分块法应特别重视,这就是按行分块和按列分块.

$m\times n$ 矩阵 $\boldsymbol{A}$ 有 m 行,称为矩阵 $\boldsymbol{A}$ 的 m 个行向量. 若第 i 列记作

$$\boldsymbol{a}_i^{\mathrm{T}}=(a_{i1},a_{i2},\cdots,a_{in}),$$

则矩阵 $\boldsymbol{A}$ 便记为

$$\boldsymbol{A}=\begin{pmatrix}\boldsymbol{a}_1^{\mathrm{T}}\\\boldsymbol{a}_2^{\mathrm{T}}\\\vdots\\\boldsymbol{a}_m^{\mathrm{T}}\end{pmatrix}.$$

$m\times n$ 矩阵 $\boldsymbol{A}$ 有 n 列,称为矩阵 $\boldsymbol{A}$ 的 n 个列向量. 若第 j 列记作

$$\boldsymbol{a}_j=\begin{pmatrix}a_{1j}\\a_{2j}\\\vdots\\a_{mj}\end{pmatrix}.$$

则

$$\boldsymbol{A}=(\boldsymbol{a}_1,\boldsymbol{a}_2,\cdots,\boldsymbol{a}_n).$$

对于线性方程组

$$\begin{cases}a_{11}x_1+a_{12}x_2+\cdots+a_{1n}x_n=b_1,\\a_{21}x_1+a_{22}x_2+\cdots+a_{2n}x_n=b_2,\\\quad\cdots\\a_{m1}x_1+a_{m2}x_2+\cdots+a_{mn}x_n=b_m.\end{cases}$$

记 $\boldsymbol{A}=(a_{ij})$，$\boldsymbol{x}=\begin{pmatrix} x_1 \\ x_2 \\ \vdots \\ x_n \end{pmatrix}$，$\boldsymbol{b}=\begin{pmatrix} b_1 \\ b_2 \\ \vdots \\ b_m \end{pmatrix}$，$\boldsymbol{B}=\begin{pmatrix} a_{11} & a_{12} & \cdots & a_{1n} & b_1 \\ a_{21} & a_{22} & \cdots & a_{2n} & b_2 \\ \vdots & \vdots & & \vdots & \vdots \\ a_{m1} & a_{m2} & \cdots & a_{mn} & b_m \end{pmatrix}$，

如果把系数矩阵 $\boldsymbol{A}$ 按行分成 m 块，则线性方程组 $\boldsymbol{Ax}=\boldsymbol{b}$ 可记作

$$\begin{pmatrix} \boldsymbol{a}_1^{\mathrm{T}} \\ \boldsymbol{a}_2^{\mathrm{T}} \\ \vdots \\ \boldsymbol{a}_m^{\mathrm{T}} \end{pmatrix}\boldsymbol{x}=\begin{pmatrix} b_1 \\ b_2 \\ \vdots \\ b_m \end{pmatrix}，\text{或}\begin{cases} \boldsymbol{a}_1^{\mathrm{T}}\boldsymbol{x}=b_1, \\ \boldsymbol{a}_2^{\mathrm{T}}\boldsymbol{x}=b_2, \\ \vdots \\ \boldsymbol{a}_m^{\mathrm{T}}\boldsymbol{x}=b_m, \end{cases}$$

这就相当于把每个方程 $a_{i1}x_1+a_{i2}x_2+\cdots+a_{in}x_n=b_i$，记作 $\boldsymbol{a}_i^{\mathrm{T}}\boldsymbol{x}=\boldsymbol{b}_i(i=1,2,\cdots,m)$.

如果把系数矩阵 $\boldsymbol{A}$ 按列分成 n 块，则与 $\boldsymbol{A}$ 相乘的 $\boldsymbol{x}$ 应对应地按行分成 n 块，从而记作

$$(\boldsymbol{a}_1,\boldsymbol{a}_2,\cdots,\boldsymbol{a}_n)\begin{pmatrix} x_1 \\ x_2 \\ \vdots \\ x_n \end{pmatrix}=\boldsymbol{b},$$

即 $x_1\boldsymbol{a}_1+x_2\boldsymbol{a}_2+\cdots+x_n\boldsymbol{a}_n=\boldsymbol{b}$.

习题 3-4

A 组

1\. 设 $\boldsymbol{A}=\begin{pmatrix} 4 & 1 & 0 \\ 3 & 2 & 0 \\ 0 & 0 & 3 \end{pmatrix}$，求 $\boldsymbol{A}^{-1}$ 及 $|\boldsymbol{A}^4|$.

2\. 已知矩阵 $\boldsymbol{A}=\begin{pmatrix} 1 & 0 & 0 & 0 \\ 0 & 1 & 0 & 0 \\ -1 & 2 & 1 & 0 \\ 1 & 1 & 0 & 1 \end{pmatrix}$，矩阵 $\boldsymbol{B}=\begin{pmatrix} 1 & 0 & 1 & 0 \\ -1 & 2 & 0 & 1 \\ 1 & 0 & 4 & 1 \\ -1 & -1 & 2 & 0 \end{pmatrix}$，求 $\boldsymbol{AB}$.

3\. $\boldsymbol{A}=\begin{pmatrix} 1 & 1 & 1 & 1 \\ 0 & 1 & 1 & 1 \\ 0 & 0 & 1 & 1 \\ 0 & 0 & 0 & 1 \end{pmatrix}$，求 $\boldsymbol{A}^{-1}$.

4\. 设矩阵 $\boldsymbol{A}=\begin{pmatrix} 1 & 0 & -2 & 0 \\ 0 & 1 & 0 & -2 \\ 0 & 0 & 5 & 3 \end{pmatrix}$，$\boldsymbol{B}=\begin{pmatrix} -3 & 0 & 3 \\ 1 & 4 & 0 \\ 0 & 1 & 0 \\ 0 & 0 & 1 \end{pmatrix}$，用分块矩阵求 $\boldsymbol{AB}$.

B 组

1. 设分块矩阵 $\boldsymbol{M}=\begin{pmatrix}\boldsymbol{A} & \boldsymbol{O}\\ \boldsymbol{C} & \boldsymbol{B}\end{pmatrix}$，其中 $\boldsymbol{A},\boldsymbol{B}$ 分别为 r,s 阶可逆阵，$\boldsymbol{C}$ 为 $s\times r$ 矩阵，$\boldsymbol{O}$ 为 $r\times s$ 零矩阵，求证：分块矩阵 $\boldsymbol{M}$ 可逆，并求 $\boldsymbol{M}^{-1}$.

2. 设矩阵 $\boldsymbol{H}=\begin{pmatrix}3 & 1 & 0 & 0 & 0\\ 2 & 1 & 0 & 0 & 0\\ 1 & 0 & 1 & 0 & 1\\ 1 & 1 & -1 & 1 & 1\\ 0 & 1 & 2 & -1 & 1\end{pmatrix}$，用分块形式求 $\boldsymbol{H}^{-1}$.

第 3 章总习题

1. 设 $\boldsymbol{A}$ 为三阶矩阵，且 $|\boldsymbol{A}|=\dfrac{1}{27}$，求 $|(3\boldsymbol{A})^{-1}-18\boldsymbol{A}^{*}|$.

2. 设 $\boldsymbol{A}=\begin{pmatrix}1 & 0 & 0\\ -2 & 3 & 0\\ 0 & -4 & 5\end{pmatrix}$，$\boldsymbol{B}=(\boldsymbol{I}+\boldsymbol{A})^{-1}(\boldsymbol{I}-\boldsymbol{A})$，求 $(\boldsymbol{I}+\boldsymbol{B})^{-1}$.

3. 设矩阵 $\boldsymbol{A}=\begin{pmatrix}2 & 1 & 0 & 0 & 0\\ 5 & 3 & 0 & 0 & 0\\ 0 & 0 & 1 & -1 & 0\\ 0 & 0 & 1 & -2 & 0\\ 0 & 0 & 0 & 0 & 6\end{pmatrix}$，用分块形式求 $\boldsymbol{A}^{-1}$.

4. 设四阶方阵 $\boldsymbol{A}=(\boldsymbol{\alpha}_1,\boldsymbol{\alpha}_2,\boldsymbol{\alpha}_3,\boldsymbol{\beta})$，$\boldsymbol{B}=(\boldsymbol{\alpha}_1,\boldsymbol{\alpha}_2,\boldsymbol{\alpha}_3,\boldsymbol{\gamma})$，其中，$\boldsymbol{\alpha}_1,\boldsymbol{\alpha}_2,\boldsymbol{\alpha}_3,\boldsymbol{\beta},\boldsymbol{\gamma}$ 均为 4×1 矩阵，且已知 $|\boldsymbol{A}|=0$，$|\boldsymbol{B}|=4$. 求 $|3\boldsymbol{A}-\boldsymbol{B}|$ 的值.

5. 设 $\boldsymbol{A}$ 为 n 阶可逆矩阵，$\boldsymbol{\alpha}$ 为 $n\times 1$ 矩阵，b 为常数，分块矩阵 $\boldsymbol{P}=\begin{pmatrix}\boldsymbol{I} & \boldsymbol{O}\\ -\boldsymbol{\alpha}^{\mathrm{T}}\boldsymbol{A}^{*} & |\boldsymbol{A}|\end{pmatrix}$，$\boldsymbol{Q}=\begin{pmatrix}\boldsymbol{A} & \boldsymbol{\alpha}\\ \boldsymbol{\alpha}^{\mathrm{T}} & b\end{pmatrix}$，

(1) 计算并化简 $\boldsymbol{PQ}$；(2) 证明矩阵 $\boldsymbol{Q}$ 可逆的充分必要条件是 $b-\boldsymbol{\alpha}^{\mathrm{T}}\boldsymbol{A}^{-1}\boldsymbol{\alpha}\neq 0$.

6. 已知 $\boldsymbol{A}=\begin{pmatrix}1 & a & 0 & 0\\ 0 & 1 & a & 0\\ 0 & 0 & 1 & a\\ a & 0 & 0 & 1\end{pmatrix}$，$\boldsymbol{\beta}=\begin{pmatrix}1\\ -1\\ 0\\ 0\end{pmatrix}$，求 (1) 行列式 $|\boldsymbol{A}|$；(2) 当实数 a 为何值时，方程组 $\boldsymbol{Ax}=\boldsymbol{\beta}$ 有无穷多个解，并求出其通解.

第4章 向量组的线性相关性

§4.1 向量组及其线性组合

4.1.1 n 维向量与向量组

定义1 n 个有次序的数 $a_1,a_2,\cdots,a_n$ 所组成的数组称为 **n 维向量**.

把 n 维向量写成一列,称为 **n 维列向量**,记作

$$\boldsymbol{a}=\begin{pmatrix}a_1\\a_2\\\vdots\\a_n\end{pmatrix}$$

把 n 维向量写成一行,称为 **n 维行向量**,记作

$$\boldsymbol{a}^{\mathrm{T}}=(a_1,a_2,\cdots,a_n)$$

这就是前面学过的行矩阵和列矩阵.我们规定**行向量和列向量都按矩阵的运算法则进行运算**.并用黑体小写字母 $\boldsymbol{a},\boldsymbol{b},\boldsymbol{\alpha},\boldsymbol{\beta}$ 等表示列向量,用 $\boldsymbol{a}^{\mathrm{T}},\boldsymbol{b}^{\mathrm{T}},\boldsymbol{\alpha}^{\mathrm{T}},\boldsymbol{\beta}^{\mathrm{T}}$ 等表示行向量,如果没有指明行向量或列向量,则当作列向量.

若干个同维数的列向量(或同维数的行向量)所组成的集合,叫作**向量组**.

例如,一个 $m\times n$ 矩阵 $\boldsymbol{A}$ 的 n 个 m 维列向量 $\boldsymbol{a}_1,\boldsymbol{a}_2,\cdots,\boldsymbol{a}_n$ 组成的向量组称为 $\boldsymbol{A}$ 的**列向量组**,它的 m 个 n 维行向量 $\boldsymbol{b}_1^{\mathrm{T}},\boldsymbol{b}_2^{\mathrm{T}},\cdots,\boldsymbol{b}_m^{\mathrm{T}}$ 组成的向量组称为 $\boldsymbol{A}$ 的**行向量组**.

反之,由 n 个 m 维列向量构成一个 $m\times n$ 矩阵 $\boldsymbol{A}$.

4.1.2 向量组的线性组合

定义2 给定 m 个 n 维向量组成的向量组 $\boldsymbol{A}$:$\boldsymbol{a}_1,\boldsymbol{a}_2,\cdots,\boldsymbol{a}_m$,对于任何一组实数 $\boldsymbol{k}_1,\boldsymbol{k}_2,\cdots,\boldsymbol{k}_m$,向量 $\boldsymbol{k}_1\boldsymbol{a}_1+\boldsymbol{k}_2\boldsymbol{a}_2+\cdots+\boldsymbol{k}_m\boldsymbol{a}_m$ 称为向量组 $\boldsymbol{A}$ 的一个线性组合.$\boldsymbol{k}_1,\boldsymbol{k}_2,\cdots,\boldsymbol{k}_m$ 称为这个线性组合的系数.

【例1】 已知向量组 $\boldsymbol{A}$:

$$a_1=\begin{pmatrix}1\\0\\0\end{pmatrix},a_2=\begin{pmatrix}0\\1\\0\end{pmatrix},a_3=\begin{pmatrix}1\\1\\0\end{pmatrix}.$$

和向量组 $\boldsymbol{B}$:

$$b_1=\begin{pmatrix}0\\0\\1\end{pmatrix},b_2=\begin{pmatrix}0\\1\\1\end{pmatrix},b_3=\begin{pmatrix}1\\1\\1\end{pmatrix}.$$

分别求出两向量组的线性组合的系数,使得线性组合为 $\mathbf{0}$ 向量.

解 对于向量组 $\boldsymbol{A}$,依题意有

$$k_1\begin{pmatrix}1\\0\\0\end{pmatrix}+k_2\begin{pmatrix}0\\1\\0\end{pmatrix}+k_3\begin{pmatrix}1\\1\\0\end{pmatrix}=\begin{pmatrix}0\\0\\0\end{pmatrix}$$

即
$$\begin{cases}1\cdot k_1+0\cdot k_2+1\cdot k_3=0\\0\cdot k_1+1\cdot k_2+1\cdot k_3=0\\0\cdot k_1+0\cdot k_2+0\cdot k_3=0\end{cases}$$

解得
$$\begin{cases}k_1=c\\k_2=c\\k_3=-c\end{cases},(c\text{ 为任意常数})$$

对于向量组 $\boldsymbol{B}$,依题意有

$$h_1\begin{pmatrix}0\\0\\1\end{pmatrix}+h_2\begin{pmatrix}0\\1\\1\end{pmatrix}+h_3\begin{pmatrix}1\\1\\1\end{pmatrix}=\begin{pmatrix}0\\0\\0\end{pmatrix}$$

即
$$\begin{cases}0\cdot h_1+0\cdot h_2+1\cdot h_3=0\\0\cdot h_1+1\cdot h_2+1\cdot h_3=0\\1\cdot h_1+1\cdot h_2+1\cdot h_3=0\end{cases}$$

只有零解
$$\begin{cases}h_1=0\\h_2=0\\h_3=0\end{cases}$$

由例 1 可知,对于向量组 $\boldsymbol{A}$,存在不全为零的 k_1,k_2,k_3 使得 $k_1\boldsymbol{a}_1+k_2\boldsymbol{a}_2+k_3\boldsymbol{a}_3=\mathbf{0}$,而对于向量组 $\boldsymbol{B}$,要使 $h_1\boldsymbol{b}_1+h_2\boldsymbol{b}_2+h_3\boldsymbol{b}_3=\mathbf{0}$,必须使 $h_1=h_2=h_3=0$.

特别值得注意的是:**对矩阵施行初等行(列)变换,相当于把矩阵的行(列)向量施行线性组合**.若对 $m\times n$ 矩阵施行初等行变换后,某一行全变为 0,相当于存在不全为零的一组实数 $k_1,k_2,\cdots,k_m$,使得 $k_1\boldsymbol{b}_1^{\mathrm{T}}+k_2\boldsymbol{b}_2^{\mathrm{T}}+\cdots+k_m\boldsymbol{b}_m^{\mathrm{T}}=\mathbf{0}$.

4.1.3 向量的线性表示

定义 3 给定 m 个 n 维向量组成的向量组 $\boldsymbol{A}$:$\boldsymbol{a}_1,\boldsymbol{a}_2,\cdots,\boldsymbol{a}_m$ 和 n 维向量 $\boldsymbol{b}$,如果存在

一组实数 $k_1,k_2,\cdots,k_m$，使得 $\boldsymbol{b}=k_1\boldsymbol{a}_1+k_2\boldsymbol{a}_2+\cdots+k_m\boldsymbol{a}_m$，则称**向量 $\boldsymbol{b}$ 能由向量组 $\boldsymbol{A}$ 线性表示**，即向量 $\boldsymbol{b}$ 是向量组 $\boldsymbol{A}$ 的一个线性组合.

由向量组线性表示的定义可知，**向量 $\boldsymbol{b}$ 能由向量组 $\boldsymbol{A}:\boldsymbol{a}_1,\boldsymbol{a}_2,\cdots,\boldsymbol{a}_m$ 线性表示的充分必要条件是线性方程组 $k_1\boldsymbol{a}_1+k_2\boldsymbol{a}_2+\cdots+k_m\boldsymbol{a}_m=\boldsymbol{b}$ 有解.**

【例 2】 已知向量组 $\boldsymbol{A}$：

$$\boldsymbol{a}_1=\begin{pmatrix}1\\0\\0\end{pmatrix},\boldsymbol{a}_2=\begin{pmatrix}0\\1\\0\end{pmatrix},\boldsymbol{a}_3=\begin{pmatrix}1\\1\\0\end{pmatrix}.$$

和向量组 $\boldsymbol{B}$：

$$\boldsymbol{b}_1=\begin{pmatrix}0\\0\\1\end{pmatrix},\boldsymbol{b}_2=\begin{pmatrix}0\\1\\1\end{pmatrix},\boldsymbol{b}_3=\begin{pmatrix}1\\1\\1\end{pmatrix}.$$

分别把两个向量组中的一个向量用其余的向量线性表示.

解 对于向量组 $\boldsymbol{A}$，设

$$\begin{pmatrix}1\\0\\0\end{pmatrix}=k_1\begin{pmatrix}0\\1\\0\end{pmatrix}+k_2\begin{pmatrix}1\\1\\0\end{pmatrix}$$

即
$$\begin{cases}0\cdot k_1+1\cdot k_2=1\\1\cdot k_1+1\cdot k_2=0\\0\cdot k_1+0\cdot k_2=0\end{cases}$$

解得
$$k_1=-1,k_2=1$$

于是
$$\boldsymbol{a}_1=-\boldsymbol{a}_2+\boldsymbol{a}_3$$

同法可得
$$\boldsymbol{a}_2=-\boldsymbol{a}_1+\boldsymbol{a}_3$$
$$\boldsymbol{a}_3=\boldsymbol{a}_1+\boldsymbol{a}_2$$

对于向量组 $\boldsymbol{B}$，设

$$\begin{pmatrix}0\\0\\1\end{pmatrix}=h_1\begin{pmatrix}0\\1\\1\end{pmatrix}+h_2\begin{pmatrix}1\\1\\1\end{pmatrix}$$

即
$$\begin{cases}0\cdot h_1+1\cdot h_2=0\\1\cdot h_1+1\cdot h_2=0\\1\cdot h_1+1\cdot h_2=1\end{cases}$$

这个线性方程组无解，说明 $\boldsymbol{b}_1$ 不能由 $\boldsymbol{b}_2,\boldsymbol{b}_3$ 线性表示，同法可得，$\boldsymbol{b}_2$ 不能由 $\boldsymbol{b}_1,\boldsymbol{b}_3$ 线性表示，$\boldsymbol{b}_3$ 不能由 $\boldsymbol{b}_1,\boldsymbol{b}_2$ 线性表示，

由例 2 可知，对于向量组 $\boldsymbol{A}$，至少有一个向量能用其余的向量线性表示，而对于向量组 $\boldsymbol{B}$，任何一个向量都不能用其余的向量线性表示.

定义 4 设有两个向量组 $\boldsymbol{A}:\boldsymbol{a}_1,\boldsymbol{a}_2,\cdots,\boldsymbol{a}_m$ 及向量组 $\boldsymbol{B}:\boldsymbol{b}_1,\boldsymbol{b}_2,\cdots,\boldsymbol{b}_l$，若向量组 $\boldsymbol{B}$ 中的每一个向量都能由向量组 $\boldsymbol{A}$ 线性表示，则称**向量组 $\boldsymbol{B}$ 能由向量组 $\boldsymbol{A}$ 线性表示**. 若向量组 $\boldsymbol{A}$ 与向量组 $\boldsymbol{B}$ 能相互线性表示，则称这**两个向量组等价**.

【例 3】 已知向量组 $\boldsymbol{A}$：

$$\boldsymbol{a}_1=\begin{pmatrix}1\\0\\0\end{pmatrix},\boldsymbol{a}_2=\begin{pmatrix}0\\1\\0\end{pmatrix},\boldsymbol{a}_3=\begin{pmatrix}1\\1\\0\end{pmatrix}.$$

和向量组 $\boldsymbol{B}$：

$$\boldsymbol{b}_1=\begin{pmatrix}0\\0\\1\end{pmatrix},\boldsymbol{b}_2=\begin{pmatrix}0\\1\\1\end{pmatrix},\boldsymbol{b}_3=\begin{pmatrix}1\\1\\1\end{pmatrix}.$$

这两个向量组是否等价？

解 首先讨论向量组 $\boldsymbol{A}$ 能否由向量组 $\boldsymbol{B}$ 线性表示，设

$$\boldsymbol{a}_1=h_1\boldsymbol{b}_1+h_2\boldsymbol{b}_2+h_3\boldsymbol{b}_3$$

即

$$\begin{pmatrix}1\\0\\0\end{pmatrix}=h_1\begin{pmatrix}0\\0\\1\end{pmatrix}+h_2\begin{pmatrix}0\\1\\1\end{pmatrix}+h_3\begin{pmatrix}1\\1\\1\end{pmatrix}$$

或

$$\begin{cases}0\cdot h_1+0\cdot h_2+1\cdot h_3=1\\0\cdot h_1+1\cdot h_2+1\cdot h_3=0\\1\cdot h_1+1\cdot h_2+1\cdot h_3=0\end{cases}$$

解得

$$\begin{cases}h_1=0\\h_2=-1\\h_3=1\end{cases}$$

于是

$$\boldsymbol{a}_1=-\boldsymbol{b}_2+\boldsymbol{b}_3$$

同法可得

$$\boldsymbol{a}_2=-\boldsymbol{b}_1+\boldsymbol{b}_2$$

$$\boldsymbol{a}_3=-\boldsymbol{b}_1+\boldsymbol{b}_3$$

所以向量组 $\boldsymbol{A}$ 能由向量组 $\boldsymbol{B}$ 线性表示.

其次讨论向量组 $\boldsymbol{B}$ 能否由向量组 $\boldsymbol{A}$ 线性表示，设

$$\boldsymbol{b}_1=k_1\boldsymbol{a}_1+k_2\boldsymbol{a}_2+k_3\boldsymbol{a}_3$$

即

$$\begin{pmatrix}0\\0\\1\end{pmatrix}=k_1\begin{pmatrix}1\\0\\0\end{pmatrix}+k_2\begin{pmatrix}0\\1\\0\end{pmatrix}+k_3\begin{pmatrix}1\\1\\0\end{pmatrix}$$

或

$$\begin{cases}1\cdot k_1+0\cdot k_2+1\cdot k_3=0\\0\cdot k_1+1\cdot k_2+1\cdot k_3=0\\0\cdot k_1+0\cdot k_2+0\cdot k_3=1\end{cases}$$

这个线性方程组无解，说明 $\boldsymbol{b}_1$ 不能由向量组 $\boldsymbol{A}$ 线性表示，所以向量组 $\boldsymbol{B}$ 不能由向量组 $\boldsymbol{A}$ 线性表示.

由此可知，这两个向量组不等价.

习题 4-1

A 组

1. 设

$$\boldsymbol{a}_1=\begin{pmatrix}1\\1\\2\\2\end{pmatrix},\boldsymbol{a}_2=\begin{pmatrix}1\\2\\1\\3\end{pmatrix},\boldsymbol{a}_3=\begin{pmatrix}1\\-1\\4\\0\end{pmatrix},\boldsymbol{b}=\begin{pmatrix}1\\0\\3\\1\end{pmatrix},$$

证明向量 $\boldsymbol{b}$ 能由向量组 $\boldsymbol{a}_1,\boldsymbol{a}_2,\boldsymbol{a}_3$ 线性表示,并求出表示式.

2. 设

$$\boldsymbol{a}_1=\begin{pmatrix}1\\-1\\1\\-1\end{pmatrix},\boldsymbol{a}_2=\begin{pmatrix}3\\1\\1\\3\end{pmatrix},\boldsymbol{b}_1=\begin{pmatrix}2\\0\\1\\1\end{pmatrix},\boldsymbol{b}_2=\begin{pmatrix}1\\1\\0\\2\end{pmatrix},\boldsymbol{b}_3=\begin{pmatrix}3\\-1\\2\\0\end{pmatrix}$$

证明向量组 $\boldsymbol{a}_1,\boldsymbol{a}_2$ 与向量组 $\boldsymbol{b}_1,\boldsymbol{b}_2,\boldsymbol{b}_3$ 等价.

B 组

1. 设向量组 $\boldsymbol{a}_1=\begin{pmatrix}1\\1\\a\end{pmatrix},\boldsymbol{a}_2=\begin{pmatrix}1\\a\\1\end{pmatrix},\boldsymbol{a}_3=\begin{pmatrix}a\\1\\1\end{pmatrix}$ 可由向量组 $\boldsymbol{b}_1=\begin{pmatrix}1\\1\\a\end{pmatrix},\boldsymbol{b}_2=\begin{pmatrix}-2\\a\\4\end{pmatrix},\boldsymbol{b}_3=\begin{pmatrix}-2\\a\\a\end{pmatrix}$ 线性表示,反之不能,求 a 的取值.

2. 设向量组

$$\boldsymbol{A}:\boldsymbol{a}_1=\begin{pmatrix}1\\0\\2\end{pmatrix},\boldsymbol{a}_2=\begin{pmatrix}1\\1\\3\end{pmatrix},\boldsymbol{a}_3=\begin{pmatrix}1\\-1\\a+2\end{pmatrix},$$

$$\boldsymbol{B}:\boldsymbol{b}_1=\begin{pmatrix}1\\2\\a+3\end{pmatrix},\boldsymbol{b}_2=\begin{pmatrix}2\\1\\a+6\end{pmatrix},\boldsymbol{b}_3=\begin{pmatrix}2\\1\\a+4\end{pmatrix}$$

(1)当 a 取何值时,向量组 $\boldsymbol{A}$ 与 $\boldsymbol{B}$ 等价?

(2)当 a 取何值时,向量组 $\boldsymbol{A}$ 与 $\boldsymbol{B}$ 不等价?

§4.2 向量组的线性相关性概述

定义 1 给定向量组 $\boldsymbol{A}:\boldsymbol{a}_1,\boldsymbol{a}_2,\cdots,\boldsymbol{a}_m$，如果存在不全为零的数 $k_1,k_2,\cdots,k_m$，使得

$$k_1\boldsymbol{a}_1+k_2\boldsymbol{a}_2+\cdots+k_m\boldsymbol{a}_m=\boldsymbol{0}$$

则称**向量组 A 线性相关**，否则称它**线性无关**.

例如，上一节例 1 中的向量组 $\boldsymbol{A}$ 线性相关，而向量组 $\boldsymbol{B}$ 线性无关.

由向量组线性相关性的定义可知，向量组 $\boldsymbol{A}:\boldsymbol{a}_1,\boldsymbol{a}_2,\cdots,\boldsymbol{a}_m$ 线性相关的充分必要条件是齐次线性方程组 $k_1\boldsymbol{a}_1+k_2\boldsymbol{a}_2+\cdots+k_m\boldsymbol{a}_m=\boldsymbol{0}$ 有非零解，向量组 $\boldsymbol{A}:\boldsymbol{a}_1,\boldsymbol{a}_2,\cdots,\boldsymbol{a}_m$ 线性无关的充分必要条件是齐次线性方程组 $k_1\boldsymbol{a}_1+k_2\boldsymbol{a}_2+\cdots+k_m\boldsymbol{a}_m=\boldsymbol{0}$ 只有零解.

【例 1】 讨论向量组 $\boldsymbol{E}:\boldsymbol{e}_1=\begin{pmatrix}1\\0\\0\end{pmatrix},\boldsymbol{e}_2=\begin{pmatrix}0\\1\\0\end{pmatrix},\boldsymbol{e}_3=\begin{pmatrix}0\\0\\1\end{pmatrix}$ 的线性相关性.

解 令

$$k_1\begin{pmatrix}1\\0\\0\end{pmatrix}+k_2\begin{pmatrix}0\\1\\0\end{pmatrix}+k_3\begin{pmatrix}0\\0\\1\end{pmatrix}=\begin{pmatrix}0\\0\\0\end{pmatrix}$$

解得

$$k_1=k_2=k_3=0$$

所以向量组是线性无关的.

n 阶单位矩阵 $\boldsymbol{E}_n$ 的 n 个列向量叫作 n 维单位坐标向量，由上面的例题不难看出，n 个 n 维单位坐标向量组成的向量组是线性无关的.

【例 2】 讨论向量组 $\boldsymbol{E}:\boldsymbol{\alpha}_1=\begin{pmatrix}1\\-1\\0\\0\end{pmatrix},\boldsymbol{\alpha}_2=\begin{pmatrix}0\\1\\1\\-1\end{pmatrix},\boldsymbol{\alpha}_3=\begin{pmatrix}-1\\3\\2\\1\end{pmatrix},\boldsymbol{\alpha}_4=\begin{pmatrix}-2\\6\\4\\1\end{pmatrix}$ 的线性相关性.

解 令

$$k_1\begin{pmatrix}1\\-1\\0\\0\end{pmatrix}+k_2\begin{pmatrix}0\\1\\1\\-1\end{pmatrix}+k_3\begin{pmatrix}-1\\3\\2\\1\end{pmatrix}+k_4\begin{pmatrix}-2\\6\\4\\1\end{pmatrix}=\begin{pmatrix}0\\0\\0\\0\end{pmatrix}$$

此方程组的系数矩阵

$$\boldsymbol{A}=\begin{pmatrix}1&0&-1&-2\\-1&1&3&6\\0&1&2&4\\0&-1&1&1\end{pmatrix}\xrightarrow{r_2+r_1}\begin{pmatrix}1&0&-1&-2\\0&1&2&4\\0&1&2&4\\0&-1&1&1\end{pmatrix}\xrightarrow[r_3\leftrightarrow r_4]{\substack{r_3-r_2\\r_4+r_2}}\begin{pmatrix}1&0&-1&-2\\0&1&2&4\\0&0&3&5\\0&0&0&0\end{pmatrix}=\boldsymbol{B}$$

$\boldsymbol{B}$ 的非零行数 $3<4$，故上述关于 k_1,k_2,k_3,k_4 的齐次线性方程组有非零解，从而 $\boldsymbol{\alpha}_1,\boldsymbol{\alpha}_2,\boldsymbol{\alpha}_3,\boldsymbol{\alpha}_4$ 线性相关.

习题 4-2

A 组

1. 已知

$$\boldsymbol{a}_1=\begin{pmatrix}1\\1\\1\end{pmatrix},\boldsymbol{a}_2=\begin{pmatrix}0\\2\\5\end{pmatrix},\boldsymbol{a}_3=\begin{pmatrix}2\\4\\7\end{pmatrix},$$

试讨论向量组 $\boldsymbol{a}_1,\boldsymbol{a}_2,\boldsymbol{a}_3$ 及向量组 $\boldsymbol{a}_1,\boldsymbol{a}_2$ 的线性相关性.

2. 判断下列向量组是线性相关还是线性无关.

(1) $\begin{pmatrix}-1\\3\\1\end{pmatrix},\begin{pmatrix}2\\1\\0\end{pmatrix},\begin{pmatrix}1\\4\\1\end{pmatrix}$； (2) $\begin{pmatrix}2\\3\\0\end{pmatrix},\begin{pmatrix}-1\\4\\0\end{pmatrix},\begin{pmatrix}0\\0\\2\end{pmatrix}$； (3) $\begin{pmatrix}1\\1\\1\end{pmatrix},\begin{pmatrix}1\\2\\4\end{pmatrix},\begin{pmatrix}1\\-2\\4\end{pmatrix}$

B 组

1. 设三阶矩阵 $\boldsymbol{A}=\begin{pmatrix}1&2&-2\\2&1&2\\3&0&4\end{pmatrix}$，$\partial=\begin{pmatrix}a\\1\\1\end{pmatrix}$，且 $\boldsymbol{A}\partial$ 与 ∂ 线性相关，求 a 的取值.

2. 设 $a_1=\begin{pmatrix}a\\1\\1\end{pmatrix}$，$\boldsymbol{a}_2=\begin{pmatrix}1\\a\\1\end{pmatrix}$，$\boldsymbol{a}_3=\begin{pmatrix}1\\1\\a\end{pmatrix}$，若向量组 $\boldsymbol{a}_1,\boldsymbol{a}_2,\boldsymbol{a}_3$ 线性无关，求 a 的取值.

3. 设向量组 a_1,a_2,a_3 线性无关，讨论向量组 $a_1-a_2-2a_3,2a_1+a_2-a_3,3a_1+a_2+2a_3$ 的线性相关性.

§4.3 向量组的秩

定义 1 设向量组 $\boldsymbol{A}:\boldsymbol{a}_1,\boldsymbol{a}_2,\cdots,\boldsymbol{a}_m$，若满足(1)向量组 $\boldsymbol{A}$ 中存在 r 个向量线性无关；(2)任意 $r+1$ 个向量(若存在)一定线性相关，称 r 个线性无关的向量组为向量组 $\boldsymbol{A}$ 的极大线性无关组，简称为极大无关组. 极大无关组中所含向量的个数称为**向量组 A 的秩**，记作 $R_{\boldsymbol{A}}$.

只含零向量的向量组没有极大无关组，规定它的秩为 0.

向量组的极大无关组一般不是唯一的. 如 $\boldsymbol{a}_1=\begin{pmatrix}1\\1\\1\end{pmatrix}$，$\boldsymbol{a}_2=\begin{pmatrix}0\\2\\5\end{pmatrix}$，$\boldsymbol{a}_3=\begin{pmatrix}2\\4\\7\end{pmatrix}$；由 $\boldsymbol{a}_1,\boldsymbol{a}_2,\boldsymbol{a}_3$

线性相关，$\boldsymbol{a}_1,\boldsymbol{a}_2$ 线性无关，因此 $\boldsymbol{a}_1,\boldsymbol{a}_2$ 是向量组 $\boldsymbol{a}_1,\boldsymbol{a}_2,\boldsymbol{a}_3$ 的一个极大无关组. 同理，$\boldsymbol{a}_1,\boldsymbol{a}_3$ 和 $\boldsymbol{a}_2,\boldsymbol{a}_3$ 都是向量组 $\boldsymbol{a}_1,\boldsymbol{a}_2,\boldsymbol{a}_3$ 的极大无关组.

由于利用定义 1 来求向量组的秩是比较麻烦的，因此，我们引入它的另一个等价定义.

定义 2 设由列(行)向量组 $\boldsymbol{a}_1,\boldsymbol{a}_2,\cdots,\boldsymbol{a}_m$ 构成矩阵 $\boldsymbol{A}=(\boldsymbol{a}_1,\boldsymbol{a}_2,\cdots,\boldsymbol{a}_m)$ $\left(\boldsymbol{A}=\begin{pmatrix}\boldsymbol{a}_1\\\boldsymbol{a}_2\\\vdots\\\boldsymbol{a}_m\end{pmatrix}\right)$，将 $\boldsymbol{A}$ 化为行最简形 $\boldsymbol{B}$，称 $\boldsymbol{B}$ 的**非零行数为向量组 $\boldsymbol{A}$ 的秩**，记作 R_A.

【例 1】 设矩阵

$$\boldsymbol{A}=\begin{pmatrix}2&-1&-1&1&2\\1&1&-2&1&4\\4&-6&2&-2&4\\3&6&-9&7&9\end{pmatrix},$$

求矩阵 $\boldsymbol{A}$ 的列向量组的一个极大无关组，并把不属于极大无关组的列向量用极大无关组线性表示.

解 对 $\boldsymbol{A}$ 施行初等行变换变为行最简形矩阵

$$\boldsymbol{A}\xrightarrow{r}\begin{pmatrix}1&0&-1&0&4\\0&1&-1&0&3\\0&0&0&1&-3\\0&0&0&0&0\end{pmatrix}$$

把上列行最简形矩阵记作 $\boldsymbol{B}=(\boldsymbol{b}_1,\boldsymbol{b}_2,\boldsymbol{b}_3,\boldsymbol{b}_4,\boldsymbol{b}_5)$，由于方程 $\boldsymbol{Ax}=\boldsymbol{0}$ 与 $Bx=\boldsymbol{0}$ 同解，即方程 $x_1\boldsymbol{a}_1+x_2\boldsymbol{a}_2+x_3\boldsymbol{a}_3+x_4\boldsymbol{a}_4+x_5\boldsymbol{a}_5=\boldsymbol{0}$ 与 $x_1\boldsymbol{b}_1+x_2\boldsymbol{b}_2+x_3\boldsymbol{b}_3+x_4\boldsymbol{b}_4+x_5\boldsymbol{b}_5=\boldsymbol{0}$ 同解，因此向量 $\boldsymbol{a}_1,\boldsymbol{a}_2,\boldsymbol{a}_3,\boldsymbol{a}_4,\boldsymbol{a}_5$ 之间的线性关系与向量 $\boldsymbol{b}_1,\boldsymbol{b}_2,\boldsymbol{b}_3,\boldsymbol{b}_4,\boldsymbol{b}_5$ 之间的线性关系是相同的. 现在，$\boldsymbol{b}_1,\boldsymbol{b}_2,\boldsymbol{b}_4$ 线性无关且 $\boldsymbol{b}_3=-\boldsymbol{b}_1-\boldsymbol{b}_2$，$\boldsymbol{b}_5=4\boldsymbol{b}_1+3\boldsymbol{b}_2-3\boldsymbol{b}_4$. 因此，$\boldsymbol{a}_1,\boldsymbol{a}_2,\boldsymbol{a}_4$ 线性无关且 $\boldsymbol{a}_3=-\boldsymbol{a}_1-\boldsymbol{a}_2$，$\boldsymbol{a}_5=4\boldsymbol{a}_1+3\boldsymbol{a}_2-3\boldsymbol{a}_4$. 故 $\boldsymbol{a}_1,\boldsymbol{a}_2,\boldsymbol{a}_4$ 为列向量组的一个极大无关组.

习题 4-3

A 组

1. 设

$$\boldsymbol{a}_1=\begin{pmatrix}1\\-1\\2\\4\end{pmatrix},\boldsymbol{a}_2=\begin{pmatrix}0\\3\\1\\2\end{pmatrix},\boldsymbol{a}_3=\begin{pmatrix}3\\0\\7\\14\end{pmatrix},\boldsymbol{a}_4=\begin{pmatrix}1\\-2\\2\\0\end{pmatrix},\boldsymbol{a}_5=\begin{pmatrix}2\\1\\5\\10\end{pmatrix}$$

求向量组的一个极大线性无关组,并把其余向量用极大线性无关组线性表出.

B组

1.设向量组

$$\begin{pmatrix} a \\ 3 \\ 1 \end{pmatrix},\begin{pmatrix} 2 \\ b \\ 3 \end{pmatrix},\begin{pmatrix} 1 \\ 2 \\ 1 \end{pmatrix},\begin{pmatrix} 2 \\ 3 \\ 1 \end{pmatrix}$$

的秩为2,求 a 与 b 的值.

§4.4 向量空间

定义1 所有 n 维向量连同向量的加法及数与向量的乘法运算称为 n 维向量空间,记为 $\boldsymbol{R}^n$.

【例1】 3维向量的全体 $\boldsymbol{R}^3$,就是一个向量空间.因为任意两个3维向量之和仍然是3维向量,数 λ 乘3维向量也仍然是3维向量,它们都属于 $\boldsymbol{R}^3$.

定义2 设 $\boldsymbol{V}$ 为向量空间,设 $\boldsymbol{a}_1,\boldsymbol{a}_2,\cdots,\boldsymbol{a}_r$ 为 $\boldsymbol{V}$ 中的 $\boldsymbol{r}$ 个向量,若满足:(1)$\boldsymbol{a}_1,\boldsymbol{a}_2,\cdots,\boldsymbol{a}_r$ 线性无关;(2)对任意的 $\boldsymbol{b}\in\boldsymbol{V}$,$\boldsymbol{b}$ 都可由向量组 $\boldsymbol{a}_1,\boldsymbol{a}_2,\cdots,\boldsymbol{a}_r$ 线性表示,则称 $\boldsymbol{a}_1,\boldsymbol{a}_2,\cdots,\boldsymbol{a}_r$ 为向量空间 $\boldsymbol{V}$ 的基.

【例2】 设 $\boldsymbol{a}_1=\begin{pmatrix} 1 \\ 0 \\ 0 \end{pmatrix},\boldsymbol{a}_2=\begin{pmatrix} 0 \\ 1 \\ 0 \end{pmatrix},\boldsymbol{a}_3=\begin{pmatrix} 0 \\ 0 \\ 1 \end{pmatrix}$,显然 $\boldsymbol{a}_1,\boldsymbol{a}_2,\boldsymbol{a}_3$ 是3维向量空间 $\boldsymbol{R}^3$ 的一组基.

定义3 设 $\boldsymbol{a}_1,\boldsymbol{a}_2,\cdots,\boldsymbol{a}_n$ 为 n 维向量空间 R^n 的基,$b\in\boldsymbol{R}^n$,若 $\boldsymbol{b}=k_1\boldsymbol{a}_1+k_2\boldsymbol{a}_2+\cdots+k_n\boldsymbol{a}_n$,称数组 $k_1,k_2,\cdots,k_n$ 为向量 $\boldsymbol{b}$ 在基 $\boldsymbol{a}_1,\boldsymbol{a}_2,\cdots,\boldsymbol{a}_n$ 下的坐标.

【例3】 设 $\boldsymbol{A}=(\boldsymbol{a}_1,\boldsymbol{a}_2,\boldsymbol{a}_3)=\begin{pmatrix} 2 & 2 & -1 \\ 2 & -1 & 2 \\ -1 & 2 & 2 \end{pmatrix},\boldsymbol{B}=(\boldsymbol{b}_1,\boldsymbol{b}_2)=\begin{pmatrix} 1 & 4 \\ 0 & 3 \\ -4 & 2 \end{pmatrix}$.验证 $\boldsymbol{a}_1,\boldsymbol{a}_2,\boldsymbol{a}_3$ 是 $\boldsymbol{R}^3$ 的一个基,并求 $\boldsymbol{b}_1,\boldsymbol{b}_2$ 在这个基中的坐标.

解 要证 $\boldsymbol{a}_1,\boldsymbol{a}_2,\boldsymbol{a}_3$ 是 $\boldsymbol{R}^3$ 的一个基,只要证 $\boldsymbol{a}_1,\boldsymbol{a}_2,\boldsymbol{a}_3$ 线性无关.

设 $\boldsymbol{b}_1=\boldsymbol{x}_{11}\boldsymbol{a}_1+\boldsymbol{x}_{21}\boldsymbol{a}_2+\boldsymbol{x}_{31}\boldsymbol{a}_3,\boldsymbol{b}_2=\boldsymbol{x}_{12}\boldsymbol{a}_1+\boldsymbol{x}_{22}\boldsymbol{a}_2+\boldsymbol{x}_{32}\boldsymbol{a}_3$ 即

$$(\boldsymbol{b}_1,\boldsymbol{b}_2)=(\boldsymbol{a}_1,\boldsymbol{a}_2,\boldsymbol{a}_3)\begin{pmatrix} \boldsymbol{x}_{11} & \boldsymbol{x}_{12} \\ \boldsymbol{x}_{21} & \boldsymbol{x}_{22} \\ \boldsymbol{x}_{31} & \boldsymbol{x}_{32} \end{pmatrix},记作\ \boldsymbol{B}=\boldsymbol{AX}$$

对矩阵$(\boldsymbol{A},\boldsymbol{B})$施行初等行变换,若 $\boldsymbol{A}$ 能变为 $\boldsymbol{E}$,则 $\boldsymbol{a}_1,\boldsymbol{a}_2,\boldsymbol{a}_3$ 是 $\boldsymbol{R}^3$ 的一个基,且当 $\boldsymbol{A}$ 变为 $\boldsymbol{E}$ 时,$\boldsymbol{B}$ 变为 $\boldsymbol{X}=\boldsymbol{A}^{-1}\boldsymbol{B}$.

$$(\boldsymbol{A},\boldsymbol{B})=\begin{pmatrix}2&2&-1&1&4\\2&-1&2&0&3\\-1&2&2&-4&2\end{pmatrix}\to\begin{pmatrix}1&0&0&\frac{2}{3}&\frac{4}{3}\\0&1&0&-\frac{2}{3}&1\\0&0&1&-1&\frac{2}{3}\end{pmatrix}$$

所以 $\boldsymbol{a}_1,\boldsymbol{a}_2,\boldsymbol{a}_3$ 线性无关,故 $\boldsymbol{a}_1,\boldsymbol{a}_2,\boldsymbol{a}_3$ 是 $\boldsymbol{R}^3$ 的一个基,且

$$(\boldsymbol{b}_1,\boldsymbol{b}_2)=(\boldsymbol{a}_1,\boldsymbol{a}_2,\boldsymbol{a}_3)\begin{pmatrix}\frac{2}{3}&\frac{4}{3}\\-\frac{2}{3}&1\\-1&\frac{2}{3}\end{pmatrix}$$

即 $\boldsymbol{b}_1,\boldsymbol{b}_2$ 在基 $\boldsymbol{a}_1,\boldsymbol{a}_2,\boldsymbol{a}_3$ 中的坐标依次为

$$\frac{2}{3},-\frac{2}{3},-1\text{ 和}\frac{4}{3},1,\frac{2}{3}.$$

定义 4 设 $\boldsymbol{a}_1,\boldsymbol{a}_2,\boldsymbol{a}_3$ 及 $\boldsymbol{b}_1,\boldsymbol{b}_2,\boldsymbol{b}_3$ 为 $\boldsymbol{R}^3$ 的两组基,若矩阵 $\boldsymbol{P}$ 满足 $(\boldsymbol{b}_1,\boldsymbol{b}_2,\boldsymbol{b}_3)=(\boldsymbol{a}_1,\boldsymbol{a}_2,\boldsymbol{a}_3)\boldsymbol{P}$,则称矩阵 $\boldsymbol{P}$ 为从 $\boldsymbol{a}_1,\boldsymbol{a}_2,\boldsymbol{a}_3$ 到 $\boldsymbol{b}_1,\boldsymbol{b}_2,\boldsymbol{b}_3$ 的**过渡矩阵**.

设向量 $\boldsymbol{x}$ 在基 $\boldsymbol{a}_1,\boldsymbol{a}_2,\boldsymbol{a}_3$ 及 $\boldsymbol{b}_1,\boldsymbol{b}_2,\boldsymbol{b}_3$ 下的坐标分别为 y_1,y_2,y_3 和 z_1,z_2,z_3,则有

$$\boldsymbol{x}=(\boldsymbol{a}_1,\boldsymbol{a}_2,\boldsymbol{a}_3)\begin{pmatrix}y_1\\y_2\\y_3\end{pmatrix}=(\boldsymbol{b}_1,\boldsymbol{b}_2,\boldsymbol{b}_3)\begin{pmatrix}z_1\\z_2\\z_3\end{pmatrix}=(\boldsymbol{a}_1,\boldsymbol{a}_2,\boldsymbol{a}_3)\boldsymbol{P}\begin{pmatrix}z_1\\z_2\\z_3\end{pmatrix}$$

因此可得

$$\begin{pmatrix}y_1\\y_2\\y_3\end{pmatrix}=\boldsymbol{P}\begin{pmatrix}z_1\\z_2\\z_3\end{pmatrix}$$

这就是在不同基下的坐标变换公式.

【例 4】 设 $\boldsymbol{R}^3$ 的两组基 $\boldsymbol{a}_1=\begin{pmatrix}1\\0\\0\end{pmatrix},\boldsymbol{a}_2=\begin{pmatrix}1\\1\\0\end{pmatrix},\boldsymbol{a}_3=\begin{pmatrix}1\\1\\1\end{pmatrix}$ 及 $\boldsymbol{b}_1=\begin{pmatrix}1\\2\\1\end{pmatrix},\boldsymbol{b}_2=\begin{pmatrix}2\\3\\3\end{pmatrix},\boldsymbol{b}_3=\begin{pmatrix}3\\7\\1\end{pmatrix}$

(1)求由基 $\boldsymbol{a}_1,\boldsymbol{a}_2,\boldsymbol{a}_3$ 到 $\boldsymbol{b}_1,\boldsymbol{b}_2,\boldsymbol{b}_3$ 的过渡矩阵;

(2)设向量 $\boldsymbol{c}$ 在基 $\boldsymbol{a}_1,\boldsymbol{a}_2,\boldsymbol{a}_3$ 下的坐标为$-2,1,2$,求 $\boldsymbol{c}$ 在基 $\boldsymbol{b}_1,\boldsymbol{b}_2,\boldsymbol{b}_3$ 下的坐标.

解 (1)设 $\boldsymbol{A}=(\boldsymbol{a}_1,\boldsymbol{a}_2,\boldsymbol{a}_3),\boldsymbol{B}=(\boldsymbol{b}_1,\boldsymbol{b}_2,\boldsymbol{b}_3)$,则基 $\boldsymbol{a}_1,\boldsymbol{a}_2,\boldsymbol{a}_3$ 到 $\boldsymbol{b}_1,\boldsymbol{b}_2,\boldsymbol{b}_3$ 的过渡矩阵 $\boldsymbol{P}$ 满足 $(\boldsymbol{b}_1,\boldsymbol{b}_2,\boldsymbol{b}_3)=(\boldsymbol{a}_1,\boldsymbol{a}_2,\boldsymbol{a}_3)\boldsymbol{P}$,接下来用矩阵的初等变换求解 $\boldsymbol{P}$

$$(\boldsymbol{A},\boldsymbol{B})=\begin{pmatrix}1&1&1&1&2&3\\0&1&1&2&3&7\\0&0&1&1&3&1\end{pmatrix}\sim\begin{pmatrix}1&0&0&-1&-1&-4\\0&1&0&1&0&6\\0&0&1&1&3&1\end{pmatrix}$$

则过渡矩阵

$$P=\begin{pmatrix}-1&-1&-4\\1&0&6\\1&3&1\end{pmatrix}$$

(2)易求得 $P^{-1}=\begin{pmatrix}-18&-11&-6\\5&3&2\\3&2&1\end{pmatrix}$,故 c 在基 b_1,b_2,b_3 下的坐标为

$$P^{-1}\begin{pmatrix}-2\\1\\2\end{pmatrix}=\begin{pmatrix}-18&-11&-6\\5&3&2\\3&2&1\end{pmatrix}\begin{pmatrix}-2\\1\\2\end{pmatrix}=\begin{pmatrix}13\\-3\\-2\end{pmatrix}$$

即 c 在基 b_1,b_2,b_3 下的坐标为 $13,-3,-2$.

习题 4-4

A 组

1. 设 $a_1=\begin{pmatrix}1\\1\\0\end{pmatrix},a_2=\begin{pmatrix}1\\0\\1\end{pmatrix},a_3=\begin{pmatrix}0\\1\\1\end{pmatrix}$为三维向量空间 R^3 的基,求向量 $b=\begin{pmatrix}1\\0\\3\end{pmatrix}$在该组基下的坐标.

2. 设 R^3 的两个基 $a_1=\begin{pmatrix}1\\1\\1\end{pmatrix},a_2=\begin{pmatrix}1\\0\\-1\end{pmatrix},a_3=\begin{pmatrix}1\\0\\1\end{pmatrix}$及 $b_1=\begin{pmatrix}1\\2\\1\end{pmatrix},b_2=\begin{pmatrix}2\\3\\4\end{pmatrix},b_3=\begin{pmatrix}3\\4\\3\end{pmatrix}$

(1)求由基 a_1,a_2,a_3 到 b_1,b_2,b_3 的过渡矩阵 P;

(2)设向量 c 在基 a_1,a_2,a_3 下的坐标为 1,1,3,求 c 在基 b_1,b_2,b_3 下的坐标.

B 组

1. 向量 β 在基 $a_1=\begin{pmatrix}1\\-1\\1\end{pmatrix},a_2=\begin{pmatrix}1\\-2\\2\end{pmatrix},a_3=\begin{pmatrix}1\\2\\0\end{pmatrix}$下的坐标为 2,1,1,求向量 β 在基 $b_1=\begin{pmatrix}1\\1\\0\end{pmatrix},b_2=\begin{pmatrix}1\\0\\1\end{pmatrix},b_3=\begin{pmatrix}0\\1\\1\end{pmatrix}$下的坐标.

第 4 章总习题

1. 设向量组 $a_1=\begin{pmatrix}1\\2\\-1\end{pmatrix},a_2=\begin{pmatrix}2\\0\\k\end{pmatrix},a_3=\begin{pmatrix}0\\-4\\5\end{pmatrix}$的秩为 2,求 k.

2. 设向量组 $\boldsymbol{a}_1,\boldsymbol{a}_2,\boldsymbol{a}_3$ 线性无关，而 $\boldsymbol{a}_1+k\boldsymbol{a}_2+\boldsymbol{a}_3,2\boldsymbol{a}_1+\boldsymbol{a}_2-\boldsymbol{a}_3,\boldsymbol{a}_2+\boldsymbol{a}_3$ 线性相关，求 k.

3. 设 $\boldsymbol{a}_1=\begin{pmatrix}1\\2\\-1\\-2\end{pmatrix},\boldsymbol{a}_2=\begin{pmatrix}2\\k+1\\-1\\1\end{pmatrix},\boldsymbol{a}_3=\begin{pmatrix}3\\1\\k\\-1\end{pmatrix}$ 线性相关，求 k.

4. 设 $a_1=\begin{pmatrix}k\\1\\1\end{pmatrix},\boldsymbol{a}_2=\begin{pmatrix}1\\k\\1\end{pmatrix},\boldsymbol{a}_3=\begin{pmatrix}1\\1\\k\end{pmatrix}$，且任意三维向量都可由 $\boldsymbol{a}_1,\boldsymbol{a}_2,\boldsymbol{a}_3$ 线性表示，求 k.

5. 设 $\boldsymbol{b}=\begin{pmatrix}1\\1\\4\end{pmatrix}$ 不可由 $\boldsymbol{a}_1=\begin{pmatrix}1\\1\\3\end{pmatrix},\boldsymbol{a}_2=\begin{pmatrix}3\\k+2\\5\end{pmatrix},a_3=\begin{pmatrix}1\\-1\\k\end{pmatrix}$ 线性表示，求 k.

6. 设 $\boldsymbol{a}_1=\begin{pmatrix}2\\1\\1\end{pmatrix},\boldsymbol{a}_2=\begin{pmatrix}-1\\2\\7\end{pmatrix},\boldsymbol{a}_3=\begin{pmatrix}1\\-1\\-4\end{pmatrix},\boldsymbol{b}=\begin{pmatrix}1\\2\\k\end{pmatrix}$，且 $\boldsymbol{b}$ 可由 $\boldsymbol{a}_1,\boldsymbol{a}_2,\boldsymbol{a}_3$ 线性表示，求 k.

7. 设 $\boldsymbol{a}_1=\begin{pmatrix}1\\1\\2\\2\end{pmatrix},\boldsymbol{a}_2=\begin{pmatrix}0\\2\\1\\5\end{pmatrix},\boldsymbol{a}_3=\begin{pmatrix}2\\0\\3\\-1\end{pmatrix},\boldsymbol{a}_4=\begin{pmatrix}1\\3\\3\\7\end{pmatrix}$，求向量组 $\boldsymbol{a}_1,\boldsymbol{a}_2,\boldsymbol{a}_3,\boldsymbol{a}_4$ 的秩，找出一个极大线性无关组并用极大线性无关组表示其余向量.

8. 验证 $\boldsymbol{a}_1=\begin{pmatrix}1\\-1\\1\end{pmatrix},\boldsymbol{a}_2=\begin{pmatrix}0\\1\\-1\end{pmatrix},\boldsymbol{a}_3=\begin{pmatrix}1\\1\\0\end{pmatrix}$ 为三维向量空间 $\boldsymbol{R}^3$ 的基，并求向量 $\boldsymbol{b}=\begin{pmatrix}3\\2\\-5\end{pmatrix}$ 在该组基下的坐标.

第5章 线性方程组的解的结构

§5.1 矩阵的秩

由前面章节，我们发现线性方程组的解的情况与系数矩阵的行阶梯形矩阵的非零行的行数有关，因此我们引入矩阵秩的概念，来描述方程组解的情况.

定义1 设 $\boldsymbol{A}$ 是 $m\times n$ 矩阵，经过有限次初等行变换把它变为行阶梯形矩阵，则行阶梯形矩阵中非零行的行数即是矩阵 $\boldsymbol{A}$ 的秩，记作 $R(\boldsymbol{A})$. 并规定零矩阵的秩等于0.

【例1】 设

$$\boldsymbol{A}=\begin{pmatrix}1&-2&2&-1\\2&-4&8&0\\-2&4&-2&3\\3&-6&0&-6\end{pmatrix},\boldsymbol{b}=\begin{pmatrix}1\\2\\3\\4\end{pmatrix},$$

求矩阵 $\boldsymbol{A}$ 及矩阵 $\boldsymbol{B}=(\boldsymbol{A},\boldsymbol{b})$ 的秩.

解 对 $\boldsymbol{B}$ 作初等行变换变为行阶梯形矩阵，设 $\boldsymbol{B}$ 的行阶梯形矩阵为 $\boldsymbol{B}_1=(\boldsymbol{A}_1,\boldsymbol{b}_1)$，则 $\boldsymbol{A}_1$ 就是 $\boldsymbol{A}$ 的行阶梯形矩阵，故从 $\boldsymbol{B}_1=(\boldsymbol{A}_1,\boldsymbol{b}_1)$ 中可同时看出 $R(\boldsymbol{A})$ 及 $R(\boldsymbol{B})$.

$$\boldsymbol{B}=\begin{pmatrix}1&-2&2&-1&1\\2&-4&8&0&2\\-2&4&-2&3&3\\3&-6&0&-6&4\end{pmatrix}\xrightarrow{r}\begin{pmatrix}1&-2&2&-1&1\\0&0&2&1&0\\0&0&0&0&1\\0&0&0&0&0\end{pmatrix}=\boldsymbol{B}_1=(\boldsymbol{A}_1,\boldsymbol{b}_1)$$

因此，$R(\boldsymbol{A})=2,R(\boldsymbol{B})=3$.

定理1 设 A 是 $m\times n$ 矩阵，增广矩阵 $\boldsymbol{B}=(\boldsymbol{A},\boldsymbol{b})$ 则

(1)齐次线性方程组 $\boldsymbol{Ax}=\boldsymbol{0}$ 有非零解的充要条件是 $R(\boldsymbol{A})<n$，只有零解的充要条件是 $R(\boldsymbol{A})=n$.

(2)非齐次线性方程组 $\boldsymbol{Ax}=\boldsymbol{b}$ 有解的充要条件是 $R(\boldsymbol{A})=R(\boldsymbol{B})$，且当 $R(\boldsymbol{A})=R(B)=n$ 时方程组有唯一解，当 $R(\boldsymbol{A})=R(\boldsymbol{B})=r<n$ 时方程组有无穷个解.

注意：由第4章可知，向量组 $a_1,a_2\cdots a_n$ 的线性相关性决定于齐次线性方程组 $(\boldsymbol{a}_1,\boldsymbol{a}_2,\cdots,\boldsymbol{a}_n)\boldsymbol{x}=\boldsymbol{0}$ 是否有非零解，由定理1可得，当 $R(\boldsymbol{a}_1,\boldsymbol{a}_2,\cdots,\boldsymbol{a}_n)=n$ 时，$\boldsymbol{a}_1,\boldsymbol{a}_2,\cdots,\boldsymbol{a}_n$ 线性无关；当 $R(\boldsymbol{a}_1,\boldsymbol{a}_2,\cdots,\boldsymbol{a}_n)<n$ 时，$\boldsymbol{a}_1,\boldsymbol{a}_2,\cdots,\boldsymbol{a}_n$ 线性相关.

在这里，介绍矩阵秩的一些常用性质：

1. $R(\boldsymbol{A})=R(\boldsymbol{A}^{\mathrm{T}})=R(\boldsymbol{A}^{\mathrm{T}}\boldsymbol{A})=R(\boldsymbol{A}\boldsymbol{A}^{\mathrm{T}})$

2. $R(\boldsymbol{A}\pm\boldsymbol{B})\leqslant R(\boldsymbol{A})+R(\boldsymbol{B})$

3. $R(\boldsymbol{AB})\leqslant\min\{R(\boldsymbol{A}),R(\boldsymbol{B})\}$

4. 若 $\boldsymbol{A}_{m\times n}\boldsymbol{B}_{n\times l}=\boldsymbol{O}$,则 $R(\boldsymbol{A})+R(\boldsymbol{B})\leqslant n$

5. 若 $\boldsymbol{P},\boldsymbol{Q}$ 为可逆矩阵,则 $R(\boldsymbol{A})=R(\boldsymbol{PA})=R(\boldsymbol{AQ})=R(\boldsymbol{PAQ})$

6. 若 $\boldsymbol{A}$ 为 n 阶方阵,则 $R(\boldsymbol{A})<n$ 等价于 $|\boldsymbol{A}|=0$

注意:若 n 阶方阵 $\boldsymbol{A}$ 满足 $R(\boldsymbol{A})=n$,则 $|\boldsymbol{A}|\neq 0$,此时也称 $\boldsymbol{A}$ 为满秩方阵;另外,若矩阵 $\boldsymbol{A}$ 的秩等于它的行数,则称矩阵 $\boldsymbol{A}$ 为行满秩矩阵;若矩阵 $\boldsymbol{A}$ 的秩等于它的列数,则称矩阵 $\boldsymbol{A}$ 为列满秩矩阵.

习题 5-1

A 组

1. 求下列矩阵的秩.

(1) $\begin{pmatrix} 0 & 2 & -1 \\ 1 & 1 & 2 \\ -1 & -1 & -1 \end{pmatrix}$;(2) $\begin{pmatrix} 1 & 0 & 3 & 1 & 2 \\ -1 & 3 & 0 & -2 & 1 \\ 2 & 1 & 7 & 2 & 5 \\ 4 & 2 & 14 & 0 & 10 \end{pmatrix}$;(3) $\begin{pmatrix} 1 & 1 & -1 & 2 & -1 \\ 1 & 1 & 1 & 0 & 3 \\ 0 & 0 & 1 & 3 & 6 \end{pmatrix}$

2. 求矩阵 $\boldsymbol{A}$ 和 $\boldsymbol{B}$ 的秩,其中

$$\boldsymbol{A}=\begin{pmatrix} 1 & 2 & 3 \\ 2 & 3 & -5 \\ 4 & 7 & 1 \end{pmatrix},\boldsymbol{B}=\begin{pmatrix} 2 & -1 & 0 & 3 & -2 \\ 0 & 3 & 1 & -2 & 5 \\ 0 & 0 & 0 & 4 & -3 \\ 0 & 0 & 0 & 0 & 0 \end{pmatrix}$$

3. 设

$$\boldsymbol{A}=\begin{pmatrix} 1 & 2 & -1 & 1 \\ 3 & 2 & a & -1 \\ 5 & 6 & 3 & b \end{pmatrix}$$

已知 $R(\boldsymbol{A})=2$,求 a 与 b 的值.

B 组

1. 设 $\boldsymbol{A}=\begin{pmatrix} 1 & -2 & 3k \\ -1 & 2k & -3 \\ k & -2 & 3 \end{pmatrix}$,问 k 为何值,可使(1)$R(\boldsymbol{A})=1$;(2)$R(\boldsymbol{A})=2$;(3)$R(\boldsymbol{A})=3$.

2. 设 $\boldsymbol{A}=\begin{pmatrix} -3 & 2 & -2 \\ 2 & a & 3 \\ 3 & -1 & 1 \end{pmatrix}$,$\boldsymbol{B}$ 是三阶非零矩阵,且 $\boldsymbol{AB}=\boldsymbol{O}$,求 a.

3. 设 $\boldsymbol{A}$ 是 $m\times n$ 矩阵且 $R(\boldsymbol{A})=n$，又 $\boldsymbol{AB}=\boldsymbol{AC}$，证明：$\boldsymbol{B}=\boldsymbol{C}$

§5.2 齐次线性方程组的解的结构

设有齐次线性方程组

$$\begin{cases}a_{11}x_1+a_{12}x_2+\cdots+a_{1n}x_n=0,\\ a_{21}x_1+a_{22}x_2+\cdots+a_{2n}x_n=0,\\ \quad\cdots\cdots\\ a_{m1}x_1+a_{m2}x_2+\cdots+a_{mn}x_n=0,\end{cases}\tag{1}$$

记

$$\boldsymbol{A}=\begin{pmatrix}a_{11}&a_{12}&\cdots&a_{1n}\\ a_{21}&a_{22}&\cdots&a_{2n}\\ \vdots&\vdots&&\vdots\\ a_{m1}&a_{m2}&\cdots&a_{mn}\end{pmatrix},x=\begin{pmatrix}x_1\\ x_2\\ \vdots\\ x_n\end{pmatrix},$$

则齐次线性方程组(1)可写成向量方程

$$\boldsymbol{Ax}=0\tag{2}$$

若 $\boldsymbol{x}_1=\boldsymbol{\xi}_{11},\boldsymbol{x}_2=\boldsymbol{\xi}_{21},\cdots,\boldsymbol{x}_n=\boldsymbol{\xi}_{n1}$ 为齐次线性方程组(1)的解，则

$$\boldsymbol{x}=\boldsymbol{\xi}_1=\begin{pmatrix}\xi_{11}\\ \xi_{21}\\ \vdots\\ \xi_{n1}\end{pmatrix}$$

称为齐次线性方程组(1)的**解向量**，它也就是向量方程(2)的解.

性质1 若 $\boldsymbol{x}=\boldsymbol{\xi}_1,\boldsymbol{x}=\boldsymbol{\xi}_2$ 为向量方程(2)的解，则 $\boldsymbol{x}=\boldsymbol{\xi}_1+\boldsymbol{\xi}_2$ 也是向量方程(2)的解.

证明 $\boldsymbol{A}(\boldsymbol{\xi}_1+\boldsymbol{\xi}_2)=\boldsymbol{A\xi}_1+\boldsymbol{A\xi}_2=0+0=0.$

性质2 若 $\boldsymbol{x}=\boldsymbol{\xi}_1$ 为向量方程(2)的解，k 为实数，则 $\boldsymbol{x}=k\boldsymbol{\xi}_1$ 也是向量方程(2)的解.

证明 $\boldsymbol{A}(k\boldsymbol{\xi}_1)=k(\boldsymbol{A\xi}_1)=k0=0.$

把向量方程(2)的全体解所组成的集合记作 $\boldsymbol{S}$，如果能求得解集 $\boldsymbol{S}$ 的一个极大无关组 $\boldsymbol{S}_0:\boldsymbol{\xi}_1,\boldsymbol{\xi}_2,\cdots,\boldsymbol{\xi}_t$，那么向量方程(2)的任一解都可由极大无关组 $\boldsymbol{S}_0$ 线性表示；另一方面，由上述性质1、性质2可知，极大无关组 $\boldsymbol{S}_0$ 的任何线性组合

$$\boldsymbol{x}=k_1\boldsymbol{\xi}_1+k_2\boldsymbol{\xi}_2+\cdots+k_t\boldsymbol{\xi}_t$$

都是向量方程(2)的解，因此上式便是向量方程(2)的通解，并称极大无关组 $\boldsymbol{S}_0$ 为向量方程(2)的**基础解系**.

【例1】 求齐次线性方程组

$$\begin{cases}x_1+x_2-3x_3-4x_4=0\\ 2x_1+3x_2-7x_3-9x_4=0\\ 3x_1+4x_2-10x_3-13x_4=0\end{cases}$$

的基础解系与通解.

解 对系数矩阵 $\boldsymbol{A}$ 作初等行变换,变为行最简形矩阵,有

$$\boldsymbol{A}=\begin{pmatrix}1&1&-3&-4\\2&3&-7&-9\\3&4&-10&-13\end{pmatrix}\to\begin{pmatrix}1&0&-2&-3\\0&1&-1&-1\\0&0&0&0\end{pmatrix}$$

得

$$\begin{cases}x_1=2x_3+3x_4\\x_2=x_3+x_4\end{cases}$$

令 $\begin{pmatrix}x_3\\x_4\end{pmatrix}=\begin{pmatrix}1\\0\end{pmatrix}$ 及 $\begin{pmatrix}0\\1\end{pmatrix}$,则对应有 $\begin{pmatrix}x_1\\x_2\end{pmatrix}=\begin{pmatrix}2\\1\end{pmatrix}$ 及 $\begin{pmatrix}3\\1\end{pmatrix}$,即得基础解系

$$\boldsymbol{\xi}_1=\begin{pmatrix}2\\1\\1\\0\end{pmatrix},\boldsymbol{\xi}_2=\begin{pmatrix}3\\1\\0\\1\end{pmatrix}$$

通解为

$$\begin{pmatrix}x_1\\x_2\\x_3\\x_4\end{pmatrix}=c_1\begin{pmatrix}2\\1\\1\\0\end{pmatrix}+c_2\begin{pmatrix}3\\1\\0\\1\end{pmatrix}\quad(c_1,c_2\in R).$$

由上述例子,我们不加证明地给出下面的定理:

定理 1 设 $\boldsymbol{A}$ 是 $m\times n$ 矩阵,且 $R(\boldsymbol{A})=r$,则 n 元齐次线性方程组 $\boldsymbol{Ax}=0$ 的解集 $\boldsymbol{S}$ 的秩 $R(S)=n-r$.

习题 5-2

A 组

1. 求齐次线性方程组

$$\begin{cases}x_1+x_2-x_3-x_4=0\\2x_1-5x_2+3x_3+2x_4=0\\7x_1-7x_2+3x_3+x_4=0\end{cases}$$

的基础解系与通解.

2. 求齐次线性方程组

$$\begin{cases}x_1+x_2+x_3+x_4=0\\3x_1+2x_2+x_3+x_4=0\\x_2+2x_3+2x_4=0\end{cases}$$

的基础解系与通解.

B组

1. 设 $\boldsymbol{A}$ 为四阶矩阵，$R(\boldsymbol{A})=3$，且 $\boldsymbol{A}$ 的每行元素之和为 0，求方程组 $\boldsymbol{Ax}=0$ 的通解.

2. 设 $\boldsymbol{A}=\begin{pmatrix}1&2&1&2\\0&1&t&t\\1&t&0&1\end{pmatrix}$，且 $\boldsymbol{Ax}=0$ 的基础解系含有两个线性无关的解向量，求 $\boldsymbol{Ax}=0$ 的通解.

3. 已知方程组 $\begin{cases}x_1-x_2+2x_3=0\\2x_1+(a-3)x_2+5x_3=0\\-x_1+x_2+(4-a)x_3=0\\ax_1-ax_2+(2a+3)x_3=0\end{cases}$ 有非零解，求常数 a，并求该方程组的通解.

4. 证明：设 $\boldsymbol{A}$、$\boldsymbol{B}$ 均为 n 阶非零矩阵，若 $\boldsymbol{B}$ 的每一列是齐次线性方程组 $\boldsymbol{Ax}=0$ 的解，则 $|\boldsymbol{A}|=0$，$|\boldsymbol{B}|=0$.

§5.3 非齐次线性方程组的解的结构

设有非齐次线性方程组

$$\begin{cases}a_{11}x_1+a_{12}x_2+\cdots+a_{1n}x_n=b_1,\\a_{21}x_1+a_{22}x_2+\cdots+a_{2n}x_n=b_2,\\\qquad\cdots\cdots\\a_{m1}x_1+a_{m2}x_2+\cdots+a_{mn}x_n=b_m,\end{cases}\tag{1}$$

记

$$\boldsymbol{A}=\begin{pmatrix}a_{11}&a_{12}&\cdots&a_{1n}\\a_{21}&a_{22}&\cdots&a_{2n}\\\vdots&\vdots&&\vdots\\a_{m1}&a_{m2}&\cdots&a_{mn}\end{pmatrix},\boldsymbol{x}=\begin{pmatrix}x_1\\x_2\\\vdots\\x_n\end{pmatrix},\boldsymbol{b}=\begin{pmatrix}b_1\\b_2\\\vdots\\b_m\end{pmatrix}$$

则非齐次线性方程组(1)可写成向量方程

$$\boldsymbol{Ax}=\boldsymbol{b}\tag{2}$$

性质1 若 $\boldsymbol{x}=\boldsymbol{\eta}_1$，$\boldsymbol{x}=\boldsymbol{\eta}_2$ 为非齐次线性方程组(1)的解，则 $\boldsymbol{x}=\boldsymbol{\eta}_1-\boldsymbol{\eta}_2$ 为对应的齐次线性方程组

$$\boldsymbol{Ax}=0\tag{3}$$

的解.

证明 $\boldsymbol{A}(\boldsymbol{\eta}_1-\boldsymbol{\eta}_2)=\boldsymbol{A\eta}_1-\boldsymbol{A\eta}_2=\boldsymbol{b}-\boldsymbol{b}=0$，即 $\boldsymbol{x}=\boldsymbol{\eta}_1-\boldsymbol{\eta}_2$ 满足齐次线性方程组(3).

性质2 若 $\boldsymbol{x}=\boldsymbol{\xi}$ 为非齐次线性方程组(1)的解，$\boldsymbol{x}=\boldsymbol{\eta}$ 为对应的齐次线性方程组 $\boldsymbol{Ax}=0$ 的解，则 $\boldsymbol{x}=\boldsymbol{\xi}+\boldsymbol{\eta}$ 仍是非齐次线性方程组(1)的解.

证明 $\boldsymbol{A}(\boldsymbol{\xi}+\boldsymbol{\eta})=\boldsymbol{A\xi}+\boldsymbol{A\eta}=0+\boldsymbol{b}=\boldsymbol{b}$，即 $\boldsymbol{x}=\boldsymbol{\xi}+\boldsymbol{\eta}$ 满足非齐次线性方程组(1).

由性质 2,我们推出如下定理:

定理 1 非齐次线性方程组 $\boldsymbol{Ax}=\boldsymbol{b}$ 的通解等于其对应的齐次线性方程组 $\boldsymbol{Ax}=0$ 的通解加上它本身的一个特解.

【例 1】 求解方程组

$$\begin{cases}x_1+x_2+4x_3=4\\-x_1+4x_2+x_3=16\\x_1-x_2+2x_3=-4\end{cases}$$

解 对增广矩阵 $\boldsymbol{B}$ 作初等行变换,变为行最简形矩阵,有

$$\boldsymbol{B}=\begin{pmatrix}1&1&4&4\\-1&4&1&16\\1&-1&2&-4\end{pmatrix}\to\begin{pmatrix}1&0&3&0\\0&1&1&4\\0&0&0&0\end{pmatrix}$$

得

$$\begin{cases}x_1=-3x_3+0\\x_2=-x_3+4\end{cases}$$

取 $x_3=0$,则 $x_1=0,x_2=4$,即得方程组的一个解

$$\boldsymbol{\eta}^*=\begin{pmatrix}0\\4\\0\end{pmatrix}$$

在对应的齐次线性方程组$\begin{cases}x_1=-3x_3\\x_2=-x_3\end{cases}$中,取 $x_3=1$,则 $x_1=-3,x_2=-1$,即得对应的齐次线性方程组的基础解系

$$\boldsymbol{\xi}=\begin{pmatrix}-3\\-1\\1\end{pmatrix}$$

于是所求通解为

$$\begin{pmatrix}x_1\\x_2\\x_3\end{pmatrix}=c\begin{pmatrix}-3\\-1\\1\end{pmatrix}+\begin{pmatrix}0\\4\\0\end{pmatrix}\quad(c\in\mathbf{R})$$

习题 5-3

A 组

1. 求解方程组

$$\begin{cases}x_1-x_2-x_3+x_4=0\\x_1-x_2+x_3-3x_4=1\\2x_1-2x_2-4x_3+6x_4=-1\end{cases}$$

2. 求解方程组

$$\begin{cases}x_1+2x_2+3x_3+x_4=3\\x_1+3x_2+4x_3+2x_4=2\\2x_1+7x_2+9x_3+3x_4=7\\3x_1+7x_2+10x_3+2x_4=12\end{cases}$$

B组

1. 讨论 k 取何值时，下列方程组无解、有解？有解时求出方程组的通解

$$\begin{cases}x_1+2x_2-x_3-2x_4=0\\2x_1+5x_2-x_3+x_4=1\\3x_1+7x_2-2x_3-x_4=k\end{cases}$$

2. 讨论 a 取何值时，下列方程组有无数个解，并求出方程组的通解

$$\begin{cases}x_1+ax_2=1\\x_2+ax_3=-1\\x_3+ax_4=0\\ax_1+x_4=0\end{cases}$$

第5章总习题

1. 设齐次线性方程组

$$\begin{cases}x_1+x_2+x_3=0\\ax_1+bx_2+cx_3=0\\a^2x_1+b^2x_2+c^2x_3=0\end{cases}$$

有非零解，求 a,b,c 满足的条件.

2. 设 $\boldsymbol{A}=\begin{pmatrix}1&2&-2\\2&t&1\\3&-1&1\end{pmatrix}$，$\boldsymbol{B}$ 是三阶非零矩阵，且 $\boldsymbol{AB}=\boldsymbol{O}$，求 t 及方程组 $\boldsymbol{Ax}=0$ 的通解.

3. 设方程组 $\begin{pmatrix}1&1&-2\\0&a&-2\\2&-2&5-a\end{pmatrix}\begin{pmatrix}x_1\\x_2\\x_3\end{pmatrix}=\begin{pmatrix}1\\1\\a-\frac{13}{2}\end{pmatrix}$ 有无穷多解，求 a 的值.

4. 设方程组 $\begin{pmatrix}a&1&1\\1&a&1\\1&1&a\end{pmatrix}\begin{pmatrix}x_1\\x_2\\x_3\end{pmatrix}=\begin{pmatrix}1\\1\\-2\end{pmatrix}$ 有无穷多解，求 a 的值及方程组的通解.

5. 设 $\boldsymbol{A}=\begin{pmatrix}1 & a & 3\\ 2 & a+2 & 1\\ 3 & a-1 & 4\end{pmatrix}$，$\boldsymbol{\xi}$ 为非零向量，齐次线性方程组 $\boldsymbol{Ax}=0$ 的所有解都可由 $\boldsymbol{\xi}$ 线性表示，求 a 的值.

6. 设 $\boldsymbol{A}$ 为四阶矩阵，$\boldsymbol{R}(\boldsymbol{A}^*)=1$，且 $\boldsymbol{\alpha}=\begin{pmatrix}3\\ -3\\ 2\\ 4\end{pmatrix}$，$\boldsymbol{\beta}=\begin{pmatrix}1\\ 3\\ -2\\ 5\end{pmatrix}$ 为非齐次线性方程组 $\boldsymbol{Ax}=\boldsymbol{b}$ 的两个解，求 $\boldsymbol{Ax}=\boldsymbol{b}$ 的通解.

第 6 章 方阵的特征值和特征向量

方阵的特征值和特征向量是线性代数中非常重要的内容. 如果说矩阵可以多方位地反映对象的状态与相互关联的数量信息,那么方阵的特征值和特征向量则是对这些信息的提炼与浓缩,是矩阵和向量的理论在深层次上的发展,它在经济管理与工程技术的诸多领域有着广泛的应用.

本章主要讨论方阵的特征值和特征向量问题,并利用特征值和特征向量的相关理论,讨论方阵在相似意义下的对角化问题.

§6.1 向量的内积

6.1.1 向量的内积

在第 4 章中,我们定义了向量空间,其中向量的运算只涉及向量的线性运算,它不能描述向量的度量性质,如向量的长度、夹角等. 在空间解析几何中,向量的长度、夹角等概念都可以通过向量的内积(或数量积)来定义,即由内积定义

$$\boldsymbol{x}\cdot\boldsymbol{y}=|x||y|\cos\theta$$

可以得到非零向量 $\boldsymbol{x}$ 与 $\boldsymbol{y}$ 的夹角 $\theta=\arccos\dfrac{x\cdot y}{|x||y|}$,向量 $\boldsymbol{x}$ 的长度 $|\boldsymbol{x}|=\sqrt{\boldsymbol{x}\cdot\boldsymbol{x}}$.

同时,由内积的性质还可以得到如下坐标表达式

$$(x_1,x_2,x_3)(y_1,y_2,y_3)=x_1y_1+x_2y_2+x_3y_3.$$

下面,我们把三维空间中的向量内积概念推广到 $\boldsymbol{n}$ 维向量空间,进而定义向量的长度和夹角.

定义 1 设有 $\boldsymbol{n}$ 维向量

$$\boldsymbol{x}=\begin{pmatrix}x_1\\x_2\\\vdots\\x_n\end{pmatrix},\quad \boldsymbol{y}=\begin{pmatrix}y_1\\y_2\\\vdots\\y_n\end{pmatrix},$$

令$[\boldsymbol{x},\boldsymbol{y}]=x_1y_1+x_2y_2+\cdots+x_ny_n$,则称$[\boldsymbol{x},\boldsymbol{y}]$为向量 $\boldsymbol{x}$ 与 $\boldsymbol{y}$ 的**内积**.

显然,当 $\boldsymbol{x}$ 与 $\boldsymbol{y}$ 都是列向量时,根据矩阵的乘法法则,有$[\boldsymbol{x},\boldsymbol{y}]=\boldsymbol{x}^{\mathrm{T}}\boldsymbol{y}=\boldsymbol{y}^{\mathrm{T}}\boldsymbol{x}$.

例如

$$x=\begin{pmatrix}1\\-1\\2\\0\end{pmatrix},y=\begin{pmatrix}3\\0\\-2\\8\end{pmatrix}$$

则$[x,y]=1\times3+(-1)\times0+2\times(-2)+0\times8=-1$.

注意:当 x 与 y 都是行向量时,内积$[x,y]=xy^T=yx^T$.

根据向量内积的定义,得到如下性质:

(1)$[x,y]=[y,x]$;

(2)$[\lambda x,y]=\lambda[x,y]$;

(3)$[x+y,z]=[x,z]+[y,z]$;

(4)$[x,x]\geqslant0$,当且仅当 $x=0$ 时等号成立.

定义 2 设有 n 维向量 $x=(x_1,x_2,\cdots,x_n)^T$,称

$$\sqrt{[x,x]}=\sqrt{x_1^2+x_2^2+\cdots x_n^2}$$

为向量 x 的**长度(或范数)**,记为$\|x\|$.

例如 $x=(1,-1,2,0)^T$,则

$$\|x\|=\sqrt{[x,x]}=\sqrt{1^2+(-1)^2+2^2+0^2}=\sqrt{6}.$$

向量的长度具有如下性质:

(1)非负性 $\|x\|\geqslant0$,当且仅当 $x=0$ 时,$\|x\|=0$;

(2)齐次性 $\lambda x=|\lambda|\,\|x\|$;

(3)三角不等式 $\|x+y\|\leqslant\|x\|+\|y\|$.

特别地,当$\|x\|=1$时,称 x 为单位向量. 若 $x\neq0$,则$\frac{1}{\|x\|}x$ 与 x 是同方向的向量,称$\frac{1}{\|x\|}x$ 为 x 的单位化向量.

定义 3 设 $x=(x_1,x_2,\cdots,x_n)^T$,$y=(y_1,y_2,\cdots,y_n)^T$,当$[x,y]=0$时,称向量 x 与 y **正交(或垂直)**.

例如

$$x=\begin{pmatrix}1\\-1\\2\\0\end{pmatrix},y=\begin{pmatrix}4\\0\\-2\\8\end{pmatrix}$$

由于$[x,y]=1\times4+(-1)\times0+2\times(-2)+0\times8=0$,所以向量 x 与 y 正交.

显然零向量与任何向量的内积都为零,即零向量与任何向量都正交.

定义 4 如果一个向量组中任意两个向量都正交,则称这个向量组为**正交向量组**. 如果一个正交向量组中每一个向量都是单位向量,则称此向量组为正交规范向量组或标准正交向量组.

例如

$$\boldsymbol{\varepsilon}_1=\begin{pmatrix}1\\0\\0\\0\end{pmatrix},\quad \boldsymbol{\varepsilon}_2=\begin{pmatrix}0\\1\\0\\0\end{pmatrix},\quad \boldsymbol{\varepsilon}_3=\begin{pmatrix}0\\0\\1\\0\end{pmatrix},\quad \boldsymbol{\varepsilon}_4=\begin{pmatrix}0\\0\\0\\1\end{pmatrix}$$

显然,$\boldsymbol{\varepsilon}_1,\boldsymbol{\varepsilon}_2,\boldsymbol{\varepsilon}_3,\boldsymbol{\varepsilon}_4$ 就是一个标准正交向量组.

定理 1 若 n 维向量 $\boldsymbol{\alpha}_1,\boldsymbol{\alpha}_2,\cdots,\boldsymbol{\alpha}_r$ 是一组两两正交的非零向量,则 $\boldsymbol{\alpha}_1,\boldsymbol{\alpha}_2,\cdots,\boldsymbol{\alpha}_r$ 线性无关.

证明 设 $k_1\boldsymbol{\alpha}_1+k_2\boldsymbol{\alpha}_2+\cdots+k_r\boldsymbol{\alpha}_r=0$.

用 $\boldsymbol{\alpha}_i(i=1,2,\cdots,r)$与上式两边的向量作内积,由内积性质有

$$[\boldsymbol{\alpha}_i,k_1\boldsymbol{\alpha}_1+k_2\boldsymbol{\alpha}_2+\cdots+k_r\boldsymbol{\alpha}_r]=k_1[\boldsymbol{\alpha}_i,\boldsymbol{\alpha}_1]+k_2[\boldsymbol{\alpha}_i,\boldsymbol{\alpha}_2]+\cdots+k_r[\boldsymbol{\alpha}_i,\boldsymbol{\alpha}_r]=0$$

由于 $\boldsymbol{\alpha}_1,\boldsymbol{\alpha}_2,\cdots,\boldsymbol{\alpha}_r$ 是两两正交的向量组,可得

$[\boldsymbol{\alpha}_i,\boldsymbol{\alpha}_j]=0\quad(i\neq j)$

于是,有

$$k_i[\boldsymbol{\alpha}_i,\boldsymbol{\alpha}_i]=k_i\|\boldsymbol{\alpha}_i\|^2=0,\quad i=1,2,\cdots,r.$$

又由于 $\boldsymbol{\alpha}_1,\boldsymbol{\alpha}_2,\cdots,\boldsymbol{\alpha}_r$ 是非零的,所以 $k_i=0(i=1,2,\cdots,r)$,从而 $\alpha_1,\alpha_2,\cdots,\alpha_r$ 线性无关.

【例 1】 已知 $\boldsymbol{\alpha}_1=\begin{pmatrix}1\\1\\1\end{pmatrix}$,$\boldsymbol{\alpha}_2=\begin{pmatrix}1\\-2\\1\end{pmatrix}$,求非零向量 $\boldsymbol{\alpha}_3$,使 $\boldsymbol{\alpha}_1,\boldsymbol{\alpha}_2,\boldsymbol{\alpha}_3$ 成为正交向量组.

解 设 $\boldsymbol{\alpha}_3=\begin{pmatrix}x\\y\\z\end{pmatrix}$,则 $\boldsymbol{\alpha}_1^{\mathrm{T}}\boldsymbol{\alpha}_3=0,\quad \boldsymbol{\alpha}_2^{\mathrm{T}}\boldsymbol{\alpha}_3=0$,即

$$\begin{pmatrix}1&1&1\\1&-2&1\end{pmatrix}\begin{pmatrix}x\\y\\z\end{pmatrix}=\begin{pmatrix}0\\0\end{pmatrix}$$

得 $\begin{cases}x=-z\\y=0\end{cases}$,取 $\boldsymbol{\alpha}_3=\begin{pmatrix}1\\0\\-1\end{pmatrix}$ 即为所求.

6.1.2 施密特正交化

向量空间中,标准正交基是应用最广泛的基.下面介绍的施密特(Schmidt)正交化方法,就是如何把一个线性无关向量组改造成一个与其等价的正交向量组的方法.

设 $\boldsymbol{\alpha}_1,\boldsymbol{\alpha}_2,\cdots,\boldsymbol{\alpha}_r$ 为线性无关的向量组,令

$$\boldsymbol{\beta}_1=\boldsymbol{\alpha}_1;$$

$$\boldsymbol{\beta}_2=\boldsymbol{\alpha}_2-\frac{[\boldsymbol{\alpha}_2,\boldsymbol{\beta}_1]}{[\boldsymbol{\beta}_1,\boldsymbol{\beta}_1]}\boldsymbol{\beta}_1;$$

$$\boldsymbol{\beta}_3=\boldsymbol{\alpha}_3-\frac{[\boldsymbol{\alpha}_3,\boldsymbol{\beta}_1]}{[\boldsymbol{\beta}_1,\boldsymbol{\beta}_1]}\boldsymbol{\beta}_1-\frac{[\boldsymbol{\alpha}_3,\boldsymbol{\beta}_2]}{[\boldsymbol{\beta}_2,\boldsymbol{\beta}_2]}\boldsymbol{\beta}_2;$$

…

$$\boldsymbol{\beta}_r=\boldsymbol{\alpha}_r-\frac{[\boldsymbol{\alpha}_r,\boldsymbol{\beta}_1]}{[\boldsymbol{\beta}_1,\boldsymbol{\beta}_1]}\boldsymbol{\beta}_1-\frac{[\boldsymbol{\alpha}_r,\boldsymbol{\beta}_2]}{[\boldsymbol{\beta}_2,\boldsymbol{\beta}_2]}\boldsymbol{\beta}_2-\cdots-\frac{[\boldsymbol{\alpha}_r,\boldsymbol{\beta}_{r-1}]}{[\boldsymbol{\beta}_{r-1},\boldsymbol{\beta}_{r-1}]}\boldsymbol{\beta}_{r-1}.$$

可以证明向量组 $\boldsymbol{\beta}_1,\boldsymbol{\beta}_2,\cdots,\boldsymbol{\beta}_r$ 与 $\boldsymbol{\alpha}_1,\boldsymbol{\alpha}_2,\cdots,\boldsymbol{\alpha}_r$ 等价,此处从略.

【例 2】 将向量组 $\boldsymbol{\alpha}_1=\begin{pmatrix}1\\2\\-1\end{pmatrix},\boldsymbol{\alpha}_2=\begin{pmatrix}-1\\3\\1\end{pmatrix},\boldsymbol{\alpha}_3=\begin{pmatrix}4\\-1\\0\end{pmatrix}$ 正交规范化.

解 先将 $\boldsymbol{\alpha}_1,\boldsymbol{\alpha}_2,\boldsymbol{\alpha}_3$ 正交化,取

$$\boldsymbol{\beta}_1=\boldsymbol{\alpha}_1=\begin{pmatrix}1\\2\\-1\end{pmatrix},$$

$$\boldsymbol{\beta}_2=\boldsymbol{\alpha}_2-\frac{[\boldsymbol{\alpha}_2,\boldsymbol{\beta}_1]}{[\boldsymbol{\beta}_1,\boldsymbol{\beta}_1]}\boldsymbol{\beta}_1=\begin{pmatrix}-1\\3\\1\end{pmatrix}-\frac{4}{6}\begin{pmatrix}1\\2\\-1\end{pmatrix}=\frac{5}{3}\begin{pmatrix}-1\\1\\1\end{pmatrix}$$

$$\begin{aligned}\boldsymbol{\beta}_3&=\boldsymbol{\alpha}_3-\frac{[\boldsymbol{\alpha}_3,\boldsymbol{\beta}_1]}{[\boldsymbol{\beta}_1,\boldsymbol{\beta}_1]}\boldsymbol{\beta}_1-\frac{[\boldsymbol{\alpha}_3,\boldsymbol{\beta}_2]}{[\boldsymbol{\beta}_2,\boldsymbol{\beta}_2]}\boldsymbol{\beta}_2\\&=\begin{pmatrix}4\\-1\\0\end{pmatrix}-\frac{1}{3}\begin{pmatrix}1\\2\\-1\end{pmatrix}+\frac{5}{3}\begin{pmatrix}-1\\1\\1\end{pmatrix}=\begin{pmatrix}2\\0\\2\end{pmatrix}\end{aligned}$$

再将它们单位化,取

$$\boldsymbol{e}_1=\frac{\boldsymbol{\beta}_1}{\|\boldsymbol{\beta}_1\|}=\frac{1}{\sqrt{6}}\begin{pmatrix}1\\2\\-1\end{pmatrix},\quad \boldsymbol{e}_2=\frac{\boldsymbol{\beta}_2}{\|\boldsymbol{\beta}_2\|}=\frac{1}{\sqrt{3}}\begin{pmatrix}-1\\1\\1\end{pmatrix},\quad \boldsymbol{e}_3=\frac{\boldsymbol{\beta}_3}{\|\boldsymbol{\beta}_3\|}=\frac{1}{\sqrt{2}}\begin{pmatrix}1\\0\\1\end{pmatrix}.$$

$\boldsymbol{e}_1,\boldsymbol{e}_2,\boldsymbol{e}_3$ 即为所求.

【例 3】 已知 $\boldsymbol{\beta}_1=\begin{pmatrix}1\\2\\2\end{pmatrix}$,求非零向量 $\boldsymbol{\beta}_2,\boldsymbol{\beta}_3$,使 $\boldsymbol{\beta}_1,\boldsymbol{\beta}_2,\boldsymbol{\beta}_3$ 成为正交向量组.

解 $\boldsymbol{\beta}_2,\boldsymbol{\beta}_3$ 应满足方程 $\boldsymbol{\beta}_1^{\mathrm{T}}\boldsymbol{x}=0$,即

$$x_1+2x_2+2x_3=0$$

它的基础解系为

$$\boldsymbol{\xi}_1=\begin{pmatrix}-2\\1\\0\end{pmatrix},\quad \boldsymbol{\xi}_2=\begin{pmatrix}-2\\0\\1\end{pmatrix}$$

将 $\boldsymbol{\xi}_1,\boldsymbol{\xi}_2$ 正交化,取

$$\boldsymbol{\beta}_2=\boldsymbol{\xi}_1=\begin{pmatrix}-2\\1\\0\end{pmatrix}$$

$$\boldsymbol{\beta}_3=\boldsymbol{\xi}_2-\frac{[\boldsymbol{\xi}_2,\boldsymbol{\beta}_2]}{[\boldsymbol{\beta}_2,\boldsymbol{\beta}_2]}\boldsymbol{\beta}_2=\begin{pmatrix}-2\\0\\1\end{pmatrix}-\frac{4}{5}\begin{pmatrix}-2\\1\\0\end{pmatrix}=\frac{1}{5}\begin{pmatrix}-2\\-4\\5\end{pmatrix}$$

则 $\boldsymbol{\beta}_2,\boldsymbol{\beta}_3$ 即为所求.

6.1.3 正交矩阵

定义 5 如果 n 阶方阵 $\boldsymbol{A}$，满足

$$\boldsymbol{A}\boldsymbol{A}^{\mathrm{T}}=\boldsymbol{A}^{\mathrm{T}}\boldsymbol{A}=\boldsymbol{E}$$

那么称 $\boldsymbol{A}$ 为**正交矩阵**.

例如 $\boldsymbol{A}=\begin{pmatrix}\frac{\sqrt{3}}{2} & -\frac{1}{2}\\ \frac{1}{2} & \frac{\sqrt{3}}{2}\end{pmatrix}$,

由于

$$\boldsymbol{A}\boldsymbol{A}^{\mathrm{T}}=\boldsymbol{A}^{\mathrm{T}}\boldsymbol{A}=\begin{pmatrix}\frac{\sqrt{3}}{2} & -\frac{1}{2}\\ \frac{1}{2} & \frac{\sqrt{3}}{2}\end{pmatrix}\begin{pmatrix}\frac{\sqrt{3}}{2} & \frac{1}{2}\\ -\frac{1}{2} & \frac{\sqrt{3}}{2}\end{pmatrix}=\begin{pmatrix}1 & 0\\ 0 & 1\end{pmatrix},$$

则 $\boldsymbol{A}$ 为正交矩阵.

显然，如果 $\boldsymbol{A}$ 为正交矩阵，则有 $\boldsymbol{A}^{-1}=\boldsymbol{A}^{\mathrm{T}}$.

定理 2 设 $\boldsymbol{A},\boldsymbol{B}$ 都是 $\boldsymbol{n}$ 阶正交矩阵，则有

(1) $|\boldsymbol{A}|=1$ 或者 $|\boldsymbol{A}|=-1$；

(2) $\boldsymbol{A}^{-1},\boldsymbol{A}^{\mathrm{T}},\boldsymbol{A}^{*}$ 是正交矩阵；

(3) $\boldsymbol{A}\boldsymbol{B}$ 是正交矩阵.

证明略.

定理 3 实矩阵 $\boldsymbol{A}$ 是正交矩阵的充分必要条件是 $\boldsymbol{A}$ 的行(列)向量组构成标准正交向量组，即记 $\boldsymbol{A}=(a_{ij})_{n\times n}$，则有

$$\sum_{k=1}^{n}a_{ik}a_{jk}=\begin{cases}1, & i=j\\ 0, & i\neq j\end{cases}\quad(i,j=1,2,\cdots,n)$$

且

$$\sum_{i=1}^{n}a_{ij}a_{ik}=\begin{cases}1, & j=k\\ 0, & j\neq k\end{cases}\quad(j,k=1,2,\cdots,n)$$

证明略.

【例 4】 设 $\boldsymbol{A}=\begin{pmatrix}a & -\frac{3}{7} & \frac{2}{7}\\ b & c & d\\ -\frac{3}{7} & \frac{2}{7} & e\end{pmatrix}$ 是正交矩阵，求 a,b,c,d,e 的值.

解 利用定理 3,对于矩阵 $\boldsymbol{A}$ 的行有:

$$a^2+\left(-\frac{3}{7}\right)^2+\left(\frac{2}{7}\right)^2=1$$

$$\left(-\frac{3}{7}\right)^2+\left(\frac{2}{7}\right)^2+e^2=1$$

由此可得:$a=\pm\frac{6}{7},e=\pm\frac{6}{7}$.

再由矩阵的列有:

$$a^2+b^2+\left(-\frac{3}{7}\right)^2=1$$

$$\left(-\frac{3}{7}\right)^2+c^2+\left(\frac{2}{7}\right)^2=1$$

$$\left(\frac{2}{7}\right)^2+d^2+e^2=1$$

解得:$b=\pm\frac{2}{7},c=\pm\frac{6}{7},d=\pm\frac{3}{7}$.

当 $a=\frac{6}{7}$ 时,因为 $\boldsymbol{A}$ 的第 1 行和第 2 行相互正交,所以有 $\frac{6}{7}\times\left(-\frac{3}{7}\right)+bc+\left(-\frac{3}{7}\right)\times\frac{2}{7}=0$,无论 bc 取什么符号都不能使上式成立,所以 $a=-\frac{6}{7}$.

又因为 $\boldsymbol{A}$ 的第 1 行和第 3 行相互正交,所以 $\left(-\frac{6}{7}\right)\times\left(-\frac{3}{7}\right)+\left(-\frac{3}{7}\right)\times\frac{2}{7}+\frac{2}{7}e=0$,得 $e=-\frac{6}{7}$.

当 $b=\frac{2}{7}$ 时,因为 $\boldsymbol{A}$ 的第 2 列和第 3 列相互正交,可以解得 $c=-\frac{6}{7},d=-\frac{3}{7}$,

当 $b=-\frac{2}{7}$ 时,因为 $\boldsymbol{A}$ 的第 2 列和第 3 列相互正交,可以解得 $c=\frac{6}{7},d=\frac{3}{7}$.

综上所述,$(a,b,c,d,e)=\left(-\frac{6}{7},-\frac{2}{7},\frac{6}{7},\frac{3}{7},-\frac{6}{7}\right)$ 和 $(a,b,c,d,e)=\left(-\frac{6}{7},\frac{2}{7},-\frac{6}{7},-\frac{3}{7},-\frac{6}{7}\right)$ 为所求的解.

定义 6 若 $\boldsymbol{A}$ 为正交矩阵,则线性变换 $\boldsymbol{y}=\boldsymbol{A}\boldsymbol{x}$ 称为正交变换.

习题 6-1

A 组

1. 求下列向量的长度及向量间的夹角:

(1) $\boldsymbol{x}=(2,1,2,3)^{\mathrm{T}},\boldsymbol{y}=(1,2,-2,0)^{\mathrm{T}}$

(2) $\boldsymbol{x}=(1,2,2,3)^{\mathrm{T}},\boldsymbol{y}=(3,1,5,1)^{\mathrm{T}}$

2. 试用施密特正交化方法将下列向量组正交化：

(1) $\boldsymbol{\alpha}_1=\begin{pmatrix}1\\1\\1\end{pmatrix},\boldsymbol{\alpha}_2=\begin{pmatrix}1\\2\\3\end{pmatrix},\boldsymbol{\alpha}_3=\begin{pmatrix}1\\4\\9\end{pmatrix}$

(2) $\boldsymbol{\alpha}_1=\begin{pmatrix}1\\0\\-1\\1\end{pmatrix},\boldsymbol{\alpha}_2=\begin{pmatrix}1\\-1\\0\\1\end{pmatrix},\boldsymbol{\alpha}_3=\begin{pmatrix}-1\\1\\1\\0\end{pmatrix}$

3. 将第2题中的向量组正交规范化.

4. 设向量 $\boldsymbol{a}=\begin{pmatrix}1\\0\\-2\end{pmatrix},\boldsymbol{b}=\begin{pmatrix}-4\\2\\3\end{pmatrix}$，向量 $\boldsymbol{c}$ 与 $\boldsymbol{a}$ 正交，且 $\boldsymbol{b}=\lambda\boldsymbol{a}+\boldsymbol{c}$，求 λ 和 $\boldsymbol{c}$.

B组

1. 已知向量 $\boldsymbol{\alpha}=(1,1,1)^{\mathrm{T}}$，求一组非零向量 $\boldsymbol{\beta},\boldsymbol{\gamma}$，使得 $\boldsymbol{\alpha},\boldsymbol{\beta},\boldsymbol{\gamma}$ 两两正交.

2. 设 $\boldsymbol{A},\boldsymbol{B}$ 均为 n 阶正交矩阵，且 $|\boldsymbol{A}|=-|\boldsymbol{B}|$，试证明：$|\boldsymbol{A}+\boldsymbol{B}|=0$.

§6.2 方阵的特征值和特征向量概述

对于给定的 n 阶方阵 $\boldsymbol{A}$ 是否存在 n 维非零列向量 $\boldsymbol{x}$，使得 $\boldsymbol{Ax}$ 与 $\boldsymbol{x}$ 线性相关？即是否存在 n 维非零向量 $\boldsymbol{x}$ 和常数 λ，使得 $\boldsymbol{Ax}=\lambda\boldsymbol{x}$？如果存在，怎样寻找这样的 $\boldsymbol{x}$ 和 λ？这就是本节要介绍的特征值和特征向量.

引例 设矩阵 $\boldsymbol{A}=\begin{pmatrix}3&4\\5&2\end{pmatrix},\boldsymbol{\alpha}_1=\begin{pmatrix}4\\-5\end{pmatrix},\boldsymbol{\alpha}_2=\begin{pmatrix}1\\1\end{pmatrix}$，则

$$\boldsymbol{A\alpha}_1=\begin{pmatrix}3&4\\5&2\end{pmatrix}\begin{pmatrix}4\\-5\end{pmatrix}=\begin{pmatrix}-8\\10\end{pmatrix}=-2\begin{pmatrix}4\\-5\end{pmatrix},$$

即 $\boldsymbol{A\alpha}_1=-2\boldsymbol{\alpha}_1$，同理我们发现 $\boldsymbol{A\alpha}_2=7\boldsymbol{\alpha}_2$.

思考：是否对于任意 n 阶方阵 $\boldsymbol{A}$，都存在常数和非零列向量 $\boldsymbol{\alpha}$，使得 $\boldsymbol{A\alpha}=\lambda\boldsymbol{\alpha}$？

6.2.1 特征值和特征向量的概念

定义1 设 $\boldsymbol{A}$ 是 n 阶方阵，如果存在常数 λ 和 n 维非零列向量 $\boldsymbol{x}$，使得

$$\boldsymbol{Ax}=\lambda\boldsymbol{x} \tag{1}$$

则称常数 λ 为方阵 $\boldsymbol{A}$ 的**特征值**，非零列向量 $\boldsymbol{x}$ 称为方阵 $\boldsymbol{A}$ 的属于特征值 λ 的**特征向量**.

值得注意的是：特征向量一定是非零向量，即零向量不能作为特征向量. 但是特征值可以为零.

将方程组(1)移项并提出 $\boldsymbol{x}$，即有如下等式：

$$(\boldsymbol{A}-\lambda\boldsymbol{E})\boldsymbol{x}=0 \tag{2}$$

这是一个以 $\boldsymbol{A}-\lambda\boldsymbol{E}$ 为系数矩阵的 n 元齐次线性方程组. 如果 λ 是方阵 $\boldsymbol{A}$ 的特征值,$\boldsymbol{\alpha}$ 为属于 λ 的特征向量,则 $\boldsymbol{\alpha}$ 为方程组(2)的非零解. 反之,若有数 λ,使方程组(2)有非零解,则数 λ 是方阵 $\boldsymbol{A}$ 的一个特征值,这个方程组的任何一个非零解都是 λ 对应的特征向量,由于齐次线性方程组有非零解的充要条件是它的系数行列式为零,即

$$|\boldsymbol{A}-\lambda\boldsymbol{E}|=0 \tag{3}$$

所以,数 λ 是方阵 $\boldsymbol{A}$ 的特征值的充要条件是:λ 是方程(3)的根. 这样,求方阵 $\boldsymbol{A}$ 的特征值问题就转化为求方程(3)的根的问题,求特征向量问题就是求方程组(2)的非零解问题.

定义 2 设 $\boldsymbol{A}=(a_{ij})$ 为 n 阶方阵,称方程组 $(\boldsymbol{A}-\lambda\boldsymbol{E})\boldsymbol{x}=\boldsymbol{0}$ 的系数矩阵 $\boldsymbol{A}-\lambda\boldsymbol{E}$ 为 $\boldsymbol{A}$ 的特征矩阵,$\boldsymbol{A}-\lambda\boldsymbol{E}$ 的行列式 $|\boldsymbol{A}-\lambda\boldsymbol{E}|$ 为 $\boldsymbol{A}$ 的特征多项式,$|\boldsymbol{A}-\lambda\boldsymbol{E}|=0$ 为 $\boldsymbol{A}$ 的**特征方程**.

【例 1】 已知 $\boldsymbol{\alpha}=\begin{pmatrix}1\\1\\-1\end{pmatrix}$ 是矩阵 $\boldsymbol{A}=\begin{pmatrix}2&-1&2\\5&a&3\\-1&b&-2\end{pmatrix}$ 的一个特征向量.

(1)写出矩阵 $\boldsymbol{A}$ 的特征方程;(2)求参数 $\boldsymbol{a},\boldsymbol{b}$ 及特征向量所对应的特征值.

解 (1)由题意知,特征方程为 $|\boldsymbol{A}-\lambda\boldsymbol{E}|=0$,即 $\begin{vmatrix}2-\lambda&-1&2\\5&a-\lambda&3\\-1&b&-2-\lambda\end{vmatrix}=0$;

(2)由特征值和特征向量的定义有

$$\boldsymbol{A\alpha}=\lambda\boldsymbol{\alpha}$$

即

$$\begin{pmatrix}2&-1&2\\5&a&3\\-1&b&-2\end{pmatrix}\begin{pmatrix}1\\1\\-1\end{pmatrix}=\lambda\begin{pmatrix}1\\1\\-1\end{pmatrix}$$

于是有

$$\begin{pmatrix}-1\\2+a\\1+b\end{pmatrix}=\begin{pmatrix}\lambda\\\lambda\\-\lambda\end{pmatrix}$$

解得 $a=-3,b=0,\lambda=-1$.

6.2.2 特征值和特征向量的求法

由上述讨论可得,求矩阵 $\boldsymbol{A}$ 的特征值和特征向量的步骤如下:

(1)计算 n 阶方阵 $\boldsymbol{A}$ 的特征多项式 $|\boldsymbol{A}-\lambda\boldsymbol{E}|$;

(2)求特征方程 $|\boldsymbol{A}-\lambda\boldsymbol{E}|=0$ 的所有根 $\lambda_1,\lambda_2,\cdots,\lambda_n$,即方阵 $\boldsymbol{A}$ 的全部特征值;

(3)对于每个特征值 λ_i,求对应的齐次方程组 $(\boldsymbol{A}-\lambda_i\boldsymbol{E})\boldsymbol{x}=\boldsymbol{0}$ 的基础解系,就是 $\boldsymbol{A}$ 对应于特征值 λ_i 的特征向量,基础解系的线性组合(零向量除外)就是 $\boldsymbol{A}$ 对应于 λ_i 的全部特征向量.

【例2】 求矩阵 $\boldsymbol{A}=\begin{pmatrix}2 & -3\\4 & -5\end{pmatrix}$ 的特征值和特征向量.

解 矩阵 $\boldsymbol{A}$ 的特征多项式为

$$|\boldsymbol{A}-\lambda\boldsymbol{E}|=\begin{vmatrix}2-\lambda & -3\\4 & -5-\lambda\end{vmatrix}=(\lambda+1)(\lambda+2)$$

所以 $\boldsymbol{A}$ 的特征值为 $\lambda_1=-1,\lambda_2=-2$.

当 $\boldsymbol{\lambda}_1=-1$ 时,解齐次线性方程组 $(\boldsymbol{A}+\boldsymbol{E})\boldsymbol{x}=\boldsymbol{0}$,即

$$\begin{pmatrix}3 & -3\\4 & -4\end{pmatrix}\begin{pmatrix}x_1\\x_2\end{pmatrix}=\begin{pmatrix}0\\0\end{pmatrix}$$

得其基础解系 $\boldsymbol{\eta}_1=\begin{pmatrix}1\\1\end{pmatrix}$. 于是,矩阵 $\boldsymbol{A}$ 属于特征值 -1 的全部特征向量为 $k_1\boldsymbol{\eta}_1(k_1\neq0)$.

当 $\boldsymbol{\lambda}_2=-2$ 时,解齐次线性方程组 $(\boldsymbol{A}+2\boldsymbol{E})\boldsymbol{x}=\boldsymbol{0}$,即

$$\begin{pmatrix}4 & -3\\4 & -3\end{pmatrix}\begin{pmatrix}x_1\\x_2\end{pmatrix}=\begin{pmatrix}0\\0\end{pmatrix}$$

得其基础解系 $\boldsymbol{\eta}_2=\begin{pmatrix}3\\4\end{pmatrix}$. 于是,矩阵 $\boldsymbol{A}$ 属于特征值 -2 的全部特征向量为 $k_2\boldsymbol{\eta}_2(k_2\neq0)$

【例3】 求矩阵 $\boldsymbol{A}=\begin{pmatrix}1 & -2 & 2\\-2 & -2 & 4\\2 & 4 & -2\end{pmatrix}$ 的特征值和特征向量.

解 矩阵 $\boldsymbol{A}$ 的特征多项式为

$$|\boldsymbol{A}-\lambda\boldsymbol{E}|=\begin{vmatrix}1-\lambda & -2 & 2\\-2 & -2-\lambda & 4\\2 & 4 & -2-\lambda\end{vmatrix}\xlongequal{r_2+r_3}\begin{vmatrix}1-\lambda & -2 & 2\\0 & 2-\lambda & 2-\lambda\\2 & 4 & -2-\lambda\end{vmatrix}$$

$$\xlongequal{c_3-c_2}\begin{vmatrix}1-\lambda & -2 & 4\\0 & 2-\lambda & 0\\2 & 4 & -6-\lambda\end{vmatrix}=-(2-\lambda)^2(\lambda+7)$$

所以 $\boldsymbol{A}$ 的特征值为 $\lambda_1=-7,\lambda_2=\lambda_3=2$.

当 $\boldsymbol{\lambda}_1=-7$ 时,解齐次线性方程组 $(\boldsymbol{A}+7\boldsymbol{E})\boldsymbol{x}=\boldsymbol{0}$,即

$$\begin{pmatrix}8 & -2 & 2\\-2 & 5 & 4\\2 & 4 & 5\end{pmatrix}\begin{pmatrix}x_1\\x_2\\x_3\end{pmatrix}=\begin{pmatrix}0\\0\\0\end{pmatrix}$$

得其基础解系 $\boldsymbol{\eta}_1=\begin{pmatrix}1\\2\\-2\end{pmatrix}$. 于是,矩阵 $\boldsymbol{A}$ 属于特征值 -7 的全部特征向量为 $k_1\boldsymbol{\eta}_1(k_1\neq0)$.

当 $\boldsymbol{\lambda}_2=\boldsymbol{\lambda}_3=2$ 时,解齐次线性方程组 $(\boldsymbol{A}-2\boldsymbol{E})\boldsymbol{x}=\boldsymbol{0}$,即

$$\begin{pmatrix}-1 & -2 & 2\\-2 & -4 & 4\\2 & 4 & -4\end{pmatrix}\begin{pmatrix}x_1\\x_2\\x_3\end{pmatrix}=\begin{pmatrix}0\\0\\0\end{pmatrix}$$

得其基础解系 $\boldsymbol{\eta}_2=\begin{pmatrix}-2\\1\\0\end{pmatrix}$，$\boldsymbol{\eta}_3=\begin{pmatrix}2\\0\\1\end{pmatrix}$. 于是，矩阵 $\boldsymbol{A}$ 属于特征值 -2 的全部特征向量为

$k_2\boldsymbol{\eta}_2+k_3\boldsymbol{\eta}_3$（$k_2,k_3$是不同时为零的常数）

6.2.3 特征值和特征向量的性质

定理 1 设 λ 是方阵 $\boldsymbol{A}$ 的特征值，则

(1) λ 是方阵 $\boldsymbol{A}$ 转置 $\boldsymbol{A}^{\mathrm{T}}$ 的特征值；

(2) 当 $\boldsymbol{A}$ 可逆时，$\dfrac{1}{\lambda}$ 是 $\boldsymbol{A}^{-1}$ 的特征值；

(3) λ^k 是方阵 $\boldsymbol{A}^k$ 的特征值；

(4) $f(\lambda)=a_0+a_1\lambda+\cdots+a_m\lambda^m$ 是 $f(\boldsymbol{A})=a_0\boldsymbol{E}+a_1\boldsymbol{A}+\cdots+a_m\boldsymbol{A}^m$ 的特征值.

证明 设 $\boldsymbol{x}\neq\boldsymbol{0}$ 是对应于 λ 的特征向量，则

(1) 由于

$$|\boldsymbol{A}^{\mathrm{T}}-\lambda\boldsymbol{E}|=|(\boldsymbol{A}-\lambda\boldsymbol{E})^{\mathrm{T}}|=|\boldsymbol{A}-\lambda\boldsymbol{E}|=0$$

所以 $\boldsymbol{A}^{\mathrm{T}}$ 与 $\boldsymbol{A}$ 的特征值相同，即 λ 是方阵 $\boldsymbol{A}$ 转置 $\boldsymbol{A}^{\mathrm{T}}$ 的特征值.

(2) 当 $\boldsymbol{A}$ 可逆时，由 $\boldsymbol{A}\boldsymbol{x}=\lambda\boldsymbol{x}$，有 $\boldsymbol{x}=\lambda\boldsymbol{A}^{-1}\boldsymbol{x}$，因为 $\boldsymbol{x}\neq\boldsymbol{0}$，知 $\lambda\neq0$，从而

$$\boldsymbol{A}^{-1}\boldsymbol{x}=\frac{1}{\lambda}\boldsymbol{x}$$

所以 $\dfrac{1}{\lambda}$ 是 $\boldsymbol{A}^{-1}$ 的特征值.

(3) $\boldsymbol{A}^k\boldsymbol{x}=\boldsymbol{A}^{k-1}(\boldsymbol{A}\boldsymbol{x})=\lambda(\boldsymbol{A}^{k-1}\boldsymbol{x})=\cdots=\lambda^{k-1}(\boldsymbol{A}\boldsymbol{x})=\lambda^k\boldsymbol{x}$. 所以 λ^k 是方阵 $\boldsymbol{A}^k$ 的特征值.

(4) $f(\boldsymbol{A})\boldsymbol{x}=a_0\boldsymbol{x}+a_1\boldsymbol{A}\boldsymbol{x}+\cdots+a_m\boldsymbol{A}^m\boldsymbol{x}=(a_0+a_1\lambda+\cdots+a_m\lambda^m)\boldsymbol{x}$，所以 $f(\lambda)$ 是 $f(\boldsymbol{A})$ 的特征值.

定理 2 设 n 阶方阵 $\boldsymbol{A}$ 的 n 个特征值为 $\lambda_1,\lambda_2,\cdots,\lambda_n$，则

(1) $\sum\limits_{i=1}^{n}\lambda_i=\sum\limits_{i=1}^{n}a_{ii}$，其中 $\sum\limits_{i=1}^{n}a_{ii}$ 是 $\boldsymbol{A}$ 的主对角线上的元素之和，称为矩阵 $\boldsymbol{A}$ 的迹，记作 $tr(\boldsymbol{A})$；

(2) $\prod\limits_{i=1}^{n}\lambda_i=|\boldsymbol{A}|$.

推论 n 阶方阵 $\boldsymbol{A}$ 可逆的充要条件是它的任一特征值都不等于零.

【例 4】 设 3 阶矩阵 $\boldsymbol{A}$ 的特征值为 $1,-1,2$，求 $\boldsymbol{A}^*+3\boldsymbol{A}-2\boldsymbol{E}$ 的特征值.

解 因为 $\boldsymbol{A}$ 的特征值全不为零，知 $\boldsymbol{A}$ 可逆，故 $\boldsymbol{A}^*=|\boldsymbol{A}|\boldsymbol{A}^{-1}$，又 $|\boldsymbol{A}|=\lambda_1\lambda_2\lambda_3=-2$，所以

$$\boldsymbol{A}^*+3\boldsymbol{A}-2\boldsymbol{E}=-2\boldsymbol{A}^{-1}+3\boldsymbol{A}-2\boldsymbol{E}$$

把上式记作 $\varphi(\boldsymbol{A})$，有 $\varphi(\lambda)=-\frac{2}{\lambda}+3\lambda-2$. 从而可得 $\varphi(\boldsymbol{A})$ 的特征值为 $\varphi(1)=-1,\varphi(-1)=-3,\varphi(2)=3$，即 $\boldsymbol{A}^*+3\boldsymbol{A}-2\boldsymbol{E}$ 的特征值为 $-1,-3,3$.

定理 3 设 $\lambda_1,\lambda_2,\cdots,\lambda_n$ 是方阵 $\boldsymbol{A}$ 的 n 个特征值，$\boldsymbol{p}_1,\boldsymbol{p}_2,\cdots,\boldsymbol{p}_n$ 是依次与之对应的特征向量. 如果 $\lambda_1,\lambda_2,\cdots,\lambda_n$ 各不相等，则 $\boldsymbol{p}_1,\boldsymbol{p}_2,\cdots,\boldsymbol{p}_n$ 线性无关.

证明 对不同特征值的个数 n 用数学归纳法.

当 $n=1$ 时，由于单个非零向量线性无关，所以结论成立.

假设结论对 $n-1$ 个不同特征值 $\lambda_1,\lambda_2,\cdots,\lambda_{n-1}$ 的情形成立，即它们所对应的特征向量 $\boldsymbol{p}_1,\boldsymbol{p}_2,\cdots,\boldsymbol{p}_{n-1}$ 线性无关. 现证明 n 个互不相同的特征值 $\lambda_1,\lambda_2,\cdots,\lambda_n$ 各自对应的特征向量也线性无关. 设

$$k_1\boldsymbol{p}_1+k_2\boldsymbol{p}_2+\cdots+k_{n-1}\boldsymbol{p}_{n-1}+k_n\boldsymbol{p}_n=\boldsymbol{0} \tag{1}$$

用 $\boldsymbol{A}$ 左乘式(1)两端，得

$$k_1\boldsymbol{A}\boldsymbol{p}_1+k_2\boldsymbol{A}\boldsymbol{p}_2+\cdots+k_{n-1}\boldsymbol{A}\boldsymbol{p}_{n-1}+k_n\boldsymbol{A}\boldsymbol{p}_n=\boldsymbol{0} \tag{2}$$

因为 $\boldsymbol{A}\boldsymbol{p}_i=\lambda_i\boldsymbol{p}_i(i=1,2,\cdots,n)$，故

$$k_1\lambda_1\boldsymbol{p}_1+k_2\lambda_2\boldsymbol{p}_2+\cdots+k_{n-1}\lambda_{n-1}\boldsymbol{p}_{n-1}+k_n\lambda_n\boldsymbol{p}_n=\boldsymbol{0} \tag{3}$$

用 λ_n 乘式(1)，得

$$k_1\lambda_n\boldsymbol{p}_1+k_2\lambda_n\boldsymbol{p}_2+\cdots+k_{n-1}\lambda_n\boldsymbol{p}_{n-1}+k_n\lambda_n\boldsymbol{p}_n=\boldsymbol{0} \tag{4}$$

用式(4)减去式(3)，得

$$k_1(\lambda_n-\lambda_1)\boldsymbol{p}_1+k_2(\lambda_n-\lambda_2)\boldsymbol{p}_2+\cdots+k_{n-1}(\lambda_n-\lambda_{n-1})\boldsymbol{p}_{n-1}=\boldsymbol{0}$$

由归纳法假设，$\boldsymbol{p}_1,\boldsymbol{p}_2,\cdots,\boldsymbol{p}_{n-1}$ 线性无关，所以

$$k_i(\lambda_n-\lambda_i)=0 \quad (i=1,2,\cdots,n-1)$$

又由于 $\lambda_n-\lambda_i\neq 0$，故只有 $k_i=0(i=1,2,\cdots,n-1)$，将其代入式(1)，得

$$k_n\boldsymbol{p}_n=\boldsymbol{0}$$

而 $\boldsymbol{p}_n\neq 0$，所以只有 $k_n=0$，所以 $\boldsymbol{p}_1,\boldsymbol{p}_2,\cdots,\boldsymbol{p}_n$ 线性无关.

推论 设 n 阶方阵 $\boldsymbol{A}$ 有 n 个不同的特征值，则 $\boldsymbol{A}$ 有一组由 n 个线性无关的向量组成的特征向量组.

【例 5】 设 λ_1 和 λ_2 是矩阵 $\boldsymbol{A}$ 的两个不同的特征值，对应的特征向量依次为 $\boldsymbol{p}_1,\boldsymbol{p}_2$，证明 $\boldsymbol{p}_1+\boldsymbol{p}_2$ 不是 $\boldsymbol{A}$ 的特征向量.

证明 由已知得 $\boldsymbol{A}\boldsymbol{p}_1=\lambda_1\boldsymbol{p}_1,\boldsymbol{A}\boldsymbol{p}_2=\lambda_2\boldsymbol{p}_2$，故

$$\boldsymbol{A}(\boldsymbol{p}_1+\boldsymbol{p}_2)=\lambda_1\boldsymbol{p}_1+\lambda_2\boldsymbol{p}_2$$

用反证法，假设 $\boldsymbol{p}_1+\boldsymbol{p}_2$ 是 $\boldsymbol{A}$ 的特征向量，则应存在数 λ，使

$$A(p_1+p_2)=\lambda(\boldsymbol{p}_1+\boldsymbol{p}_2)$$

于是

$$\lambda(\boldsymbol{p}_1+\boldsymbol{p}_2)=\lambda_1\boldsymbol{p}_1+\lambda_2\boldsymbol{p}_2$$

即

$$(\lambda_1-\lambda)\boldsymbol{p}_1+(\lambda_2-\lambda)\boldsymbol{p}_2=\boldsymbol{0}$$

因为$\lambda_1 \neq \lambda_2$，根据定理3知$\boldsymbol{p}_1,\boldsymbol{p}_2$线性无关，故由上式得$\lambda_1-\lambda=\lambda_2-\lambda=0$，即$\lambda_1=\lambda_2$，与已知矛盾，因此$\boldsymbol{p}_1+\boldsymbol{p}_2$不是$\boldsymbol{A}$的特征向量.

习题 6-2

A 组

1. 判断下列命题是否正确？

(1)满足$\boldsymbol{A}\boldsymbol{x}=\lambda\boldsymbol{x}$的数$\lambda$和向量$\boldsymbol{x}$是方阵$\boldsymbol{A}$的特征值和特征向量；

(2)如果$\boldsymbol{p}_1,\boldsymbol{p}_2,\cdots,\boldsymbol{p}_s$是方阵$\boldsymbol{A}$对应于特征值$\lambda$的特征向量，$k_1,k_2,\cdots,k_s$为任意实数，则$k_1\boldsymbol{p}_1+k_2\boldsymbol{p}_2+\cdots+k_s\boldsymbol{p}_s$也是$\boldsymbol{A}$对应于$\lambda$的特征向量；

(3)设λ,μ是n阶方阵$\boldsymbol{A}$和$\boldsymbol{B}$的特征值，则$\lambda+\mu$是$\boldsymbol{A}+\boldsymbol{B}$的特征值.

2. 求下列矩阵的特征值和特征向量：

(1)$\boldsymbol{A}=\begin{pmatrix}2&-4\\-3&3\end{pmatrix}$　　(2)$\boldsymbol{A}=\begin{pmatrix}2&-1&2\\5&-3&3\\-1&0&-2\end{pmatrix}$

(3)$\boldsymbol{A}=\begin{pmatrix}1&2&3\\2&1&3\\3&3&6\end{pmatrix}$　　(4)$\boldsymbol{A}=\begin{pmatrix}0&0&0&1\\0&0&1&0\\0&1&0&0\\1&0&0&0\end{pmatrix}$

3. 设1,2,3是三阶方阵$\boldsymbol{A}$的特征值，求$\boldsymbol{A}^{-1},\boldsymbol{A}^*,3\boldsymbol{A}-2\boldsymbol{E}$的特征值.

4. 设$\boldsymbol{A}=\begin{pmatrix}-1&2&2\\2&-1&-2\\2&-2&-1\end{pmatrix}$

(1)求$\boldsymbol{A}$的特征值；(2)求$\boldsymbol{A}^{-1}+\boldsymbol{E}$的特征值.

B 组

1. 设1,1,−1是三阶实对称矩阵$\boldsymbol{A}$的三个特征值，$\boldsymbol{x}_1=(1,1,1)^{\mathrm{T}}$，$\boldsymbol{x}_2=(2,2,1)^{\mathrm{T}}$是$\boldsymbol{A}$的属于特征值1的特征向量，求$\boldsymbol{A}$的属于特征值−1的特征向量.

2. 设矩阵

$$\boldsymbol{A}=\begin{pmatrix}3&2&2\\2&3&2\\2&2&3\end{pmatrix},\quad \boldsymbol{P}=\begin{pmatrix}0&1&0\\1&0&1\\0&0&1\end{pmatrix}.$$

$\boldsymbol{B}=\boldsymbol{P}^{-1}\boldsymbol{A}^*\boldsymbol{P}$，求$\boldsymbol{B}+2\boldsymbol{E}$的特征值和特征向量.

3. 已知向量$\boldsymbol{\alpha}=\begin{pmatrix}1\\k\\1\end{pmatrix}$是矩阵$\boldsymbol{A}=\begin{pmatrix}2&1&1\\1&2&1\\1&1&2\end{pmatrix}$的逆矩阵$\boldsymbol{A}^{-1}$的特征向量，试求常数$k$的值及向量$\boldsymbol{\alpha}$所对应的特征值$\lambda$.

4. 已知向量 $\boldsymbol{\xi}_1=\begin{pmatrix}1\\2\\2\end{pmatrix}$，$\boldsymbol{\xi}_2=\begin{pmatrix}0\\-1\\1\end{pmatrix}$，$\boldsymbol{\xi}_3=\begin{pmatrix}0\\0\\1\end{pmatrix}$，方阵 $\boldsymbol{A}$ 满足

$$\boldsymbol{A}\boldsymbol{\xi}_1=\boldsymbol{\xi}_1,\boldsymbol{A}\boldsymbol{\xi}_2=\boldsymbol{0},\boldsymbol{A}\boldsymbol{\xi}_3=-\boldsymbol{\xi}_3$$

求 $\boldsymbol{A}$ 及 $\boldsymbol{A}^n$.

5. 已知 $\boldsymbol{x}=\begin{pmatrix}1\\1\\-1\end{pmatrix}$ 是矩阵 $\boldsymbol{A}=\begin{pmatrix}2&-1&2\\5&a&3\\-1&b&-2\end{pmatrix}$ 的一个特征向量，求参数 a,b 及特征向量 x 所对应的特征值 λ.

§6.3　相似矩阵

作为矩阵的特征值理论的一个应用，本节将讨论相似矩阵的概念与性质，以及方阵相似于对角矩阵的条件.

6.3.1　相似矩阵的概念与性质

定义 1　设 $\boldsymbol{A},\boldsymbol{B}$ 都是 n 阶方阵，若存在 n 阶可逆矩阵 $\boldsymbol{P}$，使得

$$\boldsymbol{P}^{-1}\boldsymbol{A}\boldsymbol{P}=\boldsymbol{B}$$

则称矩阵 $\boldsymbol{A}$ 与 $\boldsymbol{B}$ 相似，记为 $\boldsymbol{A}\sim\boldsymbol{B}$. 矩阵 $\boldsymbol{P}$ 称为把矩阵 $\boldsymbol{A}$ 变成 $\boldsymbol{B}$ 的相似变换矩阵，如果 $\boldsymbol{P}$ 为正交矩阵，则称 $\boldsymbol{A}$ 与 $\boldsymbol{B}$ 正交相似.

例如：设 $\boldsymbol{A}=\begin{pmatrix}3&-1\\-1&3\end{pmatrix}$，$\boldsymbol{P}=\begin{pmatrix}1&-1\\-1&2\end{pmatrix}$，$\boldsymbol{Q}=\begin{pmatrix}-1&1\\1&1\end{pmatrix}$，则

$$\boldsymbol{P}^{-1}\boldsymbol{A}\boldsymbol{P}=\begin{pmatrix}1&-1\\-1&2\end{pmatrix}^{-1}\begin{pmatrix}3&-1\\-1&3\end{pmatrix}\begin{pmatrix}1&-1\\-1&2\end{pmatrix}=\begin{pmatrix}4&-3\\0&2\end{pmatrix}$$

$$\boldsymbol{Q}^{-1}\boldsymbol{A}\boldsymbol{Q}=\begin{pmatrix}-1&1\\1&1\end{pmatrix}^{-1}\begin{pmatrix}3&-1\\-1&3\end{pmatrix}\begin{pmatrix}-1&1\\1&1\end{pmatrix}=\begin{pmatrix}4&0\\0&2\end{pmatrix}$$

由此可知，与矩阵 $\boldsymbol{A}$ 相似的矩阵并不唯一，也不一定是对角矩阵.

设 $\boldsymbol{A},\boldsymbol{B},\boldsymbol{C}$ 为 n 阶方阵，相似矩阵有如下性质：

性质 1　反身性：$\boldsymbol{A}\sim\boldsymbol{A}$.

性质 2　对称性：若 $\boldsymbol{A}\sim\boldsymbol{B}$，则 $\boldsymbol{B}\sim\boldsymbol{A}$.

性质 3　传递性：若 $\boldsymbol{A}\sim\boldsymbol{B}$，$\boldsymbol{B}\sim\boldsymbol{C}$，则 $\boldsymbol{A}\sim\boldsymbol{C}$.

这三条性质可以直接利用矩阵相似的定义得出，证明略.

定理 1　设 n 阶矩阵 $\boldsymbol{A}$ 与 $\boldsymbol{B}$ 相似，则

(1) $\boldsymbol{A}$ 与 $\boldsymbol{B}$ 有相同的秩，即 $R(\boldsymbol{A})=R(\boldsymbol{B})$；

(2) $\boldsymbol{A}$ 与 $\boldsymbol{B}$ 有相同的行列式；

(3) $\boldsymbol{A}$ 与 $\boldsymbol{B}$ 有相同的特征多项式，从而有相同的特征值；

(4)$\boldsymbol{A}$ 与 $\boldsymbol{B}$ 有相同的迹,即 $tr(\boldsymbol{A})=tr(\boldsymbol{B})$;

(5)$\boldsymbol{A}$ 与 $\boldsymbol{B}$ 的幂相似,即 $\boldsymbol{A}^k\sim\boldsymbol{B}^k$($k$ 为任意非负整数);

(6)$\boldsymbol{A}$ 与 $\boldsymbol{B}$ 都可逆或者都不可逆.当它们可逆时,它们的逆矩阵也相似,即 $\boldsymbol{A}^{-1}\sim\boldsymbol{B}^{-1}$.

证 (1)由于 $\boldsymbol{A}$ 与 $\boldsymbol{B}$ 相似,所以存在可逆矩阵 $\boldsymbol{P}$,使得 $\boldsymbol{P}^{-1}\boldsymbol{AP}=\boldsymbol{B}$,因此

$$R(\boldsymbol{B})=R(\boldsymbol{P}^{-1}\boldsymbol{AP})=R(\boldsymbol{A}).$$

(2)$|\boldsymbol{B}|=|\boldsymbol{P}^{-1}\boldsymbol{AP}|=|\boldsymbol{P}^{-1}||\boldsymbol{A}||\boldsymbol{P}|=|\boldsymbol{A}|$

(3)因为

$$|\boldsymbol{B}-\lambda\boldsymbol{E}|=|\boldsymbol{P}^{-1}\boldsymbol{AP}-\lambda\boldsymbol{E}|=|\boldsymbol{P}^{-1}(\boldsymbol{A}-\lambda\boldsymbol{E})\boldsymbol{P}|=|\boldsymbol{P}^{-1}||\boldsymbol{A}-\lambda\boldsymbol{E}||P|=|A-\lambda\boldsymbol{E}|$$

所以 $\boldsymbol{A}$ 与 $\boldsymbol{B}$ 有相同的特征多项式,从而有相同的特征值.

(4)由(3)及特征值的性质,易得 $tr(\boldsymbol{A})=tr(\boldsymbol{B})$.

(5)$\boldsymbol{B}^k=(\boldsymbol{P}^{-1}\boldsymbol{AP})^k=(\boldsymbol{P}^{-1}\boldsymbol{AP})(\boldsymbol{P}^{-1}\boldsymbol{AP})\cdots(\boldsymbol{P}^{-1}\boldsymbol{AP})=\boldsymbol{P}^{-1}\boldsymbol{A}^k\boldsymbol{P}$

即 $\boldsymbol{A}^k\sim\boldsymbol{B}^k$.

(6)设 $\boldsymbol{A}\sim\boldsymbol{B}$,由性质 2 有 $|\boldsymbol{A}|=|\boldsymbol{B}|$,所以 $|\boldsymbol{A}|$ 与 $|\boldsymbol{B}|$ 同时为零或同时不为零,因此 $\boldsymbol{A}$ 与 $\boldsymbol{B}$ 同时可逆或者同时不可逆.

若 $\boldsymbol{A}$ 与 $\boldsymbol{B}$ 均可逆,因为 $\boldsymbol{A}\sim\boldsymbol{B}$,故存在可逆矩阵 $\boldsymbol{P}$,使得 $\boldsymbol{B}=\boldsymbol{P}^{-1}\boldsymbol{AP}$,则有

$$\boldsymbol{B}^{-1}=(\boldsymbol{P}^{-1}\boldsymbol{AP})^{-1}=\boldsymbol{P}^{-1}\boldsymbol{A}^{-1}(\boldsymbol{P}^{-1})^{-1}=\boldsymbol{P}^{-1}\boldsymbol{A}^{-1}\boldsymbol{P}$$

即 $\boldsymbol{A}^{-1}\sim\boldsymbol{B}^{-1}$.

注意:(1)定理中第三条的逆命题是不成立的,即若 $\boldsymbol{A}$ 与 $\boldsymbol{B}$ 的特征多项式相同(或所有特征值相同),$\boldsymbol{A}$ 不一定与 $\boldsymbol{B}$ 相似.例如:

$$\boldsymbol{A}=\begin{pmatrix}1&0\\0&1\end{pmatrix},\boldsymbol{B}=\begin{pmatrix}1&1\\0&1\end{pmatrix}$$

有相同的特征多项式$(1-\lambda)^2$,即都有二重特征值 1,但它们不相似.事实上,若 $\boldsymbol{A}$ 与 $\boldsymbol{B}$ 相似,则有可逆矩阵 $\boldsymbol{P}$,使

$$\boldsymbol{B}=\boldsymbol{P}^{-1}\boldsymbol{AP}=\boldsymbol{P}^{-1}\boldsymbol{EP}=\boldsymbol{E}$$

这与 $\boldsymbol{B}$ 不是单位矩阵相矛盾.

(2)虽然相似矩阵有相同的特征值,但是它们属于同一特征值的特征向量不一定相同.

6.3.2 矩阵可对角化的条件

在矩阵的运算中,对角矩阵的运算最为简便.如果方阵 $\boldsymbol{A}$ 能够相似于对角矩阵(简称 $\boldsymbol{A}$ 可对角化),则可以大大简化运算过程.但是,一般来说,并不是每一个方阵都相似于对角矩阵,即矩阵的相似对角化是有条件的.

定理 2 n 阶矩阵 $\boldsymbol{A}$ 与对角矩阵 $\boldsymbol{\Lambda}$ 相似的充分必要条件是 $\boldsymbol{A}$ 有 n 个线性无关的特征向量.

证明 必要性.设 n 阶矩阵 $\boldsymbol{A}$ 与对角矩阵 $\boldsymbol{\Lambda}=\begin{pmatrix}\lambda_1&&&\\&\lambda_2&&\\&&\ddots&\\&&&\lambda_n\end{pmatrix}$ 相似,则存在可逆矩

阵 $\boldsymbol{P}=(\boldsymbol{x}_1,\boldsymbol{x}_2,\cdots,\boldsymbol{x}_n)$，其中 $\boldsymbol{x}_1,\boldsymbol{x}_2,\cdots,\boldsymbol{x}_n$ 为线性无关的非零列向量，使得 $\boldsymbol{P}^{-1}\boldsymbol{AP}=\boldsymbol{\Lambda}$，用 $\boldsymbol{P}$ 左乘上式两端，得 $\boldsymbol{AP}=\boldsymbol{P\Lambda}$，即

$$\boldsymbol{A}(\boldsymbol{x}_1,\boldsymbol{x}_2,\cdots,\boldsymbol{x}_n)=(\boldsymbol{x}_1,\boldsymbol{x}_2,\cdots,\boldsymbol{x}_n)\begin{pmatrix}\lambda_1 & & & \\ & \lambda_2 & & \\ & & \ddots & \\ & & & \lambda_n\end{pmatrix}$$

从而 $(\boldsymbol{Ax}_1,\boldsymbol{Ax}_2,\cdots,\boldsymbol{Ax}_n)=(\lambda_1\boldsymbol{x}_1,\lambda_2\boldsymbol{x}_2,\cdots,\lambda_n\boldsymbol{x}_n)$，于是，有

$$\boldsymbol{Ax}_i=\lambda_i\boldsymbol{x}_i\quad(i=1,2,\cdots,n)$$

所以 $\boldsymbol{x}_1,\boldsymbol{x}_2,\cdots,\boldsymbol{x}_n$ 是 $\boldsymbol{A}$ 的分别对应于特征值 $\lambda_1,\lambda_2,\cdots,\lambda_n$ 的线性无关的特征向量.

充分性. 设 $\boldsymbol{x}_1,\boldsymbol{x}_2,\cdots,\boldsymbol{x}_n$ 是 $\boldsymbol{A}$ 的 n 个线性无关的特征向量，$\boldsymbol{x}_i$ 对应的特征值为 $\lambda_i(i=1,2,\cdots,n)$. 记 $\boldsymbol{P}=(\boldsymbol{x}_1,\boldsymbol{x}_2,\cdots,\boldsymbol{x}_n)$，则 $\boldsymbol{P}$ 为可逆矩阵. 因为 $\boldsymbol{Ax}_i=\lambda_i\boldsymbol{x}_i(i=1,2,\cdots,n)$，故

$$\begin{aligned}\boldsymbol{AP}&=(\boldsymbol{Ax}_1,\boldsymbol{Ax}_2,\cdots,\boldsymbol{Ax}_n)=(\lambda_1\boldsymbol{x}_1,\lambda_2\boldsymbol{x}_2,\cdots,\lambda_n\boldsymbol{x}_n)\\&=(\boldsymbol{x}_1,\boldsymbol{x}_2,\cdots,\boldsymbol{x}_n)\begin{pmatrix}\lambda_1 & & & \\ & \lambda_2 & & \\ & & \ddots & \\ & & & \lambda_n\end{pmatrix}\end{aligned}$$

即 $\boldsymbol{AP}=\boldsymbol{P\Lambda}$，其中 $\boldsymbol{\Lambda}=\begin{pmatrix}\lambda_1 & & & \\ & \lambda_2 & & \\ & & \ddots & \\ & & & \lambda_n\end{pmatrix}$，用 $\boldsymbol{P}^{-1}$ 左乘上式两端，得

$$\boldsymbol{P}^{-1}\boldsymbol{AP}=\boldsymbol{\Lambda}$$

所以，$\boldsymbol{A}$ 与对角矩阵 $\boldsymbol{\Lambda}$ 相似.

注意：在定理 2 的证明中需注意以下两点：

(1) 由于对角矩阵的特征值是其对角线上的元素，而相似矩阵又有完全相同的特征值，所以当 n 阶矩阵 $\boldsymbol{A}$ 与对角矩阵 $\boldsymbol{\Lambda}$ 相似时，对角矩阵 $\boldsymbol{\Lambda}$ 的主对角线上元素就是矩阵 $\boldsymbol{A}$ 的全部特征值，并且同一特征值重复出现的次数与其重数相同.

(2) 当 n 阶矩阵 $\boldsymbol{A}$ 与对角矩阵 $\boldsymbol{\Lambda}$ 相似时，其相似变换矩阵 $\boldsymbol{P}$ 的列向量是矩阵 $\boldsymbol{A}$ 的分别属于特征值 $\lambda_1,\lambda_2,\cdots,\lambda_n$ 的线性无关的特征向量 $\boldsymbol{x}_1,\boldsymbol{x}_2,\cdots,\boldsymbol{x}_n$，并且 $\boldsymbol{x}_1,\boldsymbol{x}_2,\cdots,\boldsymbol{x}_n$ 在矩阵 $\boldsymbol{P}$ 中从左到右的排列次序与 $\lambda_1,\lambda_2,\cdots,\lambda_n$ 在 $\boldsymbol{\Lambda}$ 从左上角到右下角的排列次序相同.

推论 若 n 阶矩阵 $\boldsymbol{A}$ 有 n 个互异的特征值，则 $\boldsymbol{A}$ 与对角矩阵相似.

定理 3 n 阶矩阵 $\boldsymbol{A}$ 可对角化的充要条件是 $\boldsymbol{A}$ 的每个 k 重特征值对应 k 个线性无关的特征向量(即矩阵 $A-\lambda\boldsymbol{E}$ 的秩为 $n-k$).

注意：当矩阵 $\boldsymbol{A}$ 的特征值互不相等时，$\boldsymbol{A}$ 一定可以对角化. 但是如果矩阵 $\boldsymbol{A}$ 有重特征值时，就要考虑特征向量的线性相关性，即：如果矩阵 $\boldsymbol{A}$ 有 n 个线性无关的特征向量，则可以对角化；如果矩阵 $\boldsymbol{A}$ 没有 n 个线性无关的特征向量，则不能对角化.

【例 1】 已知矩阵 $\boldsymbol{A}=\begin{pmatrix}-2 & 0 & 0\\ 2 & 0 & 2\\ 3 & 1 & 1\end{pmatrix}$，求一个可逆矩阵 $\boldsymbol{P}$，将矩阵 $\boldsymbol{A}$ 对角化.

解 (1)由 $|\boldsymbol{A}-\lambda\boldsymbol{E}|=\begin{vmatrix}-2-\lambda & 0 & 0\\ 2 & -\lambda & 2\\ 3 & 1 & 1-\lambda\end{vmatrix}=(\lambda+2)(\lambda+1)(\lambda-2)=0.$

$\boldsymbol{A}$ 的特征值为$-1,2,-2$,解齐次线性方程组$(\boldsymbol{A}-\lambda\boldsymbol{E})\boldsymbol{x}=\boldsymbol{0}$可分别求得 $\boldsymbol{A}$ 对应的特征向量

$$\boldsymbol{\eta}_1=\begin{pmatrix}0\\-2\\1\end{pmatrix},\boldsymbol{\eta}_2=\begin{pmatrix}0\\1\\1\end{pmatrix},\boldsymbol{\eta}_3=\begin{pmatrix}-1\\0\\1\end{pmatrix}.$$

于是所求逆矩阵 $\boldsymbol{P}=(\boldsymbol{\eta}_1,\boldsymbol{\eta}_2,\boldsymbol{\eta}_3)=\begin{pmatrix}0 & 0 & -1\\ -2 & 1 & 0\\ 1 & 1 & 1\end{pmatrix}$,使 $\boldsymbol{P}^{-1}\boldsymbol{BP}=\begin{pmatrix}-1 & 0 & 0\\ 0 & 2 & 0\\ 0 & 0 & -2\end{pmatrix}$.

【例 2】 设 $\boldsymbol{A}=\begin{pmatrix}0 & 0 & 1\\ 1 & 1 & x\\ 1 & 0 & 0\end{pmatrix}$,问 x 为何值时,矩阵 $\boldsymbol{A}$ 可对角化?

解 矩阵 $\boldsymbol{A}$ 的特征多项式为

$$|\boldsymbol{A}-\lambda\boldsymbol{E}|=\begin{vmatrix}-\lambda & 0 & 1\\ 1 & 1-\lambda & x\\ 1 & 0 & -\lambda\end{vmatrix}=(1-\lambda)\begin{vmatrix}-\lambda & 1\\ 1 & -\lambda\end{vmatrix}=-(\lambda-1)^2(\lambda+1)$$

得特征值为 $\lambda_1=-1,\lambda_2=\lambda_3=1$.

由定理 3 可知,矩阵 $\boldsymbol{A}$ 可对角化的充要条件是对应二重特征值 $\lambda_2=\lambda_3=1$ 应有两个线性无关的特征向量,即系数矩阵 $\boldsymbol{A}-\boldsymbol{E}$ 的秩为 1,而

$$\boldsymbol{A}-\boldsymbol{E}=\begin{pmatrix}-1 & 0 & 1\\ 1 & 0 & x\\ 1 & 0 & -1\end{pmatrix}\sim\begin{pmatrix}1 & 0 & -1\\ 0 & 0 & x+1\\ 0 & 0 & 0\end{pmatrix}$$

得 $x+1=0$,即 $x=-1$.

因此,当 $x=-1$ 时,矩阵 $\boldsymbol{A}$ 能对角化.

【例 3】 设 $\boldsymbol{A}=\begin{pmatrix}2 & -1\\ -1 & 2\end{pmatrix}$,求 $\boldsymbol{A}^n$.

解 由 $|\boldsymbol{A}-\lambda\boldsymbol{E}|=\begin{vmatrix}2-\lambda & -1\\ -1 & 2-\lambda\end{vmatrix}=(\lambda-1)(\lambda-3)$

得 $\boldsymbol{A}$ 的特征值为 $\lambda_1=1,\lambda_2=3$,于是 $\boldsymbol{\Lambda}=\begin{pmatrix}1 & 0\\ 0 & 3\end{pmatrix}$,$\boldsymbol{\Lambda}^n=\begin{pmatrix}1 & 0\\ 0 & 3^n\end{pmatrix}$.

对应 $\lambda_1=1$,解$(\boldsymbol{A}-\boldsymbol{E})\boldsymbol{x}=\boldsymbol{0}$,得 $\boldsymbol{p}_1=\begin{pmatrix}1\\1\end{pmatrix}$.

对应 $\lambda_2=3$,解$(\boldsymbol{A}-3\boldsymbol{E})\boldsymbol{x}=\boldsymbol{0}$,得 $\boldsymbol{p}_2=\begin{pmatrix}1\\-1\end{pmatrix}$.

所以 $\boldsymbol{P}=(\boldsymbol{p}_1,\boldsymbol{p}_2)=\begin{pmatrix}1 & 1\\ 1 & -1\end{pmatrix}$,从而得 $\boldsymbol{P}^{-1}=\frac{1}{2}\begin{pmatrix}1 & 1\\ 1 & -1\end{pmatrix}$,于是

$$A^n=P\Lambda^n P^{-1}=\frac{1}{2}\begin{pmatrix}1 & 1\\ 1 & -1\end{pmatrix}\begin{pmatrix}1 & 0\\ 0 & 3^n\end{pmatrix}\begin{pmatrix}1 & 1\\ 1 & -1\end{pmatrix}=\frac{1}{2}\begin{pmatrix}1+3^n & 1-3^n\\ 1-3^n & 1+3^n\end{pmatrix}.$$

习题 6-3

A 组

1. 设矩阵 $\boldsymbol{A}=\begin{pmatrix}2 & 0 & 0\\ 0 & 0 & 1\\ 0 & 1 & x\end{pmatrix}$ 与 $\boldsymbol{B}=\begin{pmatrix}2 & 0 & 0\\ 0 & 1 & 0\\ 0 & 0 & -1\end{pmatrix}$ 相似.

求:(1)求 x;

(2)求一个可逆矩阵 $\boldsymbol{P}$,使 $\boldsymbol{P}^{-1}\boldsymbol{AP}=\boldsymbol{B}$.

2. 设 $\boldsymbol{A}=\begin{pmatrix}1 & 4 & 2\\ 0 & -3 & 4\\ 0 & 4 & 3\end{pmatrix}$,求 $\boldsymbol{A}^{100}$.

3. 设三阶方阵 $\boldsymbol{A}$ 的特征值为 $1,0,-1$,对应的特征向量依次为

$$\boldsymbol{\eta}_1=\begin{pmatrix}1\\ 2\\ 2\end{pmatrix},\boldsymbol{\eta}_2=\begin{pmatrix}2\\ -2\\ 1\end{pmatrix},\boldsymbol{\eta}_3=\begin{pmatrix}-2\\ -1\\ 2\end{pmatrix}$$

求 $\boldsymbol{A}$ 和 $\boldsymbol{A}^{50}$.

4. 设矩阵 $\boldsymbol{A}=\begin{pmatrix}2 & 0 & 1\\ 3 & 1 & x\\ 4 & 0 & 5\end{pmatrix}$ 可相似对角化,求 x.

5. 判断下列矩阵

$$\boldsymbol{A}_1=\begin{pmatrix}2 & 0 & 0\\ 1 & 3 & -1\\ 1 & 0 & 1\end{pmatrix},\boldsymbol{A}_2=\begin{pmatrix}-2 & 1 & 1\\ 0 & 2 & 0\\ -4 & 1 & 3\end{pmatrix},\boldsymbol{A}_3=\begin{pmatrix}1 & 1 & 0\\ 0 & 2 & 1\\ 0 & 0 & 1\end{pmatrix}$$

能否与对角阵相似?

B 组

1. 设 $\boldsymbol{A}=\begin{pmatrix}2 & -1 & 2\\ 5 & b & 3\\ -1 & 0 & -2\end{pmatrix}$,已知 $|\boldsymbol{A}|=-1$,$\boldsymbol{A}$ 的伴随矩阵 $\boldsymbol{A}^*$ 的特征值 λ_0 对应的特征向量 $\boldsymbol{\alpha}=(-1,-1,1)^{\mathrm{T}}$,求 λ_0 和 b 的值.

2. 设矩阵 $A=\begin{pmatrix}3 & 2 & -2\\ -x & -1 & x\\ 4 & 2 & -3\end{pmatrix}$,问当 x 为何值时,存在可逆矩阵 $\boldsymbol{P}$,使 $\boldsymbol{P}^{-1}\boldsymbol{AP}$ 为对角阵?并求出相应的对角阵.

3. 设 $\boldsymbol{A}$ 和 $\boldsymbol{B}$ 是两个 m 阶矩阵，$\boldsymbol{C}$ 和 $\boldsymbol{D}$ 是两个 n 阶矩阵，证明：如果 $\boldsymbol{A}$ 与 $\boldsymbol{B}$ 相似，$\boldsymbol{C}$ 与 $\boldsymbol{D}$ 相似，那么分块对角矩阵 $\begin{pmatrix} \boldsymbol{A} & \boldsymbol{O} \\ \boldsymbol{O} & \boldsymbol{C} \end{pmatrix}$ 与 $\begin{pmatrix} \boldsymbol{B} & \boldsymbol{O} \\ \boldsymbol{O} & \boldsymbol{D} \end{pmatrix}$ 相似.

§6.4 实对称矩阵的对角化

上一节我们讨论了一般矩阵与对角矩阵相似的条件，本节主要介绍实对称矩阵与对角矩阵相似的问题.

6.4.1 实对称矩阵特征值的性质

定理 1 实对称矩阵的特征值为实数.

证明 设复数 λ 为 n 阶实对称矩阵 $\boldsymbol{A}$ 的特征值，复向量 $\boldsymbol{x}$ 为对应的特征向量，即

$$\boldsymbol{A}\boldsymbol{x}=\lambda\boldsymbol{x}, \boldsymbol{x}\neq\boldsymbol{0}$$

用 $\bar{\lambda}$ 表示 λ 的共轭复数，$\bar{\boldsymbol{x}}$ 表示 $\boldsymbol{x}$ 的共轭复向量，则 $\boldsymbol{A}\bar{\boldsymbol{x}}=\bar{\boldsymbol{A}}\bar{\boldsymbol{x}}=\overline{\boldsymbol{A}\boldsymbol{x}}=\overline{\lambda\boldsymbol{x}}=\bar{\lambda}\bar{x}$，于是有 $\bar{\lambda}$ $\bar{\boldsymbol{x}}$

$$\bar{\boldsymbol{x}}^{\mathrm{T}}\boldsymbol{A}\boldsymbol{x}=\bar{\boldsymbol{x}}^{\mathrm{T}}(\boldsymbol{A}\boldsymbol{x})=\bar{\boldsymbol{x}}^{\mathrm{T}}\lambda\boldsymbol{x}=\lambda\bar{\boldsymbol{x}}^{\mathrm{T}}\boldsymbol{x}$$

及

$$\bar{\boldsymbol{x}}^{\mathrm{T}}\boldsymbol{A}\boldsymbol{x}=(\bar{\boldsymbol{x}}^{\mathrm{T}}\boldsymbol{A}^{\mathrm{T}})\boldsymbol{x}=(\boldsymbol{A}\bar{\boldsymbol{x}})^{\mathrm{T}}\boldsymbol{x}=(\overline{\lambda\boldsymbol{x}})^{\mathrm{T}}\boldsymbol{x}=\bar{\lambda}\bar{\boldsymbol{x}}^{\mathrm{T}}\boldsymbol{x}$$

两式相减，得 $(\lambda-\bar{\lambda})\bar{\boldsymbol{x}}^{\mathrm{T}}\boldsymbol{x}=0$，但是，$\boldsymbol{x}$ 特征向量不等于零，所以

$$\bar{\boldsymbol{x}}^{\mathrm{T}}\boldsymbol{x}=\sum_{i=1}^{n}\bar{\boldsymbol{x}}_i\boldsymbol{x}_i=\sum_{i=1}^{n}|\boldsymbol{x}_i|^2\neq 0$$

从而 $\lambda-\bar{\lambda}=0$，即 $\lambda=\bar{\lambda}$，这说明 λ 为实数.

定理 2 实对称矩阵 $\boldsymbol{A}$ 的属于不同特征值的特征向量相互正交.

证明 设 λ_1,λ_2 是 $\boldsymbol{A}$ 的两个不同特征值，$\boldsymbol{p}_1,\boldsymbol{p}_2$ 是对应的特征向量. 于是

$$\lambda_1\boldsymbol{p}_1=\boldsymbol{A}\boldsymbol{p}_1, \lambda_2\boldsymbol{p}_2=\boldsymbol{A}\boldsymbol{p}_2, \lambda_1\neq\lambda_2$$

因为 $\boldsymbol{A}$ 为对称矩阵，故 $\lambda_1\boldsymbol{p}_1=\boldsymbol{A}\boldsymbol{p}_1,\lambda_2\boldsymbol{p}_2=\boldsymbol{A}\boldsymbol{p}_2,\lambda_1\neq\lambda_2$，从而

$$\lambda_1\boldsymbol{p}_1^{\mathrm{T}}\boldsymbol{p}_2=\boldsymbol{p}_1^{\mathrm{T}}\boldsymbol{A}\boldsymbol{p}_2=\boldsymbol{p}_1^{\mathrm{T}}(\lambda_2\boldsymbol{p}_2)=\lambda_2\boldsymbol{p}_1^{\mathrm{T}}\boldsymbol{p}_2$$

即

$$(\lambda_1-\lambda_2)\boldsymbol{p}_1^{\mathrm{T}}\boldsymbol{p}_2=0$$

由于 $\lambda_1\neq\lambda_2$，故 $\boldsymbol{p}_1^{\mathrm{T}}\boldsymbol{p}_2=0$，即 $\boldsymbol{p}_1,\boldsymbol{p}_2$ 正交.

6.4.2 实对称矩阵的对角化方法

不是任何矩阵均可对角化，但是，对于实对称矩阵一定可以对角化.

定理 3 设 $\boldsymbol{A}$ 为 n 阶实对称矩阵，则必有正交矩阵 $\boldsymbol{P}$，使 $\boldsymbol{P}^{-1}\boldsymbol{A}\boldsymbol{P}=\boldsymbol{P}^{T}\boldsymbol{A}\boldsymbol{P}=\boldsymbol{\Lambda}$，其中 $\boldsymbol{\Lambda}$ 是以 $\boldsymbol{A}$ 的 n 个特征值为对角元的对角矩阵.

证明 略.

推论 设 $\boldsymbol{A}$ 为 n 阶实对称矩阵，λ 是 $\boldsymbol{A}$ 的特征方程的 k 重根，则矩阵 $\boldsymbol{A}-\lambda\boldsymbol{E}$ 的秩 R

$(\boldsymbol{A}-\lambda\boldsymbol{E})=n-k$，从而对应特征值 λ 恰有 k 个线性无关的特征向量.

依据定理 3 和推论，有如下将实对称矩阵 $\boldsymbol{A}$ 对角化的步骤：

(1)求出特征方程 $|\boldsymbol{A}-\lambda\boldsymbol{E}|=0$ 的所有不同的特征值 $\lambda_1,\lambda_2,\cdots,\lambda_s$，其中 λ_i 为 $\boldsymbol{A}$ 的 r_i 重特征值$(i=1,2,\cdots,s)$；

(2)对每一个特征值 λ_i，解齐次线性方程组 $(\boldsymbol{A}-\lambda_i\boldsymbol{E})x=0$，求得它的一个基础解系 $\boldsymbol{\alpha}_{i1},\boldsymbol{\alpha}_{i2},\cdots,\boldsymbol{\alpha}_{ir_i}(i=1,2,\cdots,s)$；

(3)利用施密特正交化方法，将 $\boldsymbol{\alpha}_{i1},\boldsymbol{\alpha}_{i2},\cdots,\boldsymbol{\alpha}_{ir_i}$ 正交化、单位化，得到正交单位向量组 $\boldsymbol{\gamma}_{i1},\boldsymbol{\gamma}_{i2},\cdots,\boldsymbol{\gamma}_{ir_i}(i=1,2,\cdots,s)$；

(4)记 $\boldsymbol{P}=(\boldsymbol{\gamma}_{11},\boldsymbol{\gamma}_{12},\cdots,\boldsymbol{\gamma}_{1r_1},\boldsymbol{\gamma}_{21},\boldsymbol{\gamma}_{22},\cdots,\boldsymbol{\gamma}_{2r_2},\cdots,\boldsymbol{\gamma}_{s1},\boldsymbol{\gamma}_{s2},\cdots,\boldsymbol{\gamma}_{sr_s})$，则 $\boldsymbol{P}$ 为正交矩阵，使

$$\boldsymbol{P}^{-1}\boldsymbol{A}\boldsymbol{P}=\boldsymbol{\Lambda}=\mathrm{diag}(\overbrace{\lambda_1,\cdots,\lambda_1}^{r_1},\overbrace{\lambda_2,\cdots,\lambda_2}^{r_2},\cdots,\overbrace{\lambda_s,\cdots,\lambda_s}^{r_s}).$$

其中矩阵 $\boldsymbol{\Lambda}$ 的主对角线元 $\boldsymbol{\lambda}_i$ 的重数为 $\boldsymbol{r}_i(i=1,2,\cdots,s)$，并且排列顺序与 $\boldsymbol{P}$ 中正交单位向量组的排列顺序相对应.

【例 1】 设 $\boldsymbol{A}=\begin{pmatrix}1&0&0\\0&2&1\\0&1&2\end{pmatrix}$，求一个正交矩阵 $\boldsymbol{P}$，使 $\boldsymbol{P}^{-1}\boldsymbol{A}\boldsymbol{P}=\boldsymbol{\Lambda}$ 为对角矩阵.

解 $\boldsymbol{A}$ 的特征方程为

$$|\boldsymbol{A}-\lambda\boldsymbol{E}|=\begin{vmatrix}1-\lambda&0&0\\0&2-\lambda&1\\0&1&2-\lambda\end{vmatrix}=(3-\lambda)(1-\lambda)^2$$

故 $\boldsymbol{A}$ 的特征值为 $\lambda_1=3,\lambda_2=\lambda_3=1$.

当 $\lambda_1=3$ 时，解方程组 $(\boldsymbol{A}-3\boldsymbol{E})\boldsymbol{x}=0$ 得基础解系 $\boldsymbol{\alpha}_1=\begin{pmatrix}0\\1\\1\end{pmatrix}$，将其单位化得 $\boldsymbol{p}_1=\frac{1}{\sqrt{2}}\begin{pmatrix}0\\1\\1\end{pmatrix}$.

当 $\lambda_2=\lambda_3=1$ 时，解方程组 $(\boldsymbol{A}-\boldsymbol{E})\boldsymbol{x}=0$ 得基础解系 $\boldsymbol{\alpha}_2=\begin{pmatrix}1\\0\\0\end{pmatrix},\boldsymbol{\alpha}_3=\begin{pmatrix}0\\1\\-1\end{pmatrix}$. 这两个向量已正交，故只需单位化，得 $\boldsymbol{p}_2=\begin{pmatrix}1\\0\\0\end{pmatrix},\boldsymbol{p}_3=\frac{1}{\sqrt{2}}\begin{pmatrix}0\\1\\-1\end{pmatrix}$.

于是求得正交矩阵为

$$\boldsymbol{P}=(\boldsymbol{p}_1,\boldsymbol{p}_2,\boldsymbol{p}_3)=\begin{pmatrix}0&1&0\\\frac{1}{\sqrt{2}}&0&\frac{1}{\sqrt{2}}\\\frac{1}{\sqrt{2}}&0&-\frac{1}{\sqrt{2}}\end{pmatrix}$$

使 $P^{-1}AP=\begin{pmatrix}3 & & \\ & 1 & \\ & & 1\end{pmatrix}$.

【例 2】 设 $A=\begin{pmatrix}0 & -1 & 1\\ -1 & 0 & 1\\ 1 & 1 & 0\end{pmatrix}$,求一个正交矩阵 P,使 $P^{-1}AP=\Lambda$ 为对角矩阵.

解 A 的特征方程为

$$|A-\lambda E|=\begin{vmatrix}-\lambda & -1 & 1\\ -1 & -\lambda & 1\\ 1 & 1 & -\lambda\end{vmatrix}=(1-\lambda)(\lambda^2+\lambda-2)=-(1-\lambda)^2(\lambda+2)$$

故 A 的特征值为 $\lambda_1=-2,\lambda_2=\lambda_3=1$.

当 $\lambda_1=-2$ 时,解方程组 $(A+2E)x=0$ 得基础解系 $\alpha_1=\begin{pmatrix}-1\\ -1\\ 1\end{pmatrix}$,将其单位化得 $p_1=\frac{1}{\sqrt{3}}\begin{pmatrix}-1\\ -1\\ 1\end{pmatrix}$.

当 $\lambda_2=\lambda_3=1$ 时,解方程组 $(A-E)x=0$ 得基础解系 $\alpha_2=\begin{pmatrix}-1\\ 1\\ 0\end{pmatrix}$,$\alpha_3=\begin{pmatrix}1\\ 0\\ 1\end{pmatrix}$. 将 α_2,α_3 先正交化,取 $\xi_2=\alpha_2$,

$$\xi_3=\alpha_3-\frac{[\xi_2,\alpha_3]}{[\xi_2,\xi_2]}\xi_2=\begin{pmatrix}1\\ 0\\ 1\end{pmatrix}+\frac{1}{2}\begin{pmatrix}-1\\ 1\\ 0\end{pmatrix}=\frac{1}{2}\begin{pmatrix}1\\ 1\\ 2\end{pmatrix}$$

再将 ξ_2,ξ_3 单位化,得 $p_2=\frac{1}{\sqrt{2}}\begin{pmatrix}-1\\ 1\\ 0\end{pmatrix}$,$p_3=\frac{1}{\sqrt{6}}\begin{pmatrix}1\\ 1\\ 2\end{pmatrix}$.

于是求得正交矩阵为

$$P=(p_1,p_2,p_3)=\begin{pmatrix}-\frac{1}{\sqrt{3}} & -\frac{1}{\sqrt{2}} & \frac{1}{\sqrt{6}}\\ -\frac{1}{\sqrt{3}} & \frac{1}{\sqrt{2}} & \frac{1}{\sqrt{6}}\\ \frac{1}{\sqrt{3}} & 0 & \frac{2}{\sqrt{6}}\end{pmatrix}$$

使 $P^{-1}AP=\begin{pmatrix}-2 & & \\ & 1 & \\ & & 1\end{pmatrix}$.

【例 3】 设三阶实对称矩阵 A 的特征值为 $-1,1,1$,与特征值 -1 对应的特征向量为

$\boldsymbol{p}_1=\begin{pmatrix}0\\1\\1\end{pmatrix}$,求 $\boldsymbol{A}$.

解 设与特征值 $\lambda=1$ 对应的特征向量为 $\boldsymbol{\alpha}=\begin{pmatrix}x_1\\x_2\\x_3\end{pmatrix}$,由于实对称矩阵不同特征值所对应的特征向量必正交,故 $\boldsymbol{p}_1^{\mathrm{T}}\boldsymbol{\alpha}=0$,即 $x_2+x_3=0$,解得基础解系

$$\boldsymbol{p}_2=\begin{pmatrix}1\\0\\0\end{pmatrix},\boldsymbol{p}_3=\begin{pmatrix}0\\1\\-1\end{pmatrix}$$

而 $\boldsymbol{A}$ 对应于二重特征值 $\lambda=1$ 的线性无关特征向量一定有两个,故 $\boldsymbol{p}_2,\boldsymbol{p}_3$ 就是对应于 $\lambda=1$ 的特征向量.

记 $\boldsymbol{P}=(\boldsymbol{p}_1,\boldsymbol{p}_2,\boldsymbol{p}_3)=\begin{pmatrix}0&1&0\\1&0&1\\1&0&-1\end{pmatrix}$,于是

$$\boldsymbol{A}=\boldsymbol{P\Lambda P}^{-1}=\begin{pmatrix}0&1&0\\1&0&1\\1&0&-1\end{pmatrix}\begin{pmatrix}-1&&\\&1&\\&&1\end{pmatrix}\begin{pmatrix}0&1&0\\1&0&1\\1&0&-1\end{pmatrix}^{-1}=\begin{pmatrix}1&0&0\\0&0&-1\\0&-1&0\end{pmatrix}$$

习题 6-4

A 组

1.试求一个正交相似变换矩阵,将下列实对称矩阵化为对角矩阵:

(1)$\boldsymbol{A}=\begin{pmatrix}4&2&2\\2&4&2\\2&2&4\end{pmatrix}$　　(2)$\boldsymbol{B}=\begin{pmatrix}3&-1&0\\-1&2&-1\\0&-1&3\end{pmatrix}$

2.设三阶实对称矩阵 $\boldsymbol{A}$ 的特征值为 $-2,2,2$,$\boldsymbol{\alpha}_1=\begin{pmatrix}1\\1\\1\end{pmatrix}$ 是对应于特征值 -2 的特征向量,求矩阵 $\boldsymbol{A}$.

3.设三阶实对称矩阵 $\boldsymbol{A}$ 的特征值为 $6,3,3$,属于它们的特征向量分别为 $\boldsymbol{\alpha}_1=\begin{pmatrix}1\\1\\1\end{pmatrix}$,$\boldsymbol{\alpha}_2=\begin{pmatrix}-2\\1\\1\end{pmatrix}$,$\boldsymbol{\alpha}_3=\begin{pmatrix}0\\1\\-1\end{pmatrix}$,求矩阵 $\boldsymbol{A}$.

B 组

1. 设三阶实对称矩阵 $\boldsymbol{A}$ 的特征值为 $-1,2,5$. 属于 $-1,2$ 的特征向量分别为 $\boldsymbol{\alpha}_1=\begin{pmatrix}2\\2\\1\end{pmatrix}$，$\boldsymbol{\alpha}_2=\begin{pmatrix}2\\-1\\-2\end{pmatrix}$，求属于 5 的特征向量.

2. $\boldsymbol{A}$ 是三阶实对称矩阵，$\boldsymbol{A}$ 的特征值是 $1,2,-1$，且 $\boldsymbol{\alpha}_1=\begin{pmatrix}1\\ \boldsymbol{a}+1\\2\end{pmatrix}$，$\boldsymbol{\alpha}_2=\begin{pmatrix}\boldsymbol{a}-1\\-\boldsymbol{a}\\1\end{pmatrix}$ 分别是 $1,2$ 对应的特征向量. $\boldsymbol{A}$ 的伴随矩阵 $\boldsymbol{A}^*$ 有特征值 λ_0,λ_0，所对应的特征向量是 $\boldsymbol{\beta}_0=\begin{pmatrix}2\\-5a\\2a+1\end{pmatrix}$，求 a 和 λ_0 的值.

第 6 章总习题

1. 已知 $\boldsymbol{a}=(1,2,3)^{\mathrm{T}}$，求一组非零向量组 $\boldsymbol{b},\boldsymbol{c}$，使得 $\boldsymbol{a},\boldsymbol{b},\boldsymbol{c}$ 两两正交.

2. 设 $\boldsymbol{A}=\begin{pmatrix}-k & 1 & k\\ 4 & k & -3\end{pmatrix}$ 有特征值 0，求 k 的值并判断矩阵 $\boldsymbol{A}$ 可否对角化？

3. 已知矩阵 $\boldsymbol{A}=\begin{pmatrix}3 & 2 & 3\\ 2 & 6 & 6\\ 3 & 6 & 11\end{pmatrix}$，求 $2\boldsymbol{A}^2-3\boldsymbol{A}+\boldsymbol{A}^*$ 的特征值.

4. 已知 3 阶矩阵 $\boldsymbol{A}$ 的各行元素之和都等于 3，且 $\boldsymbol{A}+i\boldsymbol{E}(i=2,3)$ 都不可逆，证明 $\boldsymbol{A}+\boldsymbol{E}$ 可逆

5. 已知 3 阶实对称矩阵 $\boldsymbol{A}$ 的特征值为 $1,1,0$，且 $(1,0,0)^{\mathrm{T}}$ 为 A 的特征值为 0 对应的一个特征向量，求矩阵 $\boldsymbol{A}$.

6. 设 3 阶方阵 $\boldsymbol{A}$ 的特征值 $1,2,3$，对应的特征向量分别为 $(1,1,1)^{\mathrm{T}}$，$(1,2,4)^{\mathrm{T}}$，$(1,3,9)^{\mathrm{T}}$. 又向量 $\boldsymbol{\beta}=(1,1,3)^{\mathrm{T}}$，求 $\boldsymbol{A}^n\boldsymbol{\beta}$.

第 7 章 二次型

在这一章中，我们将以矩阵和向量为工具，研究一种特殊的函数，即多变量的二次齐次函数，通常称为二次型. 二次型的理论起源于化二次曲线和二次曲面方程为标准形的问题. 我们知道，在平面解析几何中，当坐标原点与曲线中心重合时，二次曲线的一般方程是

$$ax^2+2bxy+cy^2=d \tag{1}$$

为了便于研究二次曲线的几何性质，可选择适当的角度 θ，做旋转变换

$$\begin{cases} x=x'\cos\theta-y'\sin\theta \\ y=x'\sin\theta+y'\cos\theta \end{cases} \tag{2}$$

把方程(1)化成标准方程

$$a'x'^2+c'y'^2=d$$

方程(1)左边是一个二元二次齐次多项式，它只含有平方项. 我们把该问题推广到一般情况，从而建立二次型理论.

本章主要讨论化二次型为标准形和规范形的问题以及正定二次型的有关概念和性质.

§7.1 二次型及其矩阵表示

7.1.1 二次型的概念

定义 1 含有 n 个变量 $x_1,x_2,\cdots,x_n$ 的二次齐次多项式

$$\begin{aligned} f(x_1,x_2,\cdots,x_n)=&(a_{11}x_1^2+2a_{12}x_1x_2+\cdots+2a_{1n}x_1x_n)+\\ &(a_{22}x_2^2+2a_{23}x_2x_3+\cdots+2a_{2n}x_2x_n)+\\ &\cdots+a_{nn}x_n^2 \end{aligned} \tag{1}$$

称为关于变量 $x_1,x_2,\cdots,x_n$ 的一个 n 元**二次型**. 当 a_{ij} 中有复数时，f 称为复二次型；当 a_{ij} 全为实数时，f 称为实二次型. 本章我们仅讨论实二次型.

下面给出二次型的矩阵表达式，令 $a_{ij}=a_{ji}$，则 $2a_{ij}x_ix_j=a_{ij}x_ix_j+a_{ji}x_jx_i$，于是二次齐次多项式(1)可以写成

$$\begin{aligned} f(x_1,x_2,\cdots,x_n)=&a_{11}x_1^2+a_{12}x_1x_2+\cdots+a_{1n}x_1x_n+\\ &a_{21}x_2x_1+a_{22}x_2^2+\cdots+a_{2n}x_2x_n+ \end{aligned}$$

$$\cdots+a_{n1}x_nx_1+a_{n2}x_nx_2+\cdots+a_{nn}x_n^2$$

$$=(x_1,x_2,\cdots,x_n)\begin{pmatrix}a_{11}&a_{12}&\cdots&a_{1n}\\a_{21}&a_{22}&\cdots&a_{2n}\\\vdots&\vdots&&\vdots\\a_{n1}&a_{n2}&\cdots&a_{nn}\end{pmatrix}\begin{pmatrix}x_1\\x_2\\\vdots\\x_n\end{pmatrix}$$

$$=\sum_{i=1}^{n}\sum_{j=1}^{n}a_{ij}x_ix_j.$$

记
$$A=\begin{pmatrix}a_{11}&a_{12}&\cdots&a_{1n}\\a_{21}&a_{22}&\cdots&a_{2n}\\\vdots&\vdots&&\vdots\\a_{n1}&a_{n2}&\cdots&a_{nn}\end{pmatrix},\quad x=\begin{pmatrix}x_1\\x_2\\\vdots\\x_n\end{pmatrix},$$

则二次型的矩阵表达式为

$$f(x_1,x_2,\cdots,x_n)=\boldsymbol{x}^{\mathrm{T}}\boldsymbol{A}\boldsymbol{x}$$

其中 $\boldsymbol{A}$ 是实对称矩阵，称为**二次型的矩阵**，矩阵 $\boldsymbol{A}$ 的秩称为**二次型的秩**.

【例 1】 已知二次型

$$f(x_1,x_2,x_3,x_4)=x_1^2-3x_2^2+x_3^2-4x_4^2-2x_1x_2+4x_1x_3-8x_1x_4-4x_3x_4$$

写出二次型的矩阵 $\boldsymbol{A}$，并求出二次型的秩.

解 设 $f(x_1,x_2,x_3,x_4)=\boldsymbol{x}^{\mathrm{T}}\boldsymbol{A}\boldsymbol{x}$，则

$$\boldsymbol{A}=\begin{pmatrix}1&-1&2&-4\\-1&-3&0&0\\2&0&1&-2\\-4&0&-2&-4\end{pmatrix}.$$

易得矩阵 $\boldsymbol{A}$ 的秩 $R(\boldsymbol{A})=4$，所以二次型的秩也是 4.

【例 2】 写出二次型 $f(x_1,x_2,x_3)=\boldsymbol{x}^{\mathrm{T}}\begin{pmatrix}1&3&5\\2&4&6\\7&8&5\end{pmatrix}\boldsymbol{x}$ 的矩阵.

解 由于 $\begin{pmatrix}1&3&5\\2&4&6\\7&8&5\end{pmatrix}$ 不是对称矩阵，故不是二次型 $f(x_1,x_2,x_3)$ 的矩阵，将二次型展开，得

$$f(x_1,x_2,x_3)=(x_1,x_2,x_3)\begin{pmatrix}1&3&5\\2&4&6\\7&8&5\end{pmatrix}\begin{pmatrix}x_1\\x_2\\x_3\end{pmatrix}$$

$$=x_1^2+4x_2^2+5x_3^2+5x_1x_2+12x_1x_3+14x_2x_3$$

$$=(x_1,x_2,x_3)\begin{pmatrix}1&5/2&6\\5/2&4&7\\6&7&5\end{pmatrix}\begin{pmatrix}x_1\\x_2\\x_3\end{pmatrix}$$

所以二次型 $f(x_1,x_2,x_3)$ 的矩阵为 $\boldsymbol{A}=\begin{pmatrix}1 & 5/2 & 6\\ 5/2 & 4 & 7\\ 6 & 7 & 5\end{pmatrix}$.

【例 3】 已知二次型 $f(x_1,x_2,x_3)=5x_1^2+5x_2^2+cx_3^2-2x_1x_2+6x_1x_3-6x_2x_3$ 的秩为 2,求参数 c.

解 二次型 $f(x_1,x_2,x_3)$ 的矩阵 $\boldsymbol{A}=\begin{pmatrix}5 & -1 & 3\\ -1 & 5 & -3\\ 3 & -3 & c\end{pmatrix}$,由于 $R(\boldsymbol{A})=2$ 知 $|\boldsymbol{A}|=0$,所以 $c=3$.

7.1.2 矩阵的合同

定义 2 设 $\boldsymbol{A},\boldsymbol{B}$ 为 n 阶方阵,若存在可逆矩阵 $\boldsymbol{C}$,使 $\boldsymbol{B}=\boldsymbol{C}^{\mathrm{T}}\boldsymbol{A}\boldsymbol{C}$,则称矩阵 $\boldsymbol{A}$ 与 $\boldsymbol{B}$ 是合同的,或称 $\boldsymbol{A}$ 合同于 $\boldsymbol{B}$.

合同是矩阵之间的一个关系,具有如下性质:

(1)反身性:任一 n 阶方阵 $\boldsymbol{A}$ 都与它自己合同,即 $\boldsymbol{A}=\boldsymbol{E}^{\mathrm{T}}\boldsymbol{A}\boldsymbol{E}$;

(2)对称性:如果方阵 $\boldsymbol{A}$ 与 $\boldsymbol{B}$ 合同,那么 $\boldsymbol{B}$ 与 $\boldsymbol{A}$ 也合同;

这是因为当 $\boldsymbol{B}=\boldsymbol{C}^{\mathrm{T}}\boldsymbol{A}\boldsymbol{C}$ 时,$\boldsymbol{A}=(\boldsymbol{C}^{\mathrm{T}})^{-1}\boldsymbol{B}\boldsymbol{C}^{-1}=(\boldsymbol{C}^{-1})^{\mathrm{T}}\boldsymbol{B}(\boldsymbol{C}^{-1})$.

(3)传递性:如果方阵 $\boldsymbol{A}$ 与 $\boldsymbol{B}$ 合同,$\boldsymbol{B}$ 与 $\boldsymbol{C}$ 合同,那么 $\boldsymbol{A}$ 与 $\boldsymbol{C}$ 合同.

这是因为当 $\boldsymbol{B}=\boldsymbol{C}_1^{\mathrm{T}}\boldsymbol{A}\boldsymbol{C}_1,\boldsymbol{C}=\boldsymbol{C}_2^{\mathrm{T}}\boldsymbol{B}\boldsymbol{C}_2$ 时,

$$\boldsymbol{C}=\boldsymbol{C}_2^{\mathrm{T}}\boldsymbol{B}\boldsymbol{C}_2=\boldsymbol{C}_2^{\mathrm{T}}(\boldsymbol{C}_1^{\mathrm{T}}\boldsymbol{A}\boldsymbol{C}_1)\boldsymbol{C}_2=(\boldsymbol{C}_1\boldsymbol{C}_2)^{\mathrm{T}}\boldsymbol{A}(\boldsymbol{C}_1\boldsymbol{C}_2)$$

定理 1 若 $\boldsymbol{A}$ 与 $\boldsymbol{B}$ 合同,则 $R(\boldsymbol{A})=R(\boldsymbol{B})$.

证明 因为 $\boldsymbol{B}=\boldsymbol{C}^{\mathrm{T}}\boldsymbol{A}\boldsymbol{C}$,故 $R(\boldsymbol{B})\leqslant R(\boldsymbol{A})$,又因为 $\boldsymbol{C}$ 是可逆矩阵,有 $\boldsymbol{A}=(\boldsymbol{C}^{-1})^{\mathrm{T}}\boldsymbol{B}(\boldsymbol{C}^{-1})$,从而 $R(\boldsymbol{A})\leqslant R(\boldsymbol{B})$,于是 $R(\boldsymbol{A})=R(\boldsymbol{B})$.

【例 4】 设 $\boldsymbol{A}=\begin{pmatrix}1 & 2\\ 2 & 1\end{pmatrix}$,则在实数域上与 $\boldsymbol{A}$ 合同的矩阵为________.

A. $\begin{pmatrix}-2 & 1\\ 1 & -2\end{pmatrix}$ B. $\begin{pmatrix}2 & -1\\ -1 & 2\end{pmatrix}$ C. $\begin{pmatrix}2 & 1\\ 1 & 2\end{pmatrix}$ D. $\begin{pmatrix}1 & -2\\ -2 & 1\end{pmatrix}$

解 $|\lambda\boldsymbol{E}-\boldsymbol{A}|=\begin{vmatrix}\lambda-1 & -2\\ -2 & \lambda-1\end{vmatrix}=(\lambda-1)^2-4=(\lambda+1)(\lambda-3)=0$,则 $\lambda_1=-1,\lambda_2=3$.

记 $\boldsymbol{D}=\begin{pmatrix}1 & -2\\ -2 & 1\end{pmatrix}$,则

$$|\lambda\boldsymbol{E}-\boldsymbol{D}|=\begin{vmatrix}\lambda-1 & 2\\ 2 & \lambda-1\end{vmatrix}=(\lambda-1)^2-4=(\lambda+1)(\lambda-3)=0$$

则 $\lambda_1=-1,\lambda_2=3$.

故应选 D.

习题 7-1

A 组

1. 写出下列二次型的矩阵，并求出二次型的秩.

(1) $f(x_1,x_2,x_3)=x_1^2+2x_2^2-3x_3^2+4x_1x_2-6x_2x_3$.

(2) $f(x_1,x_2,x_3,x_4)=x_1^2+3x_2^2-x_3^2+x_1x_2-2x_1x_3+3x_2x_3$.

(3) $f(x_1,x_2,x_3)=(x_1,x_2,x_3)\begin{pmatrix}2&1&3\\1&3&2\\7&4&5\end{pmatrix}\begin{pmatrix}x_1\\x_2\\x_3\end{pmatrix}$.

(4) $f(x_1,x_2,x_3)=(x_1,x_2,x_3)\begin{pmatrix}1&2&3\\4&5&6\\7&8&9\end{pmatrix}\begin{pmatrix}x_1\\x_2\\x_3\end{pmatrix}$.

2. 写出下列实对称矩阵所对应的二次型

(1) $\boldsymbol{A}=\begin{pmatrix}0&0.5&-1&0\\0.5&-1&0.5&0.5\\-1&0.5&0&0.5\\0&0.5&0.5&1\end{pmatrix}$;　　(2) $\boldsymbol{A}=\begin{pmatrix}0&1&1&-1\\1&0&-1&1\\1&-1&0&1\\-1&1&1&0\end{pmatrix}$.

B 组

1. 设

$$\boldsymbol{A}=\begin{pmatrix}\boldsymbol{a}_1&0&0\\0&\boldsymbol{a}_2&0\\0&0&\boldsymbol{a}_3\end{pmatrix},\quad \boldsymbol{B}=\begin{pmatrix}\boldsymbol{a}_2&0&0\\0&\boldsymbol{a}_3&0\\0&0&\boldsymbol{a}_1\end{pmatrix}.$$

证明 $\boldsymbol{A}$ 与 $\boldsymbol{B}$ 合同，并求可逆矩阵 $\boldsymbol{C}$，使得 $\boldsymbol{B}=\boldsymbol{C}^{\mathrm{T}}\boldsymbol{A}\boldsymbol{C}$.

2. 如果 n 阶实对称矩阵 $\boldsymbol{A}$ 与 $\boldsymbol{B}$ 合同且 $\boldsymbol{C}$ 与 $\boldsymbol{D}$ 合同，证明 $\begin{pmatrix}\boldsymbol{A}&\boldsymbol{O}\\\boldsymbol{O}&\boldsymbol{C}\end{pmatrix}$ 与 $\begin{pmatrix}\boldsymbol{B}&\boldsymbol{O}\\\boldsymbol{O}&\boldsymbol{D}\end{pmatrix}$ 合同.

§7.2　二次型的标准形与规范形

本节将讨论用可逆的线性变换（即变换 $\boldsymbol{x}=\boldsymbol{P}\boldsymbol{y}$，其中 $\boldsymbol{P}$ 可逆）化简二次型的问题.

二次型中最简单的一种是只包含平方项的二次型

$$d_1x_1^2+d_2x_2^2+\cdots+d_nx_n^2.$$

7.2.1 二次型的标准形

引例 求二次型 $f(x_1,x_2)=3x_1^2+6x_2^2+4x_1x_2$ 经可逆线性变换

$$\begin{cases}x_1=2z_1+z_2\\x_2=-z_1+2z_2\end{cases}$$

后的二次型.

解 记 $\boldsymbol{x}=\begin{pmatrix}x_1\\x_2\end{pmatrix}$，$\boldsymbol{z}=\begin{pmatrix}z_1\\z_2\end{pmatrix}$，则 $\boldsymbol{x}=\begin{pmatrix}2&1\\-1&2\end{pmatrix}\boldsymbol{z}$. 于是

$$\begin{aligned}f(x_1,x_2)&=\boldsymbol{x}^{\mathrm{T}}\begin{pmatrix}3&2\\2&6\end{pmatrix}\boldsymbol{x}=\left(\begin{pmatrix}2&1\\-1&2\end{pmatrix}\boldsymbol{z}\right)^{\mathrm{T}}\begin{pmatrix}3&2\\2&6\end{pmatrix}\left(\begin{pmatrix}2&1\\-1&2\end{pmatrix}\boldsymbol{z}\right)\\&=\boldsymbol{z}^{\mathrm{T}}\begin{pmatrix}2&1\\-1&2\end{pmatrix}^{\mathrm{T}}\begin{pmatrix}3&2\\2&6\end{pmatrix}\begin{pmatrix}2&1\\-1&2\end{pmatrix}\boldsymbol{z}\\&=\boldsymbol{z}^{\mathrm{T}}\begin{pmatrix}10&0\\0&35\end{pmatrix}\boldsymbol{z}=10z_1^2+35z_2^2\end{aligned}$$

从引例中可以看出，一个二次型经过某种可逆线性变换后，变成不同形式的二次型，且变换后的二次型的矩阵是对角矩阵，展开式中只含有变量的平方项，形式简单. 在代数中，称这个只含有变量平方项的二次型为原二次型的标准形.

定义 1 如果二次型

$$f(x_1,x_2,\cdots,x_n)=\boldsymbol{x}^{\mathrm{T}}\boldsymbol{A}\boldsymbol{x}$$

经过可逆线性变换变成的二次型

$$f(y_1,y_2,\cdots,y_n)=k_1y_1^2+k_2y_2^2+\cdots+k_ny_n^2 \tag{1}$$

则称二次型(1)是二次型 $f(x_1,x_2,\cdots,x_n)=\boldsymbol{x}^{\mathrm{T}}\boldsymbol{A}\boldsymbol{x}$ 的一个**标准形**.

7.2.2 化二次型为标准形的方法

1. 配方法

利用代数公式如 $(a\pm b)^2=a^2\pm 2ab+b^2$，$(a+b)(a-b)=a^2-b^2$ 将二次型通过配方法化成标准形的方法，就是拉格朗日配方法，简称配方法. 这是一种常见的简便方法，下面举例说明.

【例 1】 化二次型

$$f(x_1,x_2,x_3)=2x_1^2+4x_1x_2+8x_1x_3+x_2^2+14x_2x_3-x_3^2$$

为标准形，并求出所用的变换矩阵.

解 由于 $f(x_1,x_2,x_3)$ 中含有变量 x_1 的平方项 x_1^2，故先把含 x_1 的项归在一起，配成含 x_1 的一次式的完全平方，即

$$\begin{aligned}f(x_1,x_2,x_3)&=2[x_1^2+2x_1x_2+4x_1x_3]+x_2^2+14x_2x_3-x_3^2\\&=2[x_1^2+2x_1(x_2+2x_3)]+x_2^2+14x_2x_3-x_3^2\\&=2[x_1^2+2x_1(x_2+2x_3)+(x_2+2x_3)^2]-2(x_2+2x_3)^2+x_2^2+14x_2x_3-x_3^2\end{aligned}$$

$$=2[x_1+x_2+2x_3]^2-2(x_2+2x_3)^2+x_2^2+14x_2x_3-x_3^2$$

再对后面含有 x_2 的项合并一起继续配方，得

$$f(x_1,x_2,x_3)=2[x_1+x_2+2x_3]^2-(x_2-3x_3)^2$$

令

$$\begin{aligned} y_1&=x_1+x_2+2x_3 \\ y_2&=\quad\ \ x_2-3x_3 \\ y_3&=\qquad\quad\ \ x_3 \end{aligned}$$

即有可逆变换

$$\begin{aligned} x_1&=y_1-y_2-5y_3 \\ x_2&=\qquad y_2+3y_3 \\ x_3&=\qquad\qquad y_3 \end{aligned}$$

通过该变换 $x=Cy$，$f(x_1,x_2,x_3)$化成了标准形

$$f(x_1,x_2,x_3)=2y_1^2-y_2^2$$

相应的变换矩阵为

$$\boldsymbol{C}=\begin{pmatrix} 1 & -1 & -5 \\ 0 & 1 & 3 \\ 0 & 0 & 1 \end{pmatrix}$$

2. 正交变换法

定义 2　如果线性变换 $\boldsymbol{X}=\boldsymbol{CY}$ 的系数矩阵 $\boldsymbol{C}=(c_{ij})_{n\times n}$ 是正交矩阵，则称它为正交线性变换，简称正交变换.

显然正交变换是可逆的.

由于二次型的矩阵是实对称矩阵，而实对称矩阵必可对角化，于是有

定理 1　对于二次型 $f(x_1,x_2,\cdots,x_n)=\boldsymbol{x}^{\mathrm{T}}\boldsymbol{Ax}$，总有正交变换 $\boldsymbol{x}=\boldsymbol{Py}$，使 f 化为标准形

$$f=\lambda_1y_1^2+\lambda_2y_2^2+\cdots+\lambda_ny_n^2$$

其中 $\lambda_1,\lambda_2,\cdots,\lambda_n$ 是 f 的矩阵 $\boldsymbol{A}$ 的特征值.

【例 2】　求正交变换 $\boldsymbol{X}=\boldsymbol{PY}$，把二次型

$$f(x_1,x_2,x_3,x_4)=2x_1x_2+2x_1x_3-2x_1x_4-2x_2x_3+2x_2x_4+2x_3x_4$$

化为标准形.

解　二次型的矩阵为

$$\boldsymbol{A}=\begin{pmatrix} 0 & 1 & 1 & -1 \\ 1 & 0 & -1 & 1 \\ 1 & -1 & 0 & 1 \\ -1 & 1 & 1 & 0 \end{pmatrix}$$

求出 $\boldsymbol{A}$ 的特征方程

$$|\lambda\boldsymbol{E}-\boldsymbol{A}|=(\lambda-1)^3(\lambda+3)=0$$

所以 $\boldsymbol{A}$ 的特征值为 $\lambda_1=1,\lambda_2=-3$. 下面求正交矩阵 $\boldsymbol{P}$.

对每个 λ_i，求方程组 $(\boldsymbol{A}-\lambda_i\boldsymbol{E})\boldsymbol{x}=0$ 的一个基础解系.

当 $\lambda_1=1$ 时，这时齐次线性方程组 $(\boldsymbol{A}-\boldsymbol{E})\boldsymbol{x}=0$ 为

$$\begin{pmatrix} 1 & -1 & -1 & 1 \\ -1 & 1 & 1 & -1 \\ -1 & 1 & 1 & -1 \\ 1 & -1 & -1 & 1 \end{pmatrix} \begin{pmatrix} x_1 \\ x_2 \\ x_3 \\ x_4 \end{pmatrix} = \begin{pmatrix} 0 \\ 0 \\ 0 \\ 0 \end{pmatrix}$$

可求出基础解系为

$$\boldsymbol{\alpha}_1 = \begin{pmatrix} 1 \\ 1 \\ 0 \\ 0 \end{pmatrix}, \boldsymbol{\alpha}_2 = \begin{pmatrix} 1 \\ 0 \\ 1 \\ 0 \end{pmatrix}, \boldsymbol{\alpha}_3 = \begin{pmatrix} -1 \\ 0 \\ 0 \\ 1 \end{pmatrix}$$

将其正交单位化得

$$\boldsymbol{p}_1 = \frac{1}{\sqrt{2}} \begin{pmatrix} 1 \\ 1 \\ 0 \\ 0 \end{pmatrix}, \boldsymbol{p}_2 = \frac{1}{\sqrt{6}} \begin{pmatrix} 1 \\ -1 \\ 2 \\ 0 \end{pmatrix}, \boldsymbol{p}_3 = \frac{1}{\sqrt{12}} \begin{pmatrix} -1 \\ 1 \\ 1 \\ 3 \end{pmatrix}$$

当 $\lambda_2 = -3$ 时，齐次线性方程组 $(\boldsymbol{A} + 3\boldsymbol{E})\boldsymbol{x} = 0$ 的一个基础解系为

$$\boldsymbol{\alpha}_4 = \begin{pmatrix} 1 \\ -1 \\ -1 \\ 1 \end{pmatrix}$$

单位化得

$$\boldsymbol{p}_4 = \frac{1}{2} \begin{pmatrix} 1 \\ -1 \\ -1 \\ 1 \end{pmatrix}$$

以 $\boldsymbol{p}_1, \boldsymbol{p}_2, \boldsymbol{p}_3, \boldsymbol{p}_4$ 为列向量作矩阵，得正交矩阵为

$$\boldsymbol{P} = \begin{pmatrix} \frac{1}{\sqrt{2}} & \frac{1}{\sqrt{6}} & -\frac{1}{\sqrt{12}} & \frac{1}{2} \\ \frac{1}{\sqrt{2}} & -\frac{1}{\sqrt{6}} & \frac{1}{\sqrt{12}} & -\frac{1}{2} \\ 0 & \frac{2}{\sqrt{6}} & \frac{1}{\sqrt{12}} & -\frac{1}{2} \\ 0 & 0 & \frac{3}{\sqrt{12}} & \frac{1}{2} \end{pmatrix}$$

使

$$\boldsymbol{P}^{-1}\boldsymbol{A}\boldsymbol{P} = \boldsymbol{P}^{\mathrm{T}}\boldsymbol{A}\boldsymbol{P} = \begin{pmatrix} 1 & & & \\ & 1 & & \\ & & 1 & \\ & & & -3 \end{pmatrix}$$

作正交变换 $\boldsymbol{X}=\boldsymbol{PY}$,则二次型化为标准形为

$$f=\boldsymbol{X}^{\mathrm{T}}\boldsymbol{AX}=\boldsymbol{Y}^{\mathrm{T}}\boldsymbol{P}^{\mathrm{T}}\boldsymbol{APY}=y_1^2+y_2^2+y_3^2-3y_4^2$$

正交变换化二次型的标准形的步骤如下：

(1)写出二次型的矩阵 $\boldsymbol{A}$;

(2)求出 $\boldsymbol{A}$ 的全部互不相同的特征值 $\lambda_1,\lambda_2,\cdots,\lambda_s$;

(3)对每个 λ_i,求方程组 $(\boldsymbol{A}-\lambda_i\boldsymbol{E})\boldsymbol{x}=0$ 的一个基础解系 $\alpha_{i1},\alpha_{i2},\cdots,\alpha_{in_i}$,将它们正交单位化后得到标准正交向量组 $\boldsymbol{p}_{i1},\boldsymbol{p}_{i2},\cdots,\boldsymbol{p}_{in_i}$;

(4)以(3)中标准正交化的向量为列向量作矩阵 $\boldsymbol{P}$,则 $\boldsymbol{P}$ 为正交矩阵;

(5)作正交变换 $\boldsymbol{X}=\boldsymbol{PY}$,则二次型即可化为标准形.

【例 3】 将二次型

$$f(x_1,x_2,x_3)=x_1x_2+x_1x_3+x_2x_3$$

化为标准形,并求出所用的变换矩阵.

解 由于 $f(x_1,x_2,x_3)$不含变量的平方项,只有混合项,故要先做一个辅助变换使其出现平方项,然后再按照例 1 的方式进行配方.

因 $f(x_1,x_2,x_3)$中含有 x_1x_2,所以令

$$\begin{cases}x_1=y_1+y_2\\x_2=y_1-y_2\\x_3=y_3\end{cases}$$

即

$$\begin{pmatrix}x_1\\x_2\\x_3\end{pmatrix}=\begin{pmatrix}1&1&0\\1&-1&0\\0&0&1\end{pmatrix}\begin{pmatrix}y_1\\y_2\\y_3\end{pmatrix}$$

则原二次型化为

$$f=y_1^2-y_2^2+2y_1y_3$$

再配方,有

$$f=(y_1+y_3)^2-y_2^2-y_3^2$$

令

$$\begin{cases}z_1=y_1+y_3\\z_2=y_2\\z_3=y_3\end{cases}$$

即

$$\begin{pmatrix}z_1\\z_2\\z_3\end{pmatrix}=\begin{pmatrix}1&0&1\\0&1&0\\0&0&1\end{pmatrix}\begin{pmatrix}y_1\\y_2\\y_3\end{pmatrix} \text{ 或 } \begin{pmatrix}y_1\\y_2\\y_3\end{pmatrix}=\begin{pmatrix}1&0&-1\\0&1&0\\0&0&1\end{pmatrix}\begin{pmatrix}z_1\\z_2\\z_3\end{pmatrix}$$

即有二次型的标准形

$$f=z_1^2-z_2^2-z_3^2$$

所用线性变换为

$$\begin{pmatrix}x_1\\x_2\\x_3\end{pmatrix}=\begin{pmatrix}1&1&0\\1&-1&0\\0&0&1\end{pmatrix}\begin{pmatrix}y_1\\y_2\\y_3\end{pmatrix}=\begin{pmatrix}1&1&0\\1&-1&0\\0&0&1\end{pmatrix}\begin{pmatrix}1&0&-1\\0&1&0\\0&0&1\end{pmatrix}\begin{pmatrix}z_1\\z_2\\z_3\end{pmatrix}$$

$$=\begin{pmatrix}1&1&-1\\1&-1&-1\\0&0&1\end{pmatrix}\begin{pmatrix}z_1\\z_2\\z_3\end{pmatrix}$$

即所用线性变换矩阵为

$$\boldsymbol{C}=\begin{pmatrix}1&1&-1\\1&-1&-1\\0&0&1\end{pmatrix}$$

一般地,任何二次型都可以通过上述配方法求得可逆变换,把二次型化为标准形,且可验证,二次型的标准形的项数等于该二次型的秩.

3. 初等变换法

任何一个二次型 $f=\boldsymbol{x}^{\mathrm{T}}\boldsymbol{A}\boldsymbol{x}$ 都可以通过可逆线性变换 $\boldsymbol{x}=\boldsymbol{C}\boldsymbol{y}$ 化为标准形,也就是存在可逆矩阵 $\boldsymbol{C}$,使得 $\boldsymbol{C}^{\mathrm{T}}\boldsymbol{A}\boldsymbol{C}$ 为对角矩阵 $\boldsymbol{\Lambda}$. 由于 $\boldsymbol{C}$ 为可逆矩阵,而可逆矩阵可表示为有限个初等矩阵的乘积,即存在初等矩阵 $\boldsymbol{P}_1,\boldsymbol{P}_2,\cdots,\boldsymbol{P}_m$,使

$$\boldsymbol{C}=\boldsymbol{P}_1\boldsymbol{P}_2,\cdots,\boldsymbol{P}_m,$$

对于任一初等矩阵 $\boldsymbol{P}_i(i=1,2,\cdots,m)$,$\boldsymbol{P}_i^{\mathrm{T}}$ 仍为同种初等矩阵,于是

$$\boldsymbol{C}^{\mathrm{T}}\boldsymbol{A}\boldsymbol{C}=\boldsymbol{P}_m^{\mathrm{T}}\cdots\boldsymbol{P}_2^{\mathrm{T}}\boldsymbol{P}_1^{\mathrm{T}}\boldsymbol{A}\boldsymbol{P}_1\boldsymbol{P}_2\cdots\boldsymbol{P}_m=\boldsymbol{\Lambda}$$

上面两式表明,对 $\boldsymbol{A}$ 作一系列的初等行变换和相应的初等列变换把 $\boldsymbol{A}$ 化成对角矩阵的同时,其中的列变换就把单位矩阵 $\boldsymbol{E}$ 化为变换矩阵 $\boldsymbol{C}$.

由此可得到化二次型为标准形的初等变换法:

(1)构造 $2n\times n$ 矩阵 $\begin{pmatrix}\boldsymbol{A}\\\boldsymbol{E}\end{pmatrix}$,并对此矩阵施行相同的初等行变换及相应的初等列变换;

(2)当 $\boldsymbol{A}$ 化为对角矩阵 $\boldsymbol{\Lambda}$,单位矩阵 $\boldsymbol{E}$ 将化为 $\boldsymbol{C}$;

(3)得到可逆线性变换 $\boldsymbol{x}=\boldsymbol{C}\boldsymbol{y}$ 及二次型的标准形.

【例 4】 用初等变换法将例 3 中的二次型

$$f(x_1,x_2,x_3)=x_1x_2+x_1x_3+x_2x_3$$

化为标准形,并求出所用的线性变换.

解 该二次型的矩阵为

$$\boldsymbol{A}=\begin{pmatrix}0&\frac{1}{2}&\frac{1}{2}\\\frac{1}{2}&0&\frac{1}{2}\\\frac{1}{2}&\frac{1}{2}&0\end{pmatrix}$$

则

$$\begin{pmatrix} \boldsymbol{A} \\ \boldsymbol{E} \end{pmatrix}=\begin{pmatrix} 0 & \frac{1}{2} & \frac{1}{2} \\ \frac{1}{2} & 0 & \frac{1}{2} \\ \frac{1}{2} & \frac{1}{2} & 0 \\ 1 & 0 & 0 \\ 0 & 1 & 0 \\ 0 & 0 & 1 \end{pmatrix} \xrightarrow[c_1+c_2]{r_1+r_2} \begin{pmatrix} 1 & \frac{1}{2} & 1 \\ \frac{1}{2} & 0 & \frac{1}{2} \\ 1 & \frac{1}{2} & 0 \\ 1 & 0 & 0 \\ 1 & 1 & 0 \\ 0 & 0 & 1 \end{pmatrix} \xrightarrow[\substack{c_2-\frac{1}{2}c_1 \\ c_3-c_1}]{\substack{r_1-\frac{1}{2}r_1 \\ r_3-r_1}} \begin{pmatrix} 1 & 0 & 0 \\ 0 & -\frac{1}{4} & 0 \\ 0 & 0 & -1 \\ 1 & -\frac{1}{2} & -1 \\ 1 & \frac{1}{2} & -1 \\ 0 & 0 & 1 \end{pmatrix}$$

于是

$$\boldsymbol{C}=\begin{pmatrix} 1 & -\frac{1}{2} & -1 \\ 1 & \frac{1}{2} & -1 \\ 0 & 0 & 1 \end{pmatrix} \text{且 } \boldsymbol{\Lambda}=\begin{pmatrix} 1 & 0 & 0 \\ 0 & -\frac{1}{4} & 0 \\ 0 & 0 & -1 \end{pmatrix}$$

令 $\boldsymbol{x}=\boldsymbol{C}\boldsymbol{y}$,则二次型化为标准形

$$f(x_1,x_2,x_3)=y_1^2-\frac{1}{4}y_2^2-y_3^2$$

对比例 3 与例 4 中的标准形的结果可见,对二次型

$$f(x_1,x_2,x_3)=x_1x_2+x_1x_3+x_2x_3$$

用配方法和初等变换法得到的标准形是不一样的.也就是说,二次型的标准形一般不唯一,它与所用的可逆线性变换有关.但有两点是相同的:一是标准形中平方项的项数,即二次型的秩;二是标准形中正平方项和负平方项的项数,这一点将在下一节加以研究说明.

习题 7-2

A 组

1.求正交变换,将下列二次型化为标准形.

(1) $f(x_1,x_2,x_3)=x_1^2+2x_2^2+x_3^2-2x_1x_3$;

(2) $f(x_1,x_2,x_3)=2x_1^2+x_2^2-4x_1x_2-4x_2x_3$.

2.利用配方法和初等变换法化下列二次型为标准形,并写出相应的可逆变换矩阵.

(1) $f(x_1,x_2,x_3)=2x_2^2-x_3^2+4x_1x_2-4x_1x_3-4x_2x_3$;

(2) $f(x_1,x_2,x_3)=x_1x_2-3x_1x_3+x_2x_3$.

B 组

1.已知二次型

$$f(x_1,x_2,x_3)=x_1^2+x_2^2+x_3^2+2ax_1x_2+2bx_2x_3+2x_1x_3$$

经正交变换化为标准形 $f=y_2^2+2y_3^2$,求参数 a,b 及所用的正交变换.

§7.3 二次型的正定性

上节提到,如果所用的可逆线性变换不同,则二次型化成的标准形一般也不同.但是,对于同一个二次型,不同的标准形有一些共同的特性.

7.3.1 惯性定理和规范形

引例 假设某二次型 $f(x_1,x_2,x_3)$ 经可逆线性变换化成标准形

$$f=y_1^2-4y_2^2+9y_3^2$$

显然,继续施行可逆线性变换,上式可进一步化为下面两种形式:

$$f=z_1^2-z_2^2+9z_3^2$$

及

$$f=u_1^2-u_2^2+u_3^2$$

对比以上三种标准化形式,在实数范围内,可以推断:无论做何种可逆线性变换,标准形的平方项系数中,非零的个数不变;正、负系数的个数不变.该结果具有一般性,这就是二次型的惯性定理.

定理1 设二次型 $f=\boldsymbol{x}^{\mathrm{T}}\boldsymbol{A}\boldsymbol{x}$ 的秩为 r,可逆线性变换 $x=C_1y$ 和 $x=C_2z$ 分别把它化成标准形

$$f=\lambda_1y_1^2+\lambda_2y_2^2+\cdots+\lambda_py_p^2-\lambda_{p+1}y_{p+1}^2-\cdots-\lambda_ry_r^2 \quad (\lambda_i>0,i=1,2,\cdots,r)$$

及

$$f=\mu_1y_1^2+\mu_2y_2^2+\cdots+\mu_qy_q^2-\mu_{q+1}y_{q+1}^2-\cdots-\mu_ry_r^2 \quad (\mu_i>0,i=1,2,\cdots,r)$$

则 $p=q$,且称 p 为二次型的**正惯性指数**,$r-p$ 为二次型的**负惯性指数**.

这个定理称为惯性定理,这里不予证明.

如对二次型的标准形

$$f=\lambda_1y_1^2+\lambda_2y_2^2+\cdots+\lambda_py_p^2-\lambda_{p+1}y_{p+1}^2-\cdots-\lambda_ry_r^2 \quad (\lambda_i>0,i=1,2,\cdots,r)$$

再进行可逆线性变换

$$\begin{cases} y_i=\dfrac{1}{\sqrt{\lambda_i}}z_i, & i=1,2,\cdots,r \\ y_i=z_i, & i=r+1,r+2,\cdots,n \end{cases}$$

则有

$$f=z_1^2+z_2^2+\cdots+z_p^2-z_{p+1}^2-\cdots-z_r^2$$

称之为二次型的**规范形**.

因此,惯性定理又可以叙述为:一个二次型经过不同的可逆线性变换化成的规范形是唯一的.

根据矩阵合同的概念,设 $\boldsymbol{A},\boldsymbol{B}$ 为实对称阵,且 $\boldsymbol{A}$ 与 $\boldsymbol{B}$ 合同,则二次型 $\boldsymbol{x}^{\mathrm{T}}\boldsymbol{A}\boldsymbol{x}$ 与 $\boldsymbol{x}^{\mathrm{T}}\boldsymbol{B}\boldsymbol{x}$ 有相同的规范形.因此,有下述结论:

推论 1 任何实对称阵 $\boldsymbol{A}$ 必合同于如下形式的对角矩阵：

$$\begin{pmatrix} \boldsymbol{E}_p & & \\ & -\boldsymbol{E}_{r-p} & \\ & & 0 \end{pmatrix}$$

其中，r 为矩阵 $\boldsymbol{A}$ 的秩，p 为对应二次型 $\boldsymbol{x}^{\mathrm{T}}\boldsymbol{A}\boldsymbol{x}$ 的正惯性指数.

推论 2 两个实对称阵合同的充分必要条件是它们具有相同的正、负惯性指数.

例如，设 $\boldsymbol{A}=\begin{pmatrix}1&0\\0&2\end{pmatrix}$，$\boldsymbol{B}=\begin{pmatrix}3&0\\0&4\end{pmatrix}$，则 $\boldsymbol{A}$ 与 $\boldsymbol{B}$ 合同. 这是因为，二次型 $\boldsymbol{x}^{\mathrm{T}}\boldsymbol{A}\boldsymbol{x}=x_1^2+2x_2^2$ 与 $\boldsymbol{x}^{\mathrm{T}}\boldsymbol{B}\boldsymbol{x}=3x_1^2+4x_2^2$ 有相同的正惯性指数 $p=2$.

7.3.2 二次型的正定性

根据二次型的标准形和规范形，对二次型进行分类，在理论和应用上都有着重要意义. 其中，最常用的是二次型的标准形系数全为正或全为负的情形.

定义 1 设实二次型 $f=\boldsymbol{x}^{\mathrm{T}}\boldsymbol{A}\boldsymbol{x}$，若对于任何非零的 n 维向量 $\boldsymbol{x}$，恒有 $f=\boldsymbol{x}^{\mathrm{T}}\boldsymbol{A}\boldsymbol{x}>0$（或 <0），则称 $f=\boldsymbol{x}^{\mathrm{T}}\boldsymbol{A}\boldsymbol{x}$ 为**正定（负定）二次型**，并称矩阵 $\boldsymbol{A}$ 是**正定的（负定的）**.

例如，$f_1(x_1,x_2,x_3)=x_1^2+x_2^2+x_3^2$ 是正定二次型；

$f_2(x_1,x_2,x_3)=-x_1^2-2x_2^2-4x_3^2$ 为负定二次型；

$f_3(x_1,x_2,x_3)=x_1^2+x_2^2$ 既不是正定的，也不是负定的.

由此可见，判断二次型的标准形的正定性比较容易. 对于一个 n 元二次型的标准形，只要其 n 个变量平方项的系数都大于零，该标准形必为正定. 而一般的二次型就不那么容易判断了，但下列命题成立.

定理 2 设 $f(x_1,x_2,\cdots,x_n)=\boldsymbol{x}^{\mathrm{T}}\boldsymbol{A}\boldsymbol{x}$ 是 n 元实二次型，则下列命题等价：

(1) $f(x_1,x_2,\cdots,x_n)=\boldsymbol{x}^{\mathrm{T}}\boldsymbol{A}\boldsymbol{x}$ 是正定二次型，即矩阵 $\boldsymbol{A}$ 是正定矩阵；

(2) $\boldsymbol{A}$ 的特征值均为正；

(3) $f(x_1,x_2,\cdots,x_n)=\boldsymbol{x}^{\mathrm{T}}\boldsymbol{A}\boldsymbol{x}$ 的标准形的 n 个系数均为正；

(4) $f(x_1,x_2,\cdots,x_n)=\boldsymbol{x}^{\mathrm{T}}\boldsymbol{A}\boldsymbol{x}$ 的正惯性指数为 n；

(5) $\boldsymbol{A}$ 与单位矩阵 $\boldsymbol{E}$ 合同；

(6) 存在可逆矩阵 $\boldsymbol{P}$，使 $\boldsymbol{A}=\boldsymbol{P}^{\mathrm{T}}\boldsymbol{P}$；

(7) $\boldsymbol{A}$ 的各阶顺序主子式都为正，即

$$a_{11}>0,\ \begin{vmatrix}a_{11}&a_{12}\\a_{21}&a_{22}\end{vmatrix}>0,\cdots,\begin{vmatrix}a_{11}&\cdots&a_{1n}\\ \vdots&&\vdots\\ a_{n1}&\cdots&a_{nn}\end{vmatrix}>0.$$

证明 (1)→(2)：设 λ 为 $\boldsymbol{A}$ 的任一特征值，$\boldsymbol{\alpha}$ 为对应的实特征向量，则 $\boldsymbol{A}\boldsymbol{\alpha}=\lambda\boldsymbol{\alpha}$，且 $\boldsymbol{\alpha}\neq 0$，由于 $f=\boldsymbol{x}^{\mathrm{T}}\boldsymbol{A}\boldsymbol{x}$ 为正定二次型，可得 $\boldsymbol{\alpha}^{\mathrm{T}}\boldsymbol{A}\boldsymbol{\alpha}=\boldsymbol{\alpha}^{\mathrm{T}}\lambda\boldsymbol{\alpha}>0$. 又因为 $\boldsymbol{\alpha}^{\mathrm{T}}\lambda\boldsymbol{\alpha}=\lambda\boldsymbol{\alpha}^{\mathrm{T}}\boldsymbol{\alpha}$，$\boldsymbol{\alpha}^{\mathrm{T}}\boldsymbol{\alpha}=\|\boldsymbol{\alpha}\|^2>0$，所以 $\lambda=\dfrac{\boldsymbol{\alpha}^{\mathrm{T}}\boldsymbol{A}\boldsymbol{\alpha}}{\boldsymbol{\alpha}^{\mathrm{T}}\boldsymbol{\alpha}}>0$.

(2)→(3)→(4)→(5) 显然成立.

(5)→(6):因为 $\boldsymbol{A}$ 与单位矩阵 $\boldsymbol{E}$ 合同,故存在可逆矩阵 $\boldsymbol{C}$ 使得

$$\boldsymbol{C}^{\mathrm{T}}\boldsymbol{A}\boldsymbol{C}=\boldsymbol{E}$$

从而 $\boldsymbol{A}=(\boldsymbol{C}^{\mathrm{T}})^{-1}\boldsymbol{E}\boldsymbol{C}^{-1}=(\boldsymbol{C}^{-1})^{\mathrm{T}}\boldsymbol{C}^{-1}$. 令 $\boldsymbol{P}=\boldsymbol{C}^{-1}$ 即可.

(6)→(1):对于任意 n 维非零向量 $\boldsymbol{x}$,由于矩阵 $\boldsymbol{P}$ 是可逆的,所以 $\boldsymbol{Px}\neq 0$,于是

$$\boldsymbol{x}^{\mathrm{T}}\boldsymbol{A}\boldsymbol{x}=\boldsymbol{x}^{\mathrm{T}}\boldsymbol{P}^{\mathrm{T}}\boldsymbol{P}\boldsymbol{x}=(\boldsymbol{Px})^{\mathrm{T}}(\boldsymbol{Px})=\|\boldsymbol{Px}\|^{2}>0$$

故 $f(x_1,x_2,\cdots,x_n)=\boldsymbol{x}^{\mathrm{T}}\boldsymbol{A}\boldsymbol{x}$ 是正定二次型.

等价条件(7)在此不予证明.

【例 1】 判断二次型

$$f(x_1,x_2,x_3)=2x_1^2+4x_2^2+5x_3^2-4x_1x_3$$

的正定性.

解法 1 用配方法将二次型化为标准形.

令 $y_1=x_1-x_3,y_2=x_2,y_3=x_3$,得

$$f=2y_1^2+4y_2^2+3y_3^2$$

f 的正惯性指数 $p=3=n$,故二次型 f 正定.

解法 2 特征值法.

由 $\boldsymbol{A}=\begin{pmatrix}2&0&-2\\0&4&0\\-2&0&5\end{pmatrix}$,得 $|\lambda\boldsymbol{E}-\boldsymbol{A}|=(\lambda-1)(\lambda-4)(\lambda-6)$,即 $\boldsymbol{A}$ 的特征值为 1,4,6,均大于零,故 $\boldsymbol{A}$ 为正定.

解法 3 顺序主子式法.

$$a_{11}=2>0,\quad \begin{vmatrix}a_{11}&a_{12}\\a_{21}&a_{22}\end{vmatrix}=\begin{vmatrix}2&0\\0&4\end{vmatrix}=8>0$$

$$|\boldsymbol{A}|=\begin{vmatrix}2&0&-2\\0&4&0\\-2&0&5\end{vmatrix}=24>0$$

从而 $\boldsymbol{A}$ 为正定.

相比较而言,顺序主子式更容易实现.

【例 2】 已知 $\boldsymbol{A}$ 是 n 阶正定矩阵,则 $\boldsymbol{A}^{-1}$ 也是正定矩阵.

证明 因为 $\boldsymbol{A}$ 是 n 阶正定矩阵,则存在 n 阶可逆矩阵 $\boldsymbol{P}$,使 $\boldsymbol{A}=\boldsymbol{P}^{\mathrm{T}}\boldsymbol{P}$,从而有 $\boldsymbol{A}^{-1}=\boldsymbol{P}^{-1}(\boldsymbol{P}^{\mathrm{T}})^{-1}=\boldsymbol{P}^{-1}(\boldsymbol{P}^{-1})^{\mathrm{T}}$,令 $\boldsymbol{Q}=(\boldsymbol{P}^{-1})^{\mathrm{T}}$,则 $\boldsymbol{Q}$ 也是可逆矩阵,且 $\boldsymbol{A}^{-1}=\boldsymbol{Q}^{\mathrm{T}}\boldsymbol{Q}$,因此 $\boldsymbol{A}^{-1}$ 也是正定矩阵.

关于负定二次型也有类似于正定二次型的结论,这里给出几个常用的判别方法.

定理 3 设 $f(x_1,x_2,\cdots,x_n)=\boldsymbol{x}^{\mathrm{T}}\boldsymbol{A}\boldsymbol{x}$ 是 n 元实二次型,则下列命题等价:

(1) $f(x_1,x_2,\cdots,x_n)=\boldsymbol{x}^{\mathrm{T}}\boldsymbol{A}\boldsymbol{x}$ 是负定二次型(矩阵 $\boldsymbol{A}$ 是负定矩阵);

(2) $\boldsymbol{A}$ 的特征值均为负;

(3) $f(x_1,x_2,\cdots,x_n)=\boldsymbol{x}^{\mathrm{T}}\boldsymbol{A}\boldsymbol{x}$ 的标准形的 n 个系数均为负;

(4) $f(x_1,x_2,\cdots,x_n)=\boldsymbol{x}^{\mathrm{T}}\boldsymbol{A}\boldsymbol{x}$ 的负惯性指数为 n;

(5) $\boldsymbol{A}$ 与负单位矩阵 $-\boldsymbol{E}$ 合同;

(6)存在可逆矩阵 $\boldsymbol{P}$,使 $\boldsymbol{A}=-\boldsymbol{P}^{\mathrm{T}}\boldsymbol{P}$;

(7)$\boldsymbol{A}$ 的各阶顺序主子式中,奇数阶顺序主子式为负,偶数阶顺序主子式为正,即

$$(-1)^r\begin{vmatrix} a_{11} & \cdots & a_{1r} \\ \vdots & & \vdots \\ a_{r1} & \cdots & a_{rr} \end{vmatrix}>0,\quad (r=1,2,\cdots,n).$$

习题 7-3

A 组

1.判别下列二次型的正定性:

(1)$f(x_1,x_2,x_3)=2x_1^2+5x_2^2+5x_3^2+4x_1x_2-4x_1x_3-8x_2x_3$

(2)$f(x_1,x_2,x_3)=-x_1^2-3x_2^2-9x_3^2+2x_1x_2-4x_1x_3$

(3)$f(x_1,x_2,x_3)=x_1^2+2x_2^2+6x_3^2+2x_1x_2+2x_1x_3+6x_2x_3$

2.当 t 满足什么条件时,下列二次型为正定的?

(1)$f(x_1,x_2,x_3)=x_1^2+x_2^2+5x_3^2+2tx_1x_2-2x_1x_3+4x_2x_3$

(2)$f(x_1,x_2,x_3)=x_1^2+2x_2^2+3x_3^2+tx_1x_2+tx_1x_3+x_2x_3$

B 组

1.设 $\boldsymbol{A}$ 是 n 阶正定矩阵,证明 $\boldsymbol{A}^{\mathrm{T}},\boldsymbol{A}^*$ 也是正定矩阵.

2.已知实对称矩阵 $\boldsymbol{A}$ 满足 $\boldsymbol{A}^2-3\boldsymbol{A}+2\boldsymbol{E}=0$,证明 $\boldsymbol{A}$ 是正定矩阵.

3.设 $\boldsymbol{A},\boldsymbol{B}$ 均为 n 阶正定矩阵,证明 $\boldsymbol{BAB}$ 也是正定矩阵.

第 7 章总习题

1.用矩阵记号表示下列二次型:

(1)$f=x^2+4xy+4y^2+2xz+z^2+4yz$;

(2)$f=x^2+y^2-7z^2-2xy-4xz-4yz$;

(3)$f=x_1^2+x_2^2+x_3^2+x_4^2-2x_1x_2+4x_1x_3-2x_1x_4+6x_2x_3-4x_2x_4$.

2.求一个正交变换将下列二次型化成标准形:

(1)$f=2x_1^2+3x_2^2+3x_3^2+4x_2x_3$;

(2)$f=x_1^2+x_2^2+x_3^2+x_4^2+2x_1x_2-2x_1x_4-2x_2x_3+2x_3x_4$.

3.判别下列二次型的正定性:

(1)$f=-2x_1^2-6x_2^2-4x_3^2+2x_1x_2+2x_1x_3$;

(2) $f=x_1^2+3x_2^2+9x_3^2+19x_4^2-2x_1x_2+4x_1x_3+2x_1x_4-6x_2x_4-12x_3x_4$.

4.证明:二次型 $f=\boldsymbol{x}^{\mathrm{T}}\boldsymbol{A}\boldsymbol{x}$ 在 $\|\boldsymbol{x}\|=1$ 时的最大值为矩阵 $\boldsymbol{A}$ 的最大特征值.

5.设 $\boldsymbol{U}$ 为可逆矩阵,$\boldsymbol{A}=\boldsymbol{U}^{\mathrm{T}}\boldsymbol{U}$,证明 $f=\boldsymbol{x}^{\mathrm{T}}\boldsymbol{A}\boldsymbol{x}$ 为正定二次型.

第 8 章 线性代数的应用

矩阵理论在自然科学、社会科学和经济管理等领域有着广泛的应用，以下用三方面实例来介绍这类应用.

§8.1 化二次曲面方程为标准形

在微积分中，介绍了一类特殊形式的二次曲面方程，如：若二次曲面有形如

$$\frac{x^2}{a^2}+\frac{y^2}{b^2}+\frac{z^2}{c^2}=1 \quad (a>0,b>0,c>0)$$

的方程，此曲面为椭球面；若二次曲面有形如

$$\frac{x^2}{a^2}+\frac{y^2}{b^2}-\frac{z^2}{c^2}=1 \quad (a>0,b>0,c>0)$$

的方程，此曲面为单叶双曲面. 这些曲面方程都是以标准形式出现的，称其为二次曲面的标准方程. 那么，要知道一般二次方程代表什么曲面就要先将方程化成标准方程的形式，然后再进行判断.

二次曲面的一般方程为

$$a_{11}x^2+a_{22}y^2+a_{33}z^2+2a_{12}xy+2a_{13}xz+2a_{23}yz+$$
$$2b_1x+2b_2y+2b_3z+c=0$$

其中 $a_{ij},b_i,c(i,j=1,2,3)$ 都是实数. 令

$$\boldsymbol{A}=\begin{pmatrix}a_{11}&a_{12}&a_{13}\\a_{21}&a_{22}&a_{23}\\a_{31}&a_{32}&a_{33}\end{pmatrix},\quad \boldsymbol{x}=\begin{pmatrix}x\\y\\z\end{pmatrix},\quad \boldsymbol{b}=\begin{pmatrix}b_1\\b_2\\b_3\end{pmatrix},$$

其中 $a_{ij}=a_{ji}$，利用二次型的表示法，则可表示为下列形式

$$f(x)=\boldsymbol{x}^{\mathrm{T}}\boldsymbol{A}\boldsymbol{x}+\boldsymbol{b}^{\mathrm{T}}\boldsymbol{x}+c=0$$

为了研究一般二次曲面的性质，化一般方程为标准方程，我们将分两步进行：

第一步，利用正交变换 $\boldsymbol{x}=\boldsymbol{P}\boldsymbol{y}$ 将上面方程的二次型 $\boldsymbol{x}^{\mathrm{T}}\boldsymbol{A}\boldsymbol{x}$ 的部分化为标准形

$$\boldsymbol{x}^{\mathrm{T}}\boldsymbol{A}\boldsymbol{x}=\lambda_1x_1^2+\lambda_2y_1^2+\lambda_3z_1^2$$

其中 $\boldsymbol{P}$ 为正交矩阵，$\boldsymbol{y}=(x_1,y_1,z_1)^{\mathrm{T}}$，相应地有

$$\boldsymbol{b}^{\mathrm{T}}\boldsymbol{x}=\boldsymbol{b}^{\mathrm{T}}\boldsymbol{P}\boldsymbol{y}=(\boldsymbol{b}^{\mathrm{T}}\boldsymbol{P})\boldsymbol{y}=k_1x_1+k_2y_1+k_3z_1$$

于是方程可化为

$$\lambda_1 x_1^2+\lambda_2 y_1^2+\lambda_3 z_1^2+k_1 x_1+k_2 y_1+k_3 z_1+c=0$$

第二步，做平移变换$\overline{\boldsymbol{y}}=\boldsymbol{y}+\boldsymbol{y}_0$，将方程化为标准方程，其中$\overline{\boldsymbol{y}}=(\overline{x},\overline{y},\overline{z})^{\mathrm{T}}$，这里只要用配方法就能找到所用的平移变换. 以下对$\lambda_1,\lambda_2,\lambda_3$是否为零进行讨论：

(1)当$\lambda_1\lambda_2\lambda_3\neq 0$时，用配方法化为标准方程

$$\lambda_1\overline{x}^2+\lambda_2\overline{y}^2+\lambda_3\overline{z}^2=d$$

根据$\lambda_1,\lambda_2,\lambda_3$与$d$的正负，可具体确定方程表示什么曲面，例如：$\lambda_1,\lambda_2,\lambda_3$与$d$同号，则方程表示椭球面.

(2)当$\lambda_1,\lambda_2,\lambda_3$中有一个为0，不妨设$\lambda_3=0$，方程可化为

$$\lambda_1\overline{x}^2+\lambda_2\overline{y}^2=k_3\overline{z}\quad(k_3\neq 0),$$

$$\lambda_1\overline{x}^2+\lambda_2\overline{y}^2=d\quad(k_3=0),$$

根据λ_1,λ_2与d的正负，可具体确定方程表示什么曲面，例如：当λ_1,λ_2同号时，则方程$\lambda_1\overline{x}^2+\lambda_2\overline{y}^2=k_3\overline{z}(k_3\neq 0)$表示椭球抛物面；当$\lambda_1,\lambda_2$异号时，则方程$\lambda_1\overline{x}^2+\lambda_2\overline{y}^2=k_3\overline{z}(k_3\neq 0)$表示双曲抛物面，方程$\lambda_1\overline{x}^2+\lambda_2\overline{y}^2=d(k_3=0)$表示柱面.

(3)当$\lambda_1,\lambda_2,\lambda_3$中有两个为0，不妨设$\lambda_2=\lambda_3=0$，方程可化为下列情况之一：

(a)$\lambda_1\overline{x}^2+p\overline{y}+q\overline{z}=0(p,q\neq 0)$.

此时再做新的坐标变换

$$x'=\overline{x},y'=\frac{p\overline{y}+q\overline{z}}{\sqrt{p^2+q^2}},z'=\frac{p\overline{y}-q\overline{z}}{\sqrt{p^2+q^2}}.$$

实际上是绕$\overline{x}$轴的旋转变换，方程可化为

$$\lambda_1 x'^2+\sqrt{p^2+q^2}\,y'=0.$$

此时曲面表示抛物柱面.

(b)$\lambda_1\overline{x}^2+p\overline{y}=0(p\neq 0)$表示抛物柱面.

(c)$\lambda_1\overline{x}^2+q\overline{z}=0(q\neq 0)$表示抛物柱面.

(d)$\lambda_1\overline{x}^2+d=0$，若$\lambda_1,d$异号，表示两个平行平面；若$\lambda_1,d$同号，图形无实点；若$d=0$，表示坐标面$yOz$.

【例 1】 化二次曲面方程

$$f=x^2+2y^2+3z^2-4xy-4yz-4x+6y+2z+1=0$$

为标准形，并指出它的形状.

解 记

$$\boldsymbol{A}=\begin{pmatrix}1&-2&0\\-2&2&-2\\0&-2&3\end{pmatrix},\boldsymbol{x}=\begin{pmatrix}x\\y\\z\end{pmatrix},\boldsymbol{b}=\begin{pmatrix}-2\\3\\1\end{pmatrix}$$

则二次曲面方程可化为

$$f=\boldsymbol{x}^{\mathrm{T}}\boldsymbol{A}\boldsymbol{x}+2\boldsymbol{b}^{\mathrm{T}}\boldsymbol{x}+1=0$$

先求$\boldsymbol{A}$的特征值，解方程

$$|\boldsymbol{A}-\lambda\boldsymbol{E}|=\begin{vmatrix}1-\lambda & -2 & 0\\ -2 & 2-\lambda & -2\\ 0 & -2 & 3-\lambda\end{vmatrix}=0$$

有 $\lambda_1=2,\lambda_2=5,\lambda_3=-1$.

再解线性方程组$(\boldsymbol{A}-\lambda\boldsymbol{E})\boldsymbol{x}=\boldsymbol{0}$,得相应的特征向量

$$\boldsymbol{\xi}_1=\begin{pmatrix}2\\-1\\-2\end{pmatrix},\boldsymbol{\xi}_2=\begin{pmatrix}1\\-2\\2\end{pmatrix},\boldsymbol{\xi}_3=\begin{pmatrix}2\\2\\1\end{pmatrix}$$

再将 $\boldsymbol{\xi}_1,\boldsymbol{\xi}_2,\boldsymbol{\xi}_3$ 单位化,得

$$\boldsymbol{p}_1=\frac{1}{3}\begin{pmatrix}2\\-1\\-2\end{pmatrix},\boldsymbol{p}_2=\frac{1}{3}\begin{pmatrix}1\\-2\\2\end{pmatrix},\boldsymbol{p}_3=\frac{1}{3}\begin{pmatrix}2\\2\\1\end{pmatrix}$$

于是得正交变换矩阵

$$\boldsymbol{P}=\frac{1}{3}\begin{pmatrix}2 & 1 & 2\\ -1 & -2 & 2\\ -2 & 2 & 1\end{pmatrix},$$

使

$$\boldsymbol{P}^{\mathrm{T}}\boldsymbol{A}\boldsymbol{P}=\begin{pmatrix}2 & & \\ & 5 & \\ & & -1\end{pmatrix}.$$

用正交变换 $\boldsymbol{x}=\boldsymbol{P}\boldsymbol{y}$ 将二次曲面方程化为

$$f=2x_1^2+5y_1^2-z_1^2-6x_1-4y_1+2z_1+1=0$$

则方程得

$$f=2\left(x_1-\frac{3}{2}\right)^2+5\left(y_1-\frac{2}{5}\right)^2-(z_1-1)^2-\frac{33}{10}=0$$

令

$$\overline{x}=x_1-\frac{3}{2},\overline{y}=y_1-\frac{2}{5},\overline{z}=z_1-1$$

则原方程化为标准形

$$2\,\overline{x}^2+5\,\overline{y}^2-\overline{z}^2=\frac{33}{10}$$

它表示的是一个单叶双曲面.

习题 8-1

1. 将下列二次曲面方程化为标准形,并指出它们的形状:

(1)$f=2x^2+3y^2+4z^2+4xy+4yz+4x-2y+12z+10=0$;

(2)$f=2x^2+y^2-4xy-4yz+6x-3z+1=0$;

(3)$f=6x^2-2y^2+6z^2+4xz+8x-4y-8z+a=0$.

§8.2 投入产出的数学模型

投入产出分析也称为投入产出法或投入产出技术，它是线性代数理论在经济分析和管理中的一个重要应用. 这一方法是美国经济学家列昂惕夫(W·Leontief) 于 20 世纪 30 年代首先提出的. 他利用线性代数的理论和方法，研究一个经济系统(企业、地区、国家等)的各部门之间错综复杂的联系，建立相应的数学模型用于经济分析和预测. 目前这一方法已在世界各国广泛应用.

8.2.1 投入产出模型(静态价值型)

经济系统是由若干经济部门组成的一个有机总体. 我们把从事一项经济活动的消耗称为**投入**，把从事经济活动的结果称为**产出**，则各部门间的相互依赖关系即为投入和产出的关系.

现考虑一个具有 n 个部门的经济系统，各部门分别称为部门 1、部门 2、…、部门 n，并假设:(1)部门 i 仅生产一种产品 i(称为部门 i 的产出)，不同部门的产品不能相互替代. 由这一假设可以看出，部门与产出之间是一一对应的.

(2)部门 i 在生产过程中至少需要消耗另一部门 j 的产品(称为部门 j 对部门 i 的投入)，并且消耗的各部门产品的投入量与该部门的总产量成正比. 利用某一年的统计资料，则可以先编制**投入产出表**，并得出相应的**平衡方程组**，由此建立相应的数学模型——**投入产出模型**. 投入产出模型按计量单位的不同，可分为价值型和实物型. 在价值型模型中，各部门的产出、投入均以货币单位表示；在实物型模型中，则按各产品的实物单位(如吨、米等)为单位. 本节我们主要讨论价值型投入产出模型.

见表 8-1，假设我们利用某年的经济统计数据编制投入产出表. 其中，

x_i:部门 i 的总产量($i=1,2,\cdots,n$);

x_{ij}:部门 j 在生产过程中需消耗部门 i 产品的数量，也称为部门间的流量，$x_{ij}\geqslant 0(i,j=1,2,\cdots,n)$;

y_i:部门 i 的总产量 x_i 扣除用于其他各部门(包括本部门) 的生产消耗后的余量(用于社会积累和消费)，亦称部门 i 的最终产出($i=1,2,\cdots,n$);

z_j:部门 j 的新创造价值($j=1,2,\cdots,n$)，它是部门 j 的劳动报酬 v_j(工资、奖金及其他劳动收入)与纯收入 m_j(税金、利润等) 的总和.

表 8-1　　投入产出表

投入＼产出		中间产出				最终产出				总产出
		部门				消费	积累	…	合计	
		1	2	…	n					
物质消耗	1	x_{11}	x_{12}	…	x_{1n}				y_1	x_1
	2	x_{21}	x_{22}	…	x_{2n}				y_2	x_2
	⋮	⋮	⋮	⋮	⋮				⋮	⋮
	n	x_{n1}	x_{n2}		x_{nn}				y_n	x_n
新创造价值	报酬	v_1	v_2	…	v_n					
	纯收入	m_1	m_2	…	m_n					
	合计	z_1	z_2	…	z_n					
总投入		x_1	x_2	…	x_n					

投入产出表由双线分成了第Ⅰ、Ⅱ、Ⅲ、Ⅳ象限：左上角的第Ⅰ象限反映了各部门的技术经济联系，第 i 行表明部门 i 作为生产部门其产品提供给其他各部门的消耗数量，第 j 列表明部门 j 在生产过程中消耗其他部门产品的数量；第Ⅱ象限反映了可供社会最终消耗的和使用的产品量，第 i 行表明部门 i 的产出作为最终产品用于积累、消费等的情况；第Ⅲ象限反映了各部门的固定资产折旧和新创造价值，体现了国民收入的初次分配以及必要劳动与剩余劳动的比例，第 j 列表明部门 j 的新创造价值，各行则反映了各部门新创造价值的构成；第Ⅳ象限用于体现国民收入的再分配，这个部分因为很复杂，所以常常被省略，一般不编制表的这一部分.

投入产出表的第Ⅰ、Ⅱ象限中的行反映了各部门产品的去向即分配情况：一部分作为中间产品提供给其他部门作为原材料，另一部分作为最终产品提供给社会. 即

总产出＝中间产出＋最终产品

于是得到**分配平衡方程组**：

$$\begin{cases} x_1 = x_{11} + x_{12} + \cdots + x_{1n} + y_1 \\ x_2 = x_{21} + x_{22} + \cdots + x_{2n} + y_2 \\ \quad\cdots \\ x_n = x_{n1} + x_{n2} + \cdots + x_{nn} + y_n \end{cases}$$

或简写为

$$x_i = \sum_{j=1}^{n} x_{ij} + y_i \quad (i = 1, 2, \cdots, n)$$

投入产出表的第Ⅰ、Ⅲ象限中的列反映了各部门产品的价值形成过程：即

总产值＝生产资料转移价值(物资消耗)＋新创造价值

于是得到**生产平衡方程组**：

$$\begin{cases} x_1 = x_{11} + x_{21} + \cdots + x_{n1} + z_1 \\ x_2 = x_{12} + x_{22} + \cdots + x_{n2} + z_2 \\ \quad\cdots \\ x_n = x_{1n} + x_{2n} + \cdots + x_{nn} + z_n \end{cases}$$

或

$$x_j = \sum_{i=1}^{n} x_{ij} + z_j \quad (j = 1,2,\cdots,n)$$

由此易知，

$$\sum_{i=1}^{n} y_i = \sum_{i=1}^{n} z_i$$

这表明就整个国民经济来讲，用于非生产的消费、积累、储备和出口等方面产品的总价值与整个国民经济净产值(新创造价值)的总和相等.

为确定经济系统各部门间在生产消耗上的数量依存关系，我们引入直接消耗系数的概念.

第 j 部门生产单位产品所直接消耗第 i 部门的产品量值称为第 j 部门生产单位产品所直接消耗第 i 部门的**直接消耗系数**，或**技术系数**. 记作

$$a_{ij} = \frac{x_{ij}}{x_j} \quad (i,j=1,2,\cdots,n)$$

把投入产出表中的各个中间需求 x_{ij} 换成相应的 a_{ij} 后得到的数表称为**直接消耗系数表**，并称 n 阶矩阵

$$\mathbf{A} = (a_{ij})_{n\times n} = \begin{pmatrix} a_{11} & a_{12} & \cdots & a_{1n} \\ a_{21} & a_{22} & \cdots & a_{2n} \\ \vdots & \vdots & & \vdots \\ a_{n1} & a_{n2} & \cdots & a_{nn} \end{pmatrix}$$

为**直接消耗系数矩阵**(或**技术系数矩阵**).

【例 1】 已知某经济系统在一个生产周期内投入产出情况见表 8-2，试求直接消耗系数矩阵.

表 8-2　　某经济系统在一个生产周期内投入产出情况　　单位:万元

投入 \ 产出		中间消耗 1	中间消耗 2	中间消耗 3	最终需求	总产出
中间投入	1	100	25	30		400
	2	80	50	30		250
	3	40	25	60		300
净产值						
总投入		400	250	300		

解　由直接消耗系数的定义 $a_{ij} = \frac{x_{ij}}{x}$，得直接消耗系数矩阵

$$\mathbf{A} = \begin{pmatrix} 0.25 & 0.10 & 0.10 \\ 0.20 & 0.20 & 0.10 \\ 0.10 & 0.10 & 0.20 \end{pmatrix}$$

直接消耗系数 a_{ij} 具有下列重要性质：

(1) $0 \leqslant a_{ij} \leqslant 1 (i,j=1,2,\cdots,n)$

(2) $\sum_{i=1}^{n} a_{ij} \leqslant 1 (j = 1,2,\cdots,n)$

证明略.

由直接消耗系数的定义有 $x_{ij}=a_{ij}x_j$，将其代入分配平衡方程组得

$$\begin{cases}x_1=a_{11}x_1+a_{12}x_2+\cdots+a_{1n}x_n+y_1\\ x_2=a_{21}x_1+a_{22}x_2+\cdots+a_{2n}x_n+y_2\\ \cdots\\ x_n=a_{n1}x_1+a_{n2}x_2+\cdots+a_{nn}x_n+y_n\end{cases}$$

设

$$\boldsymbol{X}=\begin{pmatrix}x_1\\x_2\\\vdots\\x_n\end{pmatrix},\quad \boldsymbol{Y}=\begin{pmatrix}y_1\\y_2\\\vdots\\y_n\end{pmatrix}$$

则上面方程组可写成矩阵形式

$\boldsymbol{X}=\boldsymbol{AX}+\boldsymbol{Y}$ 或 $(\boldsymbol{E}-\boldsymbol{A})\boldsymbol{X}=\boldsymbol{Y}$

上述公式揭示了最终产品 $\boldsymbol{Y}$ 与总产品 $\boldsymbol{X}$ 之间的数量依存关系.

直接消耗系数在一定时期内具有稳定性，所以常可以利用前一报告期的直接消耗系数来估计本报告期的直接消耗系数.

矩阵 $\boldsymbol{E}-\boldsymbol{A}$ 可逆，于是总产品 $\boldsymbol{X}$ 亦可由最终产品 $\boldsymbol{Y}$ 唯一确定，即由

$$\boldsymbol{Y}=(\boldsymbol{E}-\boldsymbol{A})\boldsymbol{X}\Rightarrow\boldsymbol{X}=(\boldsymbol{E}-\boldsymbol{A})^{-1}\boldsymbol{Y}$$

【例 2】 根据报告期国民经济情况（假设分为农业、工业、其他 3 个部门）得出直接消耗矩阵为

$$\boldsymbol{A}=\begin{pmatrix}0.2&0.1&0\\0.2&0.4&0.3\\0&0.1&0.1\end{pmatrix}$$

如果规定计划时期最终产品分别为（单位：亿元）630，770，730，求计划时期的总产品.

解 由已知，得

$$\boldsymbol{E}-\boldsymbol{A}=\begin{pmatrix}0.8&-0.1&0\\-0.2&0.6&-0.3\\0&-0.1&0.9\end{pmatrix}$$

$$(\boldsymbol{E}-\boldsymbol{A})^{-1}=\begin{pmatrix}1.3077&0.2308&0.0769\\0.4616&1.8461&0.6153\\0.0513&0.2051&1.1795\end{pmatrix}$$

总产品为

$$\begin{aligned}\boldsymbol{X}&=(\boldsymbol{E}-\boldsymbol{A})^{-1}\boldsymbol{Y}\\&=\begin{pmatrix}1.3077&0.2308&0.0769\\0.4616&1.8461&0.6153\\0.0513&0.2051&1.1795\end{pmatrix}\begin{pmatrix}630\\770\\730\end{pmatrix}=\begin{pmatrix}1\,057.70\\2\,161.50\\1\,051.28\end{pmatrix}\end{aligned}$$

所以该计划期的总产品为：农业 1 057.70 亿元；工业 2 161.50 亿元；其他 1 051.28 亿元.

同理，将 $x_{ij}=a_{ij}x_j$ 代入生产平衡方程组得

$$x_j = \sum_{i=1}^{n} a_{ij} x_j + z_j \quad (j = 1,2,\cdots,n)$$

设

$$\boldsymbol{D} = \begin{pmatrix} \sum_{i=1}^{n} a_{i1} & & & \\ & \sum_{i=1}^{n} a_{i2} & & \\ & & \ddots & \\ & & & \sum_{i=1}^{n} a_{in} \end{pmatrix}, \quad \boldsymbol{Z} = \begin{pmatrix} z_1 \\ z_2 \\ \vdots \\ z_n \end{pmatrix}$$

则上面方程组可写成矩阵形式

$$\boldsymbol{X}=\boldsymbol{D}\boldsymbol{X}+\boldsymbol{Z} \text{ 或 } (\boldsymbol{E}-\boldsymbol{D})\boldsymbol{X}=\boldsymbol{Z}$$

方程组$(\boldsymbol{E}-\boldsymbol{A})\boldsymbol{X}=\boldsymbol{Y}$和$(\boldsymbol{E}-\boldsymbol{D})\boldsymbol{X}=\boldsymbol{Z}$称为(静态) 投入产出分析的基本模型. 利用这两个模型可以进行更深入的经济分析,考虑以后各年该经济系统的情况,如果某时期的直接消耗系数 $a_{ij}(i,j=1,2,\cdots,n)$保持不变,则在给定最终需求$\boldsymbol{Y}$(或新创造价值$\boldsymbol{Z}$) 时,就可以求出总产出$\boldsymbol{X}$,从而对将来的经济发展进行预测和分析.

8.2.2 完全消耗系数

直接消耗系数a_{ij}反映了第j部门对第i部门产品的直接消耗,但是第j部门还有可能通过第k部门的产品(第k部门要消耗第i部门产品)而间接消耗第i部门的产品. 例如汽车生产部门除了直接消耗钢铁之外还会通过使用机床而间接消耗钢铁,所以下面引进刻画部门之间的完全联系的量——完全消耗系数.

一般的,部门j除直接消耗部门i的产品外还要通过一系列中间环节形成对部门i产品的**间接消耗**. 直接消耗与间接消耗的和,称为**完全消耗**. 故定义:第j部门生产单位价值量直接和间接消耗的第i部门的价值量总和,称为第j部门对第i部门的**完全消耗系数**,记作$b_{ij}(i,j=1,2,\cdots,n)$,并称由b_{ij}构成的n阶方阵

$$\boldsymbol{B}=(b_{ij})=\begin{pmatrix} b_{11} & b_{12} & \cdots & b_{1n} \\ b_{21} & x_{22} & \cdots & b_{2n} \\ \vdots & \vdots & & \vdots \\ b_{n1} & b_{n2} & \cdots & b_{nn} \end{pmatrix}$$

为各部门间的**完全消耗系数矩阵**.

根据完全消耗的意义,有

$$b_{ij} = a_{ij} + \sum_{k=1}^{n} b_{ik} a_{kj} \quad (i,j = 1,2,\cdots,n)$$

上式右端第一项为直接消耗,第二项为全部间接消耗. 矩阵形式为

$$\boldsymbol{B}=\boldsymbol{A}+\boldsymbol{B}\boldsymbol{A}$$

于是有

$$B=A(E-A)^{-1}$$

又因

$$A=E-(E-A)$$

所以

$$B=[E-(E-A)](E-A)^{-1}=(E-A)^{-1}-E$$

这表明,完全消耗系数可由直接消耗系数获得.

【例3】 假设某公司三个生产部门间的报告价值型投入产出表见表8-3:

表8-3 价值型投入产出表 单位:万元

投入 \ 产出		中间产品 1	中间产品 2	中间产品 3	最终产品	总产出
中间投入	1	1 500	0	600	400	2 500
	2	0	610	600	1 840	3 050
	3	250	1 525	3 600	625	6 000

求各部门间的完全消耗系数矩阵.

解 依次用各部门的总产值除以中间消耗栏中各列,得到直接消耗系数矩阵为

$$A=\begin{pmatrix}0.6 & 0 & 0.1\\ 0 & 0.2 & 0.1\\ 0.1 & 0.5 & 0.6\end{pmatrix}=\frac{1}{10}\begin{pmatrix}6 & 0 & 1\\ 0 & 2 & 1\\ 1 & 5 & 6\end{pmatrix}$$

于是

$$E-A=\frac{1}{10}\begin{pmatrix}4 & 0 & -1\\ 0 & 8 & -1\\ -1 & -5 & 4\end{pmatrix}$$

$$(E-A)^{-1}=\frac{1}{10}\begin{pmatrix}27 & 5 & 8\\ 1 & 15 & 4\\ 8 & 20 & 32\end{pmatrix}$$

故所求完全消耗系数矩阵为

$$B=(E-A)^{-1}-E=\begin{pmatrix}1.7 & 0.5 & 0.8\\ 0.1 & 0.5 & 0.4\\ 0.8 & 2 & 2.2\end{pmatrix}$$

由此例可知,完全消耗系数矩阵的值比直接消耗系数矩阵的值要大很多.

完全消耗系数是一个经济体系的经济结构分析以及经济预测的重要参数,完全消耗系数的求得是投入产出模型的最显著的特点,它全面反映了各部门之间相互依存相互制约的关系,利用完全消耗系数可以分析最终产品 Y 与总产品 X 的关系.

由 $B=(E-A)^{-1}-E$,有 $(E-A)^{-1}=B+E$,那么分配平衡方程组的解

$$X=(E-A)^{-1}Y=(B+E)Y$$

即如果已知完全消耗系数矩阵 B 和最终产品向量 Y 就可以直接计算出总产出向量 X.

【例4】 一个经济系统有三个部门,下一个生产周期的最终产品为:A 部门 60 亿元,B 部门 70 亿元,C 部门 60 亿元,该系统的完全消耗系数矩阵为

$$B=\begin{pmatrix}0.30 & 0.25 & 0.075\\0.46 & 0.88 & 0.68\\0.21 & 0.22 & 0.20\end{pmatrix}$$

问各部门的总产品要达到多少才能完成计划？

解 因为

$$B+E=\begin{pmatrix}1.30 & 0.25 & 0.075\\0.46 & 1.88 & 0.68\\0.21 & 0.22 & 1.20\end{pmatrix}$$

由 $X=(B+E)Y$，有

$$X=(B+E)Y=\begin{pmatrix}1.30 & 0.25 & 0.075\\0.46 & 1.88 & 0.68\\0.21 & 0.22 & 1.20\end{pmatrix}\begin{pmatrix}60\\70\\60\end{pmatrix}=\begin{pmatrix}100\\200\\100\end{pmatrix}$$

即三个部门应完成的总产品分别为 100 亿元，200 亿元，100 亿元.

习题 8-2

1. 设三个经济部门某年的投入产出情况，见表 8-4：

表 8-4 单位：万元

产出 / 投入		中间消耗			最终产品	总产出
		1	2	3		
车间	1	196	102	70	192	x_1
	2	84	68	42	146	x_2
	3	112	34	28	106	x_3
新创造价值		z_1	z_2	z_3		
总投入		x_1	x_2	x_3		

求：(1)各部门的总产品 x_1,x_2,x_3；(2)各部门新创造价值 z_1,z_2,z_3.

2. 设某一经济系统在所考察期内部门投入产出情况，见表 8-5：

表 8-5 单位：万元

产出 / 投入		中间消耗			最终产品	总产出
		1	2	3		
生产部门	1	50	110	100	240	500
	2	20	15	40	175	250
	3	10	15	80	195	300
新创造价值		420	110	80		
总产值		500	250	300		

求：(1)计算直接消耗系数矩阵 A；(2)完全消耗系数矩阵 B.

3. 某经济系统报告期的直接消耗系数矩阵为

$$A=\begin{pmatrix}0.20 & 0.20 & 0.3125\\0.14 & 0.15 & 0.25\\0.16 & 0.5 & 0.1875\end{pmatrix}$$

如果计划期最终产品分别确定为 $y_1=60$(万元),$y_2=55$(万元),$y_3=120$(万元),试求计划期的各部门总产品.

4.已知某经济系统在一个生产周期内的直接消耗系数矩阵 $\boldsymbol{A}$ 和最终产品 $\boldsymbol{Y}$(单位:万元)分别为

$$\boldsymbol{A}=\begin{pmatrix}0.2&0.3&0.2\\0.4&0.1&0.3\\0.3&0.5&0.2\end{pmatrix},\boldsymbol{Y}=\begin{pmatrix}150\\200\\210\end{pmatrix}$$

试求:(1)各部门总产品 $\boldsymbol{X}$;(2)当最终产品分别增加40万元,20万元,25万元时的总产品.

§8.3 多元函数的极值

在数理经济分析中,常常需要讨论一些经济函数的最大化问题(如厂商利润的最大化)或最小化问题(如给定产出下的成本最小化),统称其为最优化问题.关于一元函数和二元函数极值的判别比较容易,在微积分中已进行相关讨论,但对于两个以上自变量的多元函数极值的判定就比较困难了.这里从二元函数的极值入手,利用正定二次型的理论,给出一般多元函数极值判定的条件.

8.3.1 多元函数的极值

在微积分中,我们已经得到了判定二元函数 $f(x,y)$ 极值的一个充分条件为:

设 $f(x,y)$ 在点 (x_0,y_0) 的某邻域内连续,存在二阶连续偏导数,且 (x_0,y_0) 是 $f(x,y)$ 的驻点(即 $f'_x(x_0,y_0)=f'_y(x_0,y_0)=0$),记

$$A=f''_{xx}(x_0,y_0),B=f''_{xy}(x_0,y_0),C=f''_{yy}(x_0,y_0)$$

若 $AC-B^2>0$ 且 $A>0$,则 $f(x_0,y_0)$ 为极小值;

若 $AC-B^2>0$ 且 $A<0$,则 $f(x_0,y_0)$ 为极大值.

若记

$$\boldsymbol{H}=\begin{pmatrix}f''_{xx}(x_0,y_0)&f''_{xy}(x_0,y_0)\\f''_{xy}(x_0,y_0)&f''_{yy}(x_0,y_0)\end{pmatrix}=\begin{pmatrix}A&B\\B&C\end{pmatrix}$$

结合正定矩阵的相关理论,则上述结论可叙述为:

(1)若 $\boldsymbol{H}$ 为正定矩阵,则 $f(x_0,y_0)$ 为极小值;

(2)若 $\boldsymbol{H}$ 为负定矩阵,则 $f(x_0,y_0)$ 为极大值.

将这一结果推广到判定 n 元函数极值,有如下一般结论:

定理1 设 n 元函数 $f(x_1,x_2,\cdots,x_n)$ 在点 $a=(a_1,a_2,\cdots,a_n)$ 的某邻域内连续,存在二阶连续偏导数,且点 a 是 $f(x_1,x_2,\cdots,x_n)$ 的驻点,即

$$f'_{x_1}(a)=f'_{x_2}(a)=\cdots=f'_{x_n}(a)=0$$

记

$$H=\begin{pmatrix} f''_{x_1x_1}(a) & f''_{x_1x_2}(a) & \cdots & f''_{x_1x_n}(a) \\ f''_{x_2x_1}(a) & f''_{x_2x_2}(a) & \cdots & f''_{x_2x_n}(a) \\ \vdots & \vdots & & \vdots \\ f''_{x_nx_1}(a) & f''_{x_nx_2}(a) & \cdots & f''_{x_nx_n}(a) \end{pmatrix}$$

则(1)若 $\boldsymbol{H}$ 为正定矩阵,则 $f(a)$为极小值;

(2)若 $\boldsymbol{H}$ 为负定矩阵,则 $f(a)$为极大值.

矩阵 $\boldsymbol{H}$ 称为函数 $f(x_1,x_2,\cdots,x_n)$在点 a 处的**海赛矩阵**,它是一个对称阵.

【例 1】 已知某企业生产三种相关产品,其价格与需求的关系分别为:

$$P_1=70-2Q_1-Q_2-Q_3,$$
$$P_2=120-Q_1-4Q_2-2Q_3,$$
$$P_3=90-Q_1-Q_2-3Q_3,$$

成本函数为 $C=Q_1^2+Q_1Q_2+2Q_2^2+2Q_2Q_3+Q_3^2+Q_1Q_3$,求三种产品的供应量为多少时,企业的总利润最大?

解 利润函数为

$$\begin{aligned} R&=P_1Q_1+P_2Q_2+P_3Q_3-C \\ &=-3Q_1^2-6Q_2^2-4Q_3^2-3Q_1Q_2-3Q_1Q_3-5Q_2Q_3+70Q_1+120Q_2+90Q_3 \end{aligned}$$

令

$$\begin{cases} R'_{Q_1}=-6Q_1-3Q_2-3Q_3+70=0 \\ R'_{Q_2}=-3Q_1-12Q_2-5Q_3+120=0 \\ R'_{Q_3}=-3Q_1-5Q_2-8Q_3+90=0 \end{cases}$$

解得唯一解:$\overline{Q}_1=\frac{125}{21},\overline{Q}_2=\frac{45}{7},\overline{Q}_3=5$. 于是$(\overline{Q}_1,\overline{Q}_2,\overline{Q}_3)=\left(\frac{125}{21},\frac{45}{7},5\right)$是 R 的一个驻点.

计算 R 在$(\overline{Q}_1,\overline{Q}_2,\overline{Q}_3)=\left(\frac{125}{21},\frac{45}{7},5\right)$的海赛矩阵为

$$\boldsymbol{H}_R(\overline{Q}_1,\overline{Q}_2,\overline{Q}_3)=\begin{pmatrix} -6 & -3 & -3 \\ -3 & -12 & -5 \\ -3 & -5 & -8 \end{pmatrix},$$

又因为

$$-6<0,\begin{vmatrix} -6 & -3 \\ -3 & -12 \end{vmatrix}=63>0,\begin{vmatrix} -6 & -3 & -3 \\ -3 & -12 & -5 \\ -3 & -5 & -8 \end{vmatrix}=-336<0,$$

所以 $\boldsymbol{H}_R(\overline{Q}_1,\overline{Q}_2,\overline{Q}_3)$为负定矩阵,也就是说,$(\overline{Q}_1,\overline{Q}_2,\overline{Q}_3)=\left(\frac{125}{21},\frac{45}{7},5\right)$是 R 的最大值点. 即当$\overline{Q}_1=\frac{125}{21},\overline{Q}_2=\frac{45}{7},\overline{Q}_3=5$ 时,企业的总利润最大.

8.3.2 条件极值

在实际问题中,我们常常还会遇到这样的最优化问题:求 $f(x,y)$在条件 $\varphi(x,y)=0$

下的极值.通常,这种需要满足约束条件的最优化问题称为约束最优化问题,而称前面的最优化问题为无约束最优化问题.

在微积分中,已经给出了求解约束最优化问题的有效方法——拉格朗日乘数法.我们这里将讨论一种具有特殊意义的条件优化问题:求 $f(x)$ 在约束条件 $\varphi(x)=0$ 下的条件极值,其中 $\boldsymbol{x}=(x_1,x_2,\cdots,x_n)^{\mathrm{T}}$,$f(x)$ 是二次型 $\boldsymbol{x}^{\mathrm{T}}\boldsymbol{A}\boldsymbol{x}$,$\varphi(\boldsymbol{x})=\boldsymbol{x}^{\mathrm{T}}\boldsymbol{x}-1$.这类问题自然可以使用拉格朗日乘数法求解,但由于 $f(\boldsymbol{x})$ 是二次型,我们可以采用纯代数的求解方法.

【例2】 求 $f(\boldsymbol{x})=8x_1^2+5x_2^2+2x_3^2\,(\boldsymbol{x}=(x_1,x_2,x_3)^{\mathrm{T}})$ 在限制条件 $\boldsymbol{x}^{\mathrm{T}}\boldsymbol{x}=1$(即 $\boldsymbol{x}$ 是单位向量,$\|\boldsymbol{x}\|=x_1^2+x_2^2+x_3^2=1$)下的最大值和最小值.

解 条件 $\boldsymbol{x}^{\mathrm{T}}\boldsymbol{x}=1$ 即为 $x_1^2+x_2^2+x_3^2=1$.

因为

$$2x_1^2+2x_2^2+2x_3^2\leqslant 8x_1^2+5x_2^2+2x_3^2\leqslant 8x_1^2+8x_2^2+8x_3^2$$

即

$$2(x_1^2+x_2^2+x_3^2)\leqslant 8x_1^2+5x_2^2+2x_3^2\leqslant 8(x_1^2+x_2^2+x_3^2)$$

所以在 $\boldsymbol{x}$ 是单位向量的条件下,$f(\boldsymbol{x})$ 的最大值不大于8,最小值不小于2.另一方面,对于 $\boldsymbol{e}_1=(1,0,0)^{\mathrm{T}}$,有 $f(\boldsymbol{e}_1)=8$;$\boldsymbol{e}_3=(0,0,1)^{\mathrm{T}}$,有 $f(\boldsymbol{e}_3)=2$.因此,$f(\boldsymbol{x})$ 在 $\boldsymbol{x}=\boldsymbol{e}_3$ 处取得最大值8,在 $\boldsymbol{x}=\boldsymbol{e}_3$ 处取得最小值2.

由例2可以看到,二次型 $f(\boldsymbol{x})=8x_1^2+5x_2^2+2x_3^2$ 的矩阵具有特征值8,5,2,其最大特征值和最小特征值恰好分别等于 $f(\boldsymbol{x})$ 在限制条件 $\boldsymbol{x}^{\mathrm{T}}\boldsymbol{x}=1$ 下的最大值和最小值.此结论对于任意二次型都是成立的,于是有:

定理2 设 $\boldsymbol{A}$ 是实对称矩阵,m 和 M 分别是二次型 $\boldsymbol{x}^{\mathrm{T}}\boldsymbol{A}\boldsymbol{x}$ 在约束条件 $\boldsymbol{x}^{\mathrm{T}}\boldsymbol{x}=1$ 下的最小和最大值,那么 m 是 $\boldsymbol{A}$ 的最小特征值,M 是 $\boldsymbol{A}$ 的最大特征值,且 m 和 M 分别在 $\boldsymbol{A}$ 的最小和最大特征值对应的单位特征向量处取得.

证明略.

【例3】 求 $f(\boldsymbol{x})=5x_1^2+6x_2^2+7x_3^2+4x_1x_2-4x_2x_3$ 在限制条件 $\boldsymbol{x}^{\mathrm{T}}\boldsymbol{x}=1$ 下的最大值,并求出一个达到最大值的单位向量.

解 二次型的矩阵为

$$\boldsymbol{A}=\begin{pmatrix}5 & 2 & 0\\ 2 & 6 & -2\\ 0 & -2 & 7\end{pmatrix}$$

$\boldsymbol{A}$ 的特征多项式为

$$|\boldsymbol{A}-\lambda\boldsymbol{E}|=\begin{vmatrix}5-\lambda & 2 & 0\\ 2 & 6-\lambda & -2\\ 0 & -2 & 7-\lambda\end{vmatrix}=-(\lambda-9)(\lambda-6)(\lambda-3)$$

最大特征值为9,由定理2,得 $M=9$.

解方程 $(\boldsymbol{A}-9\boldsymbol{E})\boldsymbol{x}=\boldsymbol{0}$,求得对应于特征值为9的特征向量,并将其单位化得

$$\boldsymbol{p}_1=\begin{pmatrix}\dfrac{1}{3}\\ \dfrac{2}{3}\\ -\dfrac{2}{3}\end{pmatrix}.$$

习题 8-3

1. 设某市场上产品 1 和产品 2 的价格分别为 $P_{10}=12$, $P_{20}=18$，那么两产品厂商的收益函数为

$$R=R(Q_1,Q_2)=P_{10}Q_1+P_{20}Q_2=12Q_1+18Q_2$$

其中 Q_i 表示单位时间内产品 i 的产出水平. 假设这两种产品在生产上存在技术的相关性，厂商成本函数是自变量 Q_1, Q_2 的二元函数

$$C=C(Q_1,Q_2)=2Q_1^2+Q_1Q_2+2Q_2^2$$

设厂商的利润函数为 π，求使 π 最大化的产出水平 $\overline{Q}_1$, $\overline{Q}_2$ 的组合.

2. 求下列目标函数 $f(\boldsymbol{x})$ 在限制条件 $\boldsymbol{x}^{\mathrm{T}}\boldsymbol{x}=1$ 下的最大值，并求出使 $f(\boldsymbol{x})$ 达到最大值的单位向量 $\boldsymbol{\xi}$.

(1) $f(\boldsymbol{x})=9x_1^2+4x_2^2+3x_3^2$；

(2) $f(\boldsymbol{x})=5x_1^2+5x_2^2-4x_1x_2$.

习题答案

习题 1-1

A 组

1. (1) -2；(2) 0；(3) -4；(4) 2；(5) -24.

2. (1) $\begin{cases} x_1=1 \\ x_2=-1 \\ x_3=1 \end{cases}$；(2) $\begin{cases} x_1=10/19 \\ x_2=-1/19 \\ x_3=-4/19 \end{cases}$.

B 组

1. $\lambda\neq 1$ 且 $\mu\neq 0$.

2. $(x_2-x_1)(x_3-x_1)(x_3-x_2)$.

习题 1-2

A 组

1. (1) 5；(2) 8；(3) $\frac{n(n-1)}{2}$；

2. $i=4, j=5$.

B 组

1. $2\leftrightarrow 1$；$5\leftrightarrow 2$；$4\leftrightarrow 3$.

2. C_n^2-m.

习题 1-3

A 组

1. $(-1)^{\tau(1342)}a_{11}a_{23}a_{34}a_{42}$，$(-1)^{\tau(1324)}a_{11}a_{23}a_{32}a_{44}$

2. $2bc-2ad$.

3. (1) $i=4, k=1$；(2) $i=4, k=3$；(3) $i=2, k=1$

B 组

1. 计算行列式 $(-1)^{\frac{(n-1)(n-2)}{2}}n!$.

2. 8.

习题 1-4

A 组

1. (1)0；(2)0.

2. $-2(x^3+y^3)$.

3. $[x+(n-1)b](x-b)^{n-1}$.

B 组

1. 提示:根据行列式的加法拆分.

2. 略.

习题 1-5

A 组

1. $(-1)^{2+3}\begin{vmatrix}2 & 1\\ 1 & -1\end{vmatrix}=3;1\cdot(-1)^{1+2}\begin{vmatrix}0 & 1\\ 8 & 3\end{vmatrix}-4\begin{vmatrix}2 & 1\\ -1 & 3\end{vmatrix}-8\begin{vmatrix}2 & 1\\ 1 & -1\end{vmatrix}$.

2. (1)57;(2)10.

3. (1)$(x_1,x_2,x_3)=(1,2,3)$;(2)$(x_1,x_2,x_3,x_4)=(3,-1,-1,4)$.

4. $\lambda\neq 0,2,3$.

B 组

1. $(a^2-b^2)^2$.

2. $(a_1a_2\cdots a_n)\left(1+\sum\limits_{i=1}^{n}\frac{1}{a_i}\right)$.

第 1 章总习题

1. $k=1$ 或 $k=3$.

2. 1.

3. 略.

4. $a_0=8,a_1=-1,a_2=-2,a_3=1$.

5. 略.

6. 提示:利用范德蒙行列式的结果.

7. -40.

习题 2-1

A 组

1. (1)$x_1=1,x_2=2,x_3=1$;(2)$\begin{cases}x_1=1/2+c_1\\ x_2=c_1\\ x_3=1/2+c_2\\ x_4=c_2\end{cases}$,$c_1,c_2$ 为任意常数..

2.(1)$\begin{pmatrix}1&0&0\\0&1&0\\0&0&1\end{pmatrix}$;(2)$\begin{pmatrix}1&0&2&1&-2\\0&1&-1&3&-1\\0&0&0&0&0\\0&0&0&0&0\end{pmatrix}$.

B组

1.$\begin{cases}x_1-2x_2+x_3+\quad x_4=1\\ \qquad\qquad\qquad -2x_4=-2\\ \qquad\qquad\qquad -6x_4=4\end{cases}$,后边两个方程矛盾,故该方程组无解.

2.$\begin{pmatrix}1&0&1/3&0&16/9\\0&1&2/3&0&-1/9\\0&0&0&1&-1/3\\0&0&0&0&0\end{pmatrix}$.

习题 2-2

A组

1.(1)(只有零解);(2)($\begin{cases}x_1=2x_2-x_3\\x_4=0\end{cases}$ 其中 x_2,x_3 为自由未知量).

2.(1)通解$\begin{pmatrix}x_1\\x_2\\x_3\end{pmatrix}=c\begin{pmatrix}-1\\2\\1\end{pmatrix}$($c\in\mathbf{R}$);

(2)通解$\begin{cases}x_1=-\dfrac{1}{5}c_1-\dfrac{6}{5}c_2\\x_2=\dfrac{3}{5}c_1-\dfrac{7}{5}c_2\end{cases}$,其中 c_1,c_2 为任意常数.

B组

1.$\begin{cases}x_1=c_1-x_5\\x_2=x_4+c_3\\x_3=c_1\\x_4=c_2\\x_5=c_3\end{cases}$ (其中 c_1,c_2,c_3 任意常数).

2.一般解为

$\begin{cases}x_1=-\dfrac{4}{5}x_3+\dfrac{1}{5}x_4-\dfrac{11}{5}x_5\\x_2=\dfrac{7}{5}x_3-\dfrac{3}{5}x_4-\dfrac{2}{5}x_5\end{cases}$,其中 x_3,x_4,x_5 为自由未知量;

通解为$\begin{cases} x_1=-\frac{4}{5}c_1+\frac{1}{5}c_2-\frac{11}{5}c_3, \\ x_2=\frac{7}{5}c_1-\frac{3}{5}c_2-\frac{2}{5}c_3, \\ x_3=c_1, \\ x_4=c_2, \\ x_5=c_3. \end{cases}$ （其中 c_1,c_2,c_3 任意常数）.

3. $\lambda=5,\lambda=2$ 或 $\lambda=8$.

习题 2-3

A 组

1. 无解；2. $\begin{cases} x_1=-2/3-2k_1+1/2k_2 \\ x_2=k_1 \\ x_3=13/6-1/2k_2 \\ x_4=k_2 \end{cases}$.

B 组

1. (1)$\lambda\neq0$ 且 $\lambda\neq-3$；(2)$\lambda=0$；(3)$\lambda=-3$.

第 2 章总习题

1. $\begin{cases} x_1=-\frac{3}{2}c_1-c_2 \\ x_2=\frac{7}{2}c_1-2c_2 \\ x_3=c_1 \\ x_4=c_2 \end{cases}$

2. 当 $\lambda\neq0$ 且 $\lambda\neq1$ 时有唯一解；当 $\lambda=1$ 时有无穷多解；当 $\lambda=0$ 时，无解.

3. (1) $|\boldsymbol{A}|=1-a^4$；(2) $a=-1$，通解为 $\boldsymbol{x}=k\begin{pmatrix}1\\1\\1\\1\end{pmatrix}+\begin{pmatrix}0\\-1\\0\\0\end{pmatrix}$.

习题 3-1

A 组

1. $\boldsymbol{A}^3=\begin{pmatrix}1&0&0\\0&8&0\\0&0&27\end{pmatrix}$，$\boldsymbol{B}^2=\begin{pmatrix}10&4\\6&22\end{pmatrix}$.

2. $\begin{pmatrix} a_1b_1 & a_1b_2 & \cdots & a_1b_n \\ a_2b_1 & a_2b_2 & \cdots & a_2b_n \\ \vdots & \vdots & & \vdots \\ a_mb_1 & a_mb_2 & \cdots & a_mb_n \end{pmatrix}$；$\sum_{i=1}^{n} a_ib_i$.

3. $\boldsymbol{BB}^{\mathrm{T}}=\begin{pmatrix} 38 & 13 & 1 \\ 13 & 29 & 11 \\ 1 & 11 & 5 \end{pmatrix}$，$\boldsymbol{B}^{\mathrm{T}}\boldsymbol{B}=\begin{pmatrix} 21 & 14 & 13 \\ 14 & 40 & 0 \\ 13 & 0 & 11 \end{pmatrix}$.

4. $9(a^2+b^2)^2$.

5. 略

B 组

1. $\begin{pmatrix} a & 0 & 0 \\ 0 & b & 0 \\ 0 & 0 & c \end{pmatrix}$，其中 a,b,c 为任意常数.

2. 略.

3. 略.

习题 3-2

A 组

1. (1) $\begin{pmatrix} 5 & -2 \\ -2 & 1 \end{pmatrix}$　　(2) $\begin{pmatrix} \cos\theta & \sin\theta \\ -\sin\theta & \cos\theta \end{pmatrix}$

(3) $\begin{pmatrix} -2 & 1 & 0 \\ -\frac{13}{2} & 3 & -\frac{1}{2} \\ -16 & 7 & -1 \end{pmatrix}$　　(4) $\begin{pmatrix} 1 & 3 & -2 \\ -3 & -6 & 5 \\ 1 & 1 & -1 \end{pmatrix}$

2. (1) $\begin{cases} x_1=-3 \\ x_2=7 \\ x_3=-1 \end{cases}$　　(2) $\begin{cases} x_1=1 \\ x_2=0 \\ x_3=0 \end{cases}$

3. (1) $\begin{pmatrix} 2 & -23 \\ 0 & 8 \end{pmatrix}$　　(2) $\begin{pmatrix} 1 & 1 \\ \frac{1}{4} & 0 \end{pmatrix}$

(3) $\begin{pmatrix} -6 & -11 & 8 \\ 0 & 1 & 1 \\ -11 & -21 & 15 \end{pmatrix}$

B 组

1. 略.

2. 略.

3. $(\boldsymbol{A}+2\boldsymbol{I})^{-1}=\frac{1}{4}(3\boldsymbol{I}-\boldsymbol{A})$.

习题 3-3

A 组

1. (1) $\begin{pmatrix} 1 & 0 & 0 & 0 \\ -\frac{1}{2} & \frac{1}{2} & 0 & 0 \\ 0 & -\frac{1}{3} & \frac{1}{3} & 0 \\ 0 & 0 & -\frac{1}{4} & \frac{1}{4} \end{pmatrix}$；(2) $\begin{pmatrix} \frac{7}{6} & \frac{2}{3} & -\frac{3}{2} \\ -1 & -1 & 2 \\ -\frac{1}{2} & 0 & \frac{1}{2} \end{pmatrix}$；

(3) $\begin{pmatrix} 22 & -17 & -1 & 4 \\ -6 & 5 & 0 & -1 \\ -26 & 20 & 2 & -5 \\ 17 & -13 & -1 & 3 \end{pmatrix}$.

2. $\boldsymbol{A}^{-1}=\begin{pmatrix} \frac{1}{5} & 0 & 0 \\ 0 & 1 & -1 \\ 0 & -2 & 3 \end{pmatrix}$.

B 组

1. 略.

习题 3-4

A 组

1. $\boldsymbol{A}^{-1}=\begin{pmatrix} \frac{2}{5} & -\frac{1}{5} & 0 \\ -\frac{3}{5} & \frac{4}{5} & 0 \\ 0 & 0 & \frac{1}{3} \end{pmatrix}$，$|\boldsymbol{A}^4|=50\ 625$.

2. $\boldsymbol{AB}=\begin{pmatrix} 1 & 0 & 1 & 0 \\ -1 & 2 & 0 & 1 \\ -2 & 4 & 3 & 3 \\ -1 & 1 & 3 & 1 \end{pmatrix}$.

3. $\boldsymbol{A}^{-1}=\begin{pmatrix} 1 & -1 & 0 & 0 \\ 0 & 1 & -1 & 0 \\ 0 & 0 & 1 & -1 \\ 0 & 0 & 0 & 1 \end{pmatrix}$.

4. $\boldsymbol{AB}=\begin{pmatrix} -3 & -2 & 3 \\ 1 & 4 & -2 \\ 0 & 5 & 3 \end{pmatrix}$.

B 组

1. $M^{-1}=\begin{pmatrix} A^{-1} & 0 \\ -B^{-1}CA^{-1} & B^{-1} \end{pmatrix}$

2. $H^{-1}=\left(\begin{array}{cc:ccc} 1 & -1 & 0 & 0 & 0 \\ -2 & 3 & 0 & 0 & 0 \\ \hdashline -5 & 7 & 2 & -1 & -1 \\ -8 & 11 & 3 & -1 & -2 \\ 4 & -6 & -1 & 1 & 1 \end{array}\right)$

第 3 章总习题

1. -1.

2. 略.

3. $A^{-1}=\left(\begin{array}{cc:ccc} 3 & -1 & 0 & 0 & 0 \\ -5 & 2 & 0 & 0 & 0 \\ \hdashline 0 & 0 & 2 & -1 & 0 \\ 0 & 0 & 1 & -1 & 0 \\ \hdashline 0 & 0 & 0 & 0 & \frac{1}{6} \end{array}\right)$.

4. $|3A-B|=-8$

5. (1) $PQ=\begin{pmatrix} A & \alpha \\ 0 & |A|(-\alpha^{T}A^{-1}\alpha+b) \end{pmatrix}$；(2)略

6. (1) $1-a^4$；(2) $\begin{pmatrix} x_1 \\ x_2 \\ x_3 \\ x_4 \end{pmatrix}=c\begin{pmatrix} 1 \\ 1 \\ 1 \\ 1 \end{pmatrix}+\begin{pmatrix} 0 \\ -1 \\ 0 \\ 0 \end{pmatrix}\ (c\in \mathbf{R})$

习题 4-1

A 组

1. $b=(-3c+2)a_1+(2c-1)a_2+ca_3$，$(c\in \mathbf{R})$

2. 略

B 组

1. $a=1$

2. (1) $a\neq -1$；(2) $a=-1$

习题 4-2

A 组

1. 向量组 a_1,a_2,a_3 线性相关，向量组 a_1,a_2 线性无关.

2. (1)相关；(2)无关；(3)无关

B 组

1. $a=-1$

2. $a\neq-2, a\neq1$

3. 线性无关

习题 4-3

A 组

1. 向量组的一个极大线性无关组为 $\boldsymbol{a}_1, \boldsymbol{a}_2, \boldsymbol{a}_4$，且$\begin{cases}\boldsymbol{a}_3=3\boldsymbol{a}_1+\boldsymbol{a}_2\\\boldsymbol{a}_5=2\boldsymbol{a}_1+\boldsymbol{a}_2\end{cases}$

B 组

1. $a=2, b=5$

习题 4-4

A 组

1. $-1,2,1$

2. (1) $\begin{pmatrix}2&3&4\\0&-1&0\\-1&0&-1\end{pmatrix}$；(2) $-8,-1,5$

B 组

1. $-1,5,-1$

第 4 章总习题

1. 3

2. 3

3. -2

4. $k\neq1$ 且 $k\neq-2$

5. -1 或 5

6. 5

7. 2；$\boldsymbol{a}_1, \boldsymbol{a}_2$；$\boldsymbol{a}_3=2\boldsymbol{a}_1-\boldsymbol{a}_2, \boldsymbol{a}_4=\boldsymbol{a}_1+\boldsymbol{a}_2$

8. $6,11,-3$

习题 5-1

A 组

1. (1)3；(2)3；(3)3

2. $R(\boldsymbol{A})=2, R(\boldsymbol{B})=3$

3. $a=5, b=1$

B 组

1. (1)$k=1, R(\boldsymbol{A})=1$；(2)$k=-2, R(\boldsymbol{A})=2$；(3)$k\neq 1, k\neq -2, R(\boldsymbol{A})=3$；

2. $a=-3$

3. 答案提示：利用 $\boldsymbol{A}(\boldsymbol{B}-\boldsymbol{C})=\boldsymbol{O}$ 及秩的性质

习题 5-2

A 组

1. 基础解系 $\boldsymbol{\xi}_1=\begin{pmatrix}\frac{2}{7}\\ \frac{5}{7}\\ 1\\ 0\end{pmatrix}, \boldsymbol{\xi}_2=\begin{pmatrix}\frac{3}{7}\\ \frac{4}{7}\\ 0\\ 1\end{pmatrix}$；通解为 $\begin{pmatrix}x_1\\ x_2\\ x_3\\ x_4\end{pmatrix}=c_1\begin{pmatrix}\frac{2}{7}\\ \frac{5}{7}\\ 1\\ 0\end{pmatrix}+c_2\begin{pmatrix}\frac{3}{7}\\ \frac{4}{7}\\ 0\\ 1\end{pmatrix}\quad (c_1, c_2\in\mathbf{R})$.

2. 基础解系 $\boldsymbol{\xi}_1=\begin{pmatrix}1\\ -2\\ 1\\ 0\end{pmatrix}, \boldsymbol{\xi}_2=\begin{pmatrix}1\\ -2\\ 0\\ 1\end{pmatrix}$；通解为 $\begin{pmatrix}x_1\\ x_2\\ x_3\\ x_4\end{pmatrix}=c_1\begin{pmatrix}1\\ -2\\ 1\\ 0\end{pmatrix}+c_2\begin{pmatrix}1\\ -2\\ 0\\ 1\end{pmatrix}\quad (c_1, c_2\in\mathbf{R})$.

B 组

1. $\begin{pmatrix}x_1\\ x_2\\ x_3\\ x_4\end{pmatrix}=c\begin{pmatrix}1\\ 1\\ 1\\ 1\end{pmatrix}\quad (c\in\mathbf{R})$.

2. $\begin{pmatrix}x_1\\ x_2\\ x_3\\ x_4\end{pmatrix}=c_1\begin{pmatrix}1\\ -1\\ 1\\ 0\end{pmatrix}+c_2\begin{pmatrix}0\\ -1\\ 0\\ 1\end{pmatrix}\quad (c_1, c_2\in\mathbf{R})$.

3. $a=1$；通解：$\begin{pmatrix}x_1\\ x_2\\ x_3\end{pmatrix}=c\begin{pmatrix}1\\ 1\\ 0\end{pmatrix}\quad (c\in\mathbf{R})$.

4. 答案提示：利用矩阵秩的性质：若 $\boldsymbol{A}_{m\times n}\boldsymbol{B}_{n\times l}=\boldsymbol{O}$，则 $R(\boldsymbol{A})+R(\boldsymbol{B})\leqslant n$

习题 5-3

A 组

1. $\begin{pmatrix}x_1\\ x_2\\ x_3\\ x_4\end{pmatrix}=c_1\begin{pmatrix}1\\ 1\\ 0\\ 0\end{pmatrix}+c_2\begin{pmatrix}1\\ 0\\ 2\\ 1\end{pmatrix}+\begin{pmatrix}\frac{1}{2}\\ 0\\ \frac{1}{2}\\ 0\end{pmatrix}\quad (c_1, c_2\in\mathbf{R})$.

2. $\begin{pmatrix} x_1 \\ x_2 \\ x_3 \\ x_4 \end{pmatrix} = c\begin{pmatrix} -1 \\ -1 \\ 1 \\ 0 \end{pmatrix} + \begin{pmatrix} 3 \\ 1 \\ 0 \\ -2 \end{pmatrix} \quad (c \in \mathbf{R})$.

B 组

1. 当 $k \neq 1$ 时，无解；当 $k = 1$ 时，有解； $\begin{pmatrix} x_1 \\ x_2 \\ x_3 \\ x_4 \end{pmatrix} = c_1\begin{pmatrix} 3 \\ -1 \\ 1 \\ 0 \end{pmatrix} + c_2\begin{pmatrix} 12 \\ -5 \\ 0 \\ 1 \end{pmatrix} + \begin{pmatrix} -2 \\ 1 \\ 0 \\ 0 \end{pmatrix} \quad (c_1, c_2 \in \mathbf{R})$.

2. 当 $a=-1$ 时，有无数个解；$\begin{pmatrix} x_1 \\ x_2 \\ x_3 \\ x_4 \end{pmatrix} = c\begin{pmatrix} 1 \\ 1 \\ 1 \\ 1 \end{pmatrix} + \begin{pmatrix} 0 \\ -1 \\ 0 \\ 0 \end{pmatrix} \quad (c \in \mathbf{R})$.

第 5 章总习题

1. a,b,c 至少有两个相等.

2. -1；$k\begin{pmatrix} 0 \\ 1 \\ 1 \end{pmatrix}$（其中 k 为任意常数）

3. 8

4. -2；$k\begin{pmatrix} 1 \\ 1 \\ 1 \end{pmatrix} + \begin{pmatrix} -1 \\ -1 \\ 0 \end{pmatrix}$（其中 k 为任意常数）

5. -3

6. $k\begin{pmatrix} 2 \\ -6 \\ 4 \\ -1 \end{pmatrix} + \begin{pmatrix} 3 \\ -3 \\ 2 \\ 4 \end{pmatrix}$（其中 k 为任意常数）

习题 6-1

A 组

1. (1) $\|\boldsymbol{x}\| = 3\sqrt{2}$，$\|\boldsymbol{y}\| = 3$，$\theta = \frac{\pi}{2}$；(2) $\|\boldsymbol{x}\| = 3\sqrt{2}$，$\|\boldsymbol{y}\| = 6$，$\theta = \frac{\pi}{4}$.

2.(1)$\boldsymbol{\beta}_1=\begin{pmatrix}1\\1\\1\end{pmatrix},\boldsymbol{\beta}_2=\begin{pmatrix}-1\\0\\1\end{pmatrix},\boldsymbol{\beta}_3=\frac{1}{3}\begin{pmatrix}1\\-2\\1\end{pmatrix}$;

(2)$\boldsymbol{\beta}_1=\begin{pmatrix}1\\0\\-1\\1\end{pmatrix},\boldsymbol{\beta}_2=\frac{1}{3}\begin{pmatrix}1\\-3\\2\\1\end{pmatrix},\boldsymbol{\beta}_3=\frac{1}{5}\begin{pmatrix}-1\\3\\3\\4\end{pmatrix}$.

3.(1)$\boldsymbol{e}_1=\frac{\sqrt{3}}{3}\begin{pmatrix}1\\1\\1\end{pmatrix},\boldsymbol{e}_2=\frac{\sqrt{2}}{2}\begin{pmatrix}-1\\0\\1\end{pmatrix},\boldsymbol{e}_3=\frac{1}{\sqrt{6}}\begin{pmatrix}1\\-2\\1\end{pmatrix}$;

(2)$\boldsymbol{e}_1=\frac{\sqrt{3}}{3}\begin{pmatrix}1\\0\\-1\\1\end{pmatrix},\boldsymbol{e}_2=\frac{\sqrt{15}}{15}\begin{pmatrix}1\\-3\\2\\1\end{pmatrix},\boldsymbol{e}_3=\frac{\sqrt{35}}{35}\begin{pmatrix}-1\\3\\3\\4\end{pmatrix}$;

4.$\boldsymbol{c}=\begin{pmatrix}-2\\2\\-1\end{pmatrix}$, $\lambda=-2$.

B 组

1.$\boldsymbol{\beta}=(1,1,-2)^{\mathrm{T}},\boldsymbol{\gamma}=(1,-1,0)^{\mathrm{T}}$(答案不唯一).

2.提示:利用$\boldsymbol{AB}^{-1}$是正交矩阵,-1是$\boldsymbol{AB}^{-1}$的特征值,且$|\boldsymbol{B}^{-1}|=|\boldsymbol{B}|$.

习题 6-2

A 组

1.(1)错;(2)错;(3)错.

2.(1)$\lambda_1=-1,\boldsymbol{\eta}_1=k_1\begin{pmatrix}4\\3\end{pmatrix},(k_1\neq0)$, $\lambda_2=6,\boldsymbol{\eta}_2=k_2\begin{pmatrix}-1\\1\end{pmatrix},(k_2\neq0)$.

(2)$\lambda_1=\lambda_2=\lambda_3=-1,\boldsymbol{\eta}=k\begin{pmatrix}1\\1\\-1\end{pmatrix},(k\neq0)$.

(3)$\lambda_1=-1,\boldsymbol{\eta}_1=k_1\begin{pmatrix}1\\-1\\0\end{pmatrix},(k_1\neq0)$　$\lambda_2=9,\boldsymbol{\eta}_2=k_2\begin{pmatrix}1\\1\\2\end{pmatrix},(k_2\neq0)$

$\lambda_3=0$, $\boldsymbol{\eta}_3=k_3\begin{pmatrix}1\\1\\-1\end{pmatrix},(k_3\neq0)$.

(4)$\lambda_1=\lambda_2=1,k_1\boldsymbol{\eta}_1+k_2\boldsymbol{\eta}_2=k_1\begin{pmatrix}1\\1\\0\\0\end{pmatrix}+k_2\begin{pmatrix}0\\0\\1\\1\end{pmatrix},(k_1,k_2$ 不全为零),

$\boldsymbol{\lambda}_3=\boldsymbol{\lambda}_4=-1$， $\boldsymbol{k}_3\boldsymbol{\eta}_3+\boldsymbol{k}_4\boldsymbol{\eta}_4=\boldsymbol{k}_3\begin{pmatrix}1\\-1\\0\\0\end{pmatrix}+\boldsymbol{k}_4\begin{pmatrix}0\\0\\1\\-1\end{pmatrix}$， （$\boldsymbol{k}_3,\boldsymbol{k}_4$ 不全为零）.

3. $\boldsymbol{A}^{-1}$的特征值为 $1,\frac{1}{2},\frac{1}{3}$；$\boldsymbol{A}^*$ 的特征值为 6,3,2；$3\boldsymbol{A}-2\boldsymbol{E}$ 的特征值为 1,4,7.

4. (1)1,1,−5 ；(2)2,2,$\frac{4}{5}$.

B 组

1. $(1,-1,0)^{\mathrm{T}}$.

2. 特征值为 9,9,3，

对应于 9 的特征向量为 $\boldsymbol{k}_1(-1,1,0)^{\mathrm{T}}+\boldsymbol{k}_2(-2,0,1)^{\mathrm{T}}$ （$\boldsymbol{k}_1,\boldsymbol{k}_2$ 不全为零），

对应于 3 的特征向量为 $\boldsymbol{k}_3(0,1,1)^{\mathrm{T}}$ （$\boldsymbol{k}_3\neq 0$）.

3. $\boldsymbol{k}=-2,\boldsymbol{\lambda}=1$ 或 $\boldsymbol{k}=1,\boldsymbol{\lambda}=\frac{1}{4}$.

4. $\boldsymbol{A}=\begin{pmatrix}1&0&0\\2&0&0\\0&-1&-1\end{pmatrix},\boldsymbol{A}^n=\begin{pmatrix}1&0&0\\2&0&0\\2+4(-1)^{n+1}&(-1)^n&(-1)^n\end{pmatrix}$.

5. $\boldsymbol{a}=-3,\boldsymbol{b}=0,\boldsymbol{\lambda}=-1$.

习题 6-3

A 组

1. (1) $x=0$；(2) $P=\begin{pmatrix}1&0&0\\0&1&1\\0&1&-1\end{pmatrix}$.

2. $\boldsymbol{A}^{100}=\begin{pmatrix}1&0&5^{100}-1\\0&5^{100}&0\\0&0&5^{100}\end{pmatrix}$.

3. $\boldsymbol{A}=\frac{1}{3}\begin{pmatrix}-1&0&2\\0&1&2\\2&2&0\end{pmatrix},\boldsymbol{A}^{50}=\frac{1}{9}\begin{pmatrix}5&4&-2\\4&5&2\\-2&2&8\end{pmatrix}$.

4. $\boldsymbol{x}=3$.

5. $\boldsymbol{A}$ 能与对角阵相似；$\boldsymbol{B}$ 能与对角阵相似；

$\boldsymbol{C}$ 不能与对角阵相似.

B 组

1. $\boldsymbol{\lambda}_0=1,\boldsymbol{b}=-3$

2. $\boldsymbol{x}=0,\begin{pmatrix}-1&0&0\\0&-1&0\\0&0&1\end{pmatrix}$

3. 略.

习题 6-4

A 组

1. (1) $\boldsymbol{P}=\begin{pmatrix}-\frac{1}{\sqrt{2}} & -\frac{1}{\sqrt{6}} & \frac{1}{\sqrt{3}}\\ \frac{1}{\sqrt{2}} & -\frac{1}{\sqrt{6}} & \frac{1}{\sqrt{3}}\\ 0 & \frac{2}{\sqrt{6}} & \frac{1}{\sqrt{3}}\end{pmatrix}$, $P^{-1}AP=\begin{pmatrix}2 & & \\ & 2 & \\ & & 8\end{pmatrix}$;

(2) $P=\begin{pmatrix}\frac{1}{\sqrt{6}} & \frac{1}{\sqrt{2}} & \frac{1}{\sqrt{3}}\\ \frac{2}{\sqrt{6}} & 0 & -\frac{1}{\sqrt{3}}\\ \frac{1}{\sqrt{6}} & -\frac{1}{\sqrt{2}} & \frac{1}{\sqrt{3}}\end{pmatrix}$, $P^{-1}BP=\begin{pmatrix}1 & & \\ & 3 & \\ & & 4\end{pmatrix}$.

2. $A=\frac{2}{3}\begin{pmatrix}1 & -2 & -2\\ -2 & 1 & -2\\ -2 & -2 & 1\end{pmatrix}$.

3. $A=\begin{pmatrix}4 & 1 & 1\\ 1 & 4 & 1\\ 1 & 1 & 4\end{pmatrix}$.

B 组

1. $k\begin{pmatrix}1\\ -2\\ 2\end{pmatrix}$, k 为任意非零实数.

2. $a=-1$, $\lambda_0=2$

第 6 章总习题

1. $(-2,1,0)^T$, $(-3,-6,5)^T$

2. $k=1$, 不可对角化

3. 2, 2, 16

4. 略

5. $\begin{pmatrix}0 & 0 & 0\\ 0 & 1 & 0\\ 0 & 0 & 1\end{pmatrix}$

6. $(2-2^{n+1}+3^n, 2-2^{n+2}+3^{n+1}, 2-2^{n+3}+3^{n+2})^T$

习题 7-1

A 组

1. (1) $\boldsymbol{A}=\begin{pmatrix}1&2&0\\2&2&-3\\0&-3&-3\end{pmatrix}$, $R(\boldsymbol{A})=3$

(2) $\boldsymbol{A}=\begin{pmatrix}1&0.5&-1&0\\0.5&3&1.5&0\\-1&1.5&-1&0\\0&0&0&0\end{pmatrix}$, $R(\boldsymbol{A})=3$

(3) $\boldsymbol{A}=\begin{pmatrix}2&1&5\\1&3&3\\5&3&5\end{pmatrix}$, $R(\boldsymbol{A})=3$

(4) $\boldsymbol{A}=\begin{pmatrix}1&3&5\\3&5&7\\5&7&9\end{pmatrix}$, $R(\boldsymbol{A})=2$

2. (1) $f(x_1,x_2,x_3,x_4)=-x_2^2+x_4^2+x_1x_2-2x_1x_3+x_2x_3+x_2x_4+x_3x_4$

(2) $f(x_1,x_2,x_3,x_4)=2x_1x_2+2x_1x_3-2x_1x_4-2x_2x_3+2x_2x_4+2x_3x_4$

B 组

1. $\boldsymbol{C}=\begin{pmatrix}0&0&a\\b&0&0\\0&c&0\end{pmatrix}$,其中 $a=\pm1,b=\pm1,c=\pm1$

2. 略

习题 7-2

A 组

1. (1) $\boldsymbol{x}=\begin{pmatrix}\frac{1}{\sqrt{2}}&0&-\frac{1}{\sqrt{2}}\\0&1&0\\\frac{1}{\sqrt{2}}&0&\frac{1}{\sqrt{2}}\end{pmatrix}\boldsymbol{y}$, $f=2\boldsymbol{y}_2^2+2\boldsymbol{y}_3^2$;

(2) $\boldsymbol{x}=\begin{pmatrix}\frac{2}{3}&\frac{2}{3}&\frac{1}{3}\\\frac{1}{3}&-\frac{2}{3}&\frac{2}{3}\\-\frac{2}{3}&\frac{1}{3}&\frac{2}{3}\end{pmatrix}\boldsymbol{y}$, $f=\boldsymbol{y}_1^2+4\boldsymbol{y}_2^2-2\boldsymbol{y}_3^2$.

2. (1) $\boldsymbol{C}=\begin{pmatrix}1&0&0\\-1&1&1\\0&0&1\end{pmatrix}$, $f=-2\boldsymbol{y}_1^2+2\boldsymbol{y}_2^2-3\boldsymbol{y}_3^2$,

$$C=\begin{pmatrix}0&1&0\\1&-1&1\\0&0&1\end{pmatrix},\boldsymbol{f}=2\boldsymbol{y}_1^2-2\boldsymbol{y}_2^2-3\boldsymbol{y}_3^2;$$

(2) $$C=\begin{pmatrix}1&1&-1\\1&-1&3\\0&0&1\end{pmatrix},\boldsymbol{f}=\boldsymbol{y}_1^2-\boldsymbol{y}_2^2+3\boldsymbol{y}_3^2,$$

$$C=\begin{pmatrix}1&-\frac{1}{2}&-1\\1&\frac{1}{2}&3\\0&0&1\end{pmatrix},\boldsymbol{f}=\boldsymbol{y}_1^2-\frac{1}{4}\boldsymbol{y}_2^2+3\boldsymbol{y}_3^2.$$

B 组

1. $\boldsymbol{a}=\boldsymbol{b}=0,\boldsymbol{x}=\begin{pmatrix}\frac{1}{\sqrt{2}}&0&\frac{1}{\sqrt{2}}\\0&1&0\\-\frac{1}{\sqrt{2}}&0&\frac{1}{\sqrt{2}}\end{pmatrix}\boldsymbol{y}.$

习题 7-3

A 组

1. (1)正定；(2)负定；(3)正定

2. (1) $-\frac{4}{5}<\boldsymbol{t}<0$；(2) $|\boldsymbol{t}|<\frac{\sqrt{23}}{2}$

B 组

1. 提示：可利用特征值进行证明.
2. 提示：利用特征值进行证明.
3. 提示：利用定义进行证明.

第 7 章总习题

1. (1) $f=(x,y,z)\begin{pmatrix}1&2&1\\2&4&2\\1&2&1\end{pmatrix}\begin{pmatrix}x\\y\\z\end{pmatrix}.$

(2) $f=(x,y,z)\begin{pmatrix}1&-1&-2\\-1&1&-2\\-2&-2&-7\end{pmatrix}\begin{pmatrix}x\\y\\z\end{pmatrix}.$

(3) $f=(x_1,x_2,x_3,x_4)\begin{pmatrix}1&-1&2&-1\\-1&1&3&-2\\2&3&1&0\\-1&-2&0&1\end{pmatrix}\begin{pmatrix}x_1\\x_2\\x_3\\x_4\end{pmatrix}$.

2.(1) $\begin{pmatrix}x_1\\x_2\\x_3\end{pmatrix}=\begin{pmatrix}1&0&0\\0&\frac{1}{\sqrt{2}}&-\frac{1}{\sqrt{2}}\\0&\frac{1}{\sqrt{2}}&\frac{1}{\sqrt{2}}\end{pmatrix}\begin{pmatrix}y_1\\y_2\\y_3\end{pmatrix}$, $f=2y_1^2+5y_2^2+y_3^2$;

(2) $\begin{pmatrix}x_1\\x_2\\x_3\\x_4\end{pmatrix}=\begin{pmatrix}\frac{1}{2}&\frac{1}{2}&\frac{1}{\sqrt{2}}&0\\-\frac{1}{2}&\frac{1}{2}&0&\frac{1}{\sqrt{2}}\\-\frac{1}{2}&-\frac{1}{2}&\frac{1}{\sqrt{2}}&0\\\frac{1}{2}&-\frac{1}{2}&0&\frac{1}{\sqrt{2}}\end{pmatrix}\begin{pmatrix}y_1\\y_2\\y_3\\y_4\end{pmatrix}$, $f=-y_1^2+3y_2^2+y_3^2+y_4^2$.

3.(1) 负定;(2) 正定.

4.略.

5.提示:利用 $\boldsymbol{f}=\boldsymbol{x}^{\mathrm{T}}\boldsymbol{A}\boldsymbol{x}=\boldsymbol{x}^{\mathrm{T}}\boldsymbol{U}^{\mathrm{T}}\boldsymbol{U}\boldsymbol{x}=(\boldsymbol{U}\boldsymbol{x})^{\mathrm{T}}\boldsymbol{U}\boldsymbol{x}=\|\boldsymbol{U}\boldsymbol{x}\|^2>0$.

习题 8-1

(1) $6\bar{x}^2+3\bar{y}^2+8\bar{z}^2=0$,椭圆抛物面;

(2) $\bar{x}^2+4\bar{y}^2-2\bar{z}^2=\frac{137}{16}$,单叶双曲面;

(3) 当 $a=6$ 时,$\bar{x}^2+\frac{\bar{y}^2}{2}-\frac{\bar{z}^2}{4}=0$,二次锥面;

当 $a<6$ 时,$\frac{\bar{x}^2}{\frac{6-a}{8}}+\frac{\bar{y}^2}{\frac{6-a}{4}}-\frac{\bar{z}^2}{\frac{6-a}{2}}=1$,单叶双曲面;

当 $a>6$ 时,$-\frac{\bar{x}^2}{\frac{a-6}{8}}-\frac{\bar{y}^2}{\frac{a-6}{4}}+\frac{\bar{z}^2}{\frac{a-6}{2}}=1$,双叶双曲面.

习题 8-2

1.(1)560,340,280 ;(2)168,136,140.

2.(1) $\boldsymbol{A}=\begin{pmatrix}0.10&0.44&0.33\\0.04&0.06&0.13\\0.02&0.06&0.27\end{pmatrix}$;(2) $\boldsymbol{B}=\begin{pmatrix}0.170&0.571&0.563\\0.054&0.104&0.223\\0.035&0.106&0.391\end{pmatrix}$.

3.250,200,320.

4. (1) $\boldsymbol{X}=\begin{pmatrix} 879.50 \\ 1\ 023.85 \\ 1\ 232.22 \end{pmatrix}$；(2) $\boldsymbol{X}+\Delta\boldsymbol{X}=\begin{pmatrix} 1\ 031.59 \\ 1\ 174.48 \\ 1\ 414.65 \end{pmatrix}$.

习题 8-3

1. $(\overline{Q}_1,\overline{Q}_2)=(2,4)$；

2. (1) $9,(1,0,0)^{\mathrm{T}}$；(2) $7,\left(\frac{1}{\sqrt{2}},-\frac{1}{\sqrt{2}}\right)^{\mathrm{T}}$.

参考文献

[1] 同济大学数学系.工程数学—线性代数(第五版).北京:高等教育出版社,2007.

[2] 张志让,刘启宽.线性代数与空间解析几何(第二版).北京:高等教育出版社,2009.

[3] 余长安.线性代数.武汉:武汉大学出版社,2010.

[4] 刘三阳,马建荣,杨国平.线性代数(第二版).北京:高等教育出版社,2009.

[5] 吴传生.经济数学—线性代数(第二版).北京:高等教育出版社,2009.

[6] 北京大学数学系几何与代数教研室代数小组.高等代数(第二版).北京:高等教育出版社,1988.

[7] 丘维声.简明线性代数.北京:北京大学出版社,2002.2.

[8] 孟昭为,孙锦萍,赵文玲.线性代数.北京:科学出版社,2004.2.

[9] 张天德,蒋晓芸.线性代数习题精选精解.济南:山东科学技术出版社,2009.

[10] 金圣才.线性代数(经济类)考研真题与典型题详解.北京:中国石化出版社,2005.

[11] 张海燕,房宏.线性代数及其应用.北京:清华大学出版社,2013.

[12] 陈东升.线性代数与空间解析几何及其应用.北京:高等教育出版社,2010.

[13] 张翠莲.线性代数.北京:水利水电出版社,2007.01.